燃烧与爆炸

Combustion and Explosion

张奇 白春华 梁慧敏 编著

北京理工大学出版社
BEIJING INSTITUTE OF TECHNOLOGY PRESS

内 容 简 介

本书介绍化学反应动力学基础、热力学基本定律、燃烧物理学基本方程、层流燃烧、湍流燃烧、气体爆炸、粉尘爆炸等内容。本书以介绍基础知识为重点，同时适当注意学科的发展前沿及作者从事相关科研、教学的工作积累，特别是气体和粉尘爆炸的实验和数值计算近年来的发展，力图能对读者有所启迪。

本书可作为安全工程专业、武器系统与运用工程专业、火炮与自动武器专业、工程力学等专业的教材或参考书，也可供相关专业的科研、技术人员参考。

图书在版编目（CIP）数据

燃烧与爆炸 / 张奇，白春华，梁慧敏编著. —北京：北京理工大学出版社，2019.1（2024. 7 重印）
ISBN 978-7-5682-2269-3

Ⅰ. ①燃…　Ⅱ. ①张…　②白…　③梁…　Ⅲ. ①燃烧学　②爆炸–理论研究　Ⅳ. ①O643.2

中国版本图书馆 CIP 数据核字（2018）第 266715 号

出版发行 / 北京理工大学出版社有限责任公司
社　　址 / 北京市海淀区中关村南大街 5 号
邮　　编 / 100081
电　　话 /（010）68914775（总编室）
（010）82562903（教材售后服务热线）
（010）68948351（其他图书服务热线）
网　　址 / http://www.bitpress.com.cn
经　　销 / 全国各地新华书店
印　　刷 / 北京虎彩文化传播有限公司
开　　本 / 787 毫米×1092 毫米　1/16
印　　张 / 11.75
字　　数 / 276 千字
版　　次 / 2019 年 1 月第 1 版　2024 年 7 月第 3 次印刷
定　　价 / 42.00 元

责任编辑 / 王玲玲
文案编辑 / 王玲玲
责任校对 / 周瑞红
责任印制 / 李志强

图书出现印装质量问题，请拨打售后服务热线，本社负责调换

前言

PREFACE

燃烧与爆炸理论是安全科学与技术、兵器科学与技术等学科的重要基础，是化学、力学、工程科学、材料科学等领域的交叉学科。其具有深刻、系统的科学体系和内涵，与安全工程、武器系统与运用工程、火炮自动武器与弹药工程、兵器发射理论与技术、军事应用化学与烟火技术等专业密切相关。燃烧与爆炸既有区别，又有内在联系。目前我国燃烧方面的参考书很多，爆炸学方面的参考书也不少。燃烧与爆炸无论是基础理论还是工程实际，都有着极其密切的相关性。而上述所提到这些专业的读者，需要了解燃烧理论，同时也需要掌握爆炸的基本规律，而这样的教科书、参考书非常罕见。作者近年来从事燃烧与爆炸学的教学工作，难以找到合适的教材，有些专著介绍研究成果，没有适当的推导过程和解释，不适合作为教材，有个别国外教材内容系统详尽，但过于庞大，30～50 学时只能讲授其中的一小部分，这样就必须从中进行挑选，有所取舍，因此造成连贯性、系统性较差。作者认为，编写一本合适的教学用书，将大大提高燃烧与爆炸学的教学效果。满足教学需要，并为相关专业的科研、技术人员提供参考，是作者编著本书的初衷。

本书介绍化学反应动力学基础、热力学基本定律、燃烧物理学基本方程、层流燃烧、气体爆炸理论、粉尘爆炸等内容。以介绍基础知识为重点，同时适当注意学科的发展前沿，特别是气体和粉尘爆炸的实验和数值计算近年的发展，力图能对读者有所启迪。

燃烧与爆炸学的学习目的是掌握燃烧与爆炸的基本理论、熟悉燃烧与爆炸现象的基本特征、了解用燃烧与爆炸分析方法解决问题的基本思路、了解燃烧与爆炸理论与技术的发展动向和前沿，为燃烧与爆炸理论在各专业技术中的应用奠定基础。

燃烧与爆炸学属于技术基础课，对于高年级本科生来说，学习的目的绝不是对基本理论和基本公式的死记硬背。通过本课程学习，应掌握燃烧与爆炸理论的基本知识、基本思路和解决问题的方法。在学习基本知识的同时，重在理解分析问题的思路，重在掌握发展前沿，对现有理论的缺陷进行评论，思考和探索利用燃烧与爆炸学理论解决有关学科领域学术或技术问题的可能性或发展燃烧与爆炸学新理论的可能性。

本书内容一部分来源于相关书刊，一部分来源于作者近年来的科研工作。

感谢北京理工大学教务处对本教材的大力支持！

由于作者水平有限，书中难免有不妥之处，恳请读者指正。

作　者

目 录

CONTENTS

第一章
化学热力学基础

燃烧过程中化学能转变为热能。化学热力学利用热力学第一定律来分析化学能转化为热能时的相互关系；利用热力学第二定律来分析化学平衡的条件，以及在平衡时的平衡常数与自由能的关系。

化学动力学是研究化学反应机理及化学反应速率的一门学科，燃烧是一种剧烈的化学反应，因此化学动力学在燃烧理论中占有重要的地位。

讨论热力学定律时，往往根据系统边界是否有能量（热和功）及质量交换对系统进行分类。为此，分成：

（1）孤立系统：和周围环境既无能量交换，又无质量交换。

（2）封闭系统：和周围环境有能量交换，但没有质量交换。

（3）开口系统：和周围环境既有能量交换，又有质量交换。

第一节　化合物的生成焓[1,2]

一、化合物的生成焓

当化学元素在化学反应中构成一种化合物时，根据热力学第一定律，化学能将转变为热能。转变中生成的能量称为化合物的生成焓（J/mol）。一般常用标准生成焓表示，即化学元素在定压条件下形成 1 mol 化合物所产生的焓的增量。选择温度为 298 K，压力为 0.1 MPa 作为标准条件。标准生成焓用 Δh_{f298}^{0} 表示。例如：

$$C+\frac{1}{2}O_2 \rightarrow CO,\qquad \Delta h_{f298}^{0}=-110.59\ \text{kJ/mol}$$

$$\frac{1}{2}H_2+\frac{1}{2}I_2 \rightarrow HI,\qquad \Delta h_{f298}^{0}=-25.12\ \text{kJ/ mol}$$

但

$$CO+\frac{1}{2}O_2 \rightarrow CO_2,\qquad \Delta h=-283.10\ \text{kJ/ mol}$$

其中，$\Delta h=-283.10$ kJ/ mol 不是 CO_2 的生成焓，因为反应物 CO 不是元素，而是化合物。

二、反应焓

几种化合物（或元素）相互反应形成生成物时，放出或吸收的热量称为反应焓（kcal），可以由反应物及生成物的焓差来计算：

$$\Delta H_{RT}^{0}=\sum_{s=P}M_{s}\Delta h_{fTs}^{0}-\sum_{j=R}M_{j}\Delta h_{fTj}^{0} \tag{1-1}$$

其中，ΔH_{RT}^{0} 表示在温度为T、压力为 1 个大气压下的反应焓；M_s 和 M_j 分别为各生成物和各反应物的摩尔数。“P”表示生成物，“R”表示反应物。

例如，$CH_4+2O_2 \rightarrow CO_2+2H_2O$ 的反应焓计算如下：

反应物总焓：$[1\times(-17.9)+2\times0.0]\ \text{kcal}$

生成物总焓：$[1\times(-94.0)+2\times(-68.3)]\ \text{kcal}$

由式（1-1）算出：

$$[-94.00-136.6-(-17.9)]\times4.186=-890.36\text{（kJ）}$$

负的反应焓表示放热反应。有时，某些化合物的生成焓并不知道，这时不可能用热力学的方法来计算反应焓，可以用化学键能的概念来计算反应焓。

分裂两个原子之间的化学键，需要一定能量，即键能ε；相反，两个原子结合形成新化学键时，会放出一定的键能。将键分裂的键能减去键合成的键能就相当于反应焓。虽然用键能来计算反应焓是较粗糙的，但在没有生成焓资料的情况下，采用键能的概念来计算反应焓是有用的。

三、燃烧热（燃烧焓）

1 mol 燃料完全燃烧释放的热量称为化合物的燃烧热。如果燃烧发生于定压过程，这时的燃烧热称为燃烧焓，用 Δh_f 表示。

第二节 热化学定律

Lavoisier－Laplace 定律：使化合物分解成组成它的元素所需要的热量与由元素生成化合物产生的热量相等，即化合物的分解热等于它的生成焓，如

$$C+\frac{1}{2}O_2 \rightarrow CO，\Delta h_f=-26.42\times4.186\ \text{kJ/mol}$$

$$CO \rightarrow C+\frac{1}{2}O_2，\Delta h_f=26.42\times4.186\ \text{kJ/mol}$$

盖斯定律指出：化学反应中不论过程是一步还是多步进行，其产生或吸收的热量是相同的。能量转换过程中，能量释放取决于系统的初始和最终状态，与反应的中间状态无关。

例如

$$C+\frac{1}{2}O_2 \rightarrow CO$$

可由上述方法求出燃烧焓 Δh_f。已知$C+O_2 \rightarrow CO_2$，$\Delta h_f=-94.05\times4.186\ \text{kJ/mol}$，$CO+\frac{1}{2}O_2 \rightarrow CO_2, \Delta h_R=-67.62\times4.186\ \text{kJ/mol}$，两式相减得到$C+O_2-CO-\frac{1}{2}O_2 \rightarrow CO_2-CO_2$，$\Delta h=(-94.05+$

$67.62) \times 4.186\ \mathrm{kJ/mol}$。即

$$C + \frac{1}{2}O_2 \rightarrow CO,\ 26.63 \times 4.186\ \mathrm{kJ/mol}$$

或

$$\Delta h_f = -26.43 \times 4.186\ \mathrm{kJ/mol}$$

一、热力学平衡

机械平衡：在系统内部，或在系统与环境之间没有不平衡的力存在，则出现机械平衡。

热平衡：当系统内各部分的温度都相同，且等于环境温度时，则存在热平衡。

化学平衡：当系统的化学成分不会自发改变（无论多么缓慢）时，则存在化学平衡。

如果上述三种平衡都满足，则认为该系统处于热力学平衡状态。在这种状态下，状态参数不随时间变化，分析较为简单。可以用宏观参数来描述这种完全平衡的状态。描述燃烧过程的独立热力学参数有压力 p、容积 V 和某一化学组分在确定物态下的摩尔数 n_i。

内涵参数：当几个状态相同的系统相加时，内涵参数的数值不随系统大小的改变而改变。如密度、压力、温度、比内能、比熵、化学势等都是内涵参数。

外延参数：当几个状态相同的系统相加时，外延参数的数值与系统的大小成正比增加。如容积、质量、总储能、总焓、自由能等都是外延参数。

两个外延参数相除可以得到一个内涵参数。

二、热力学定律

热力学平衡意味着系统的各参数保持恒定并均匀分布。由热力学第一定律知：

对于封闭系统，函数（储能）E 具有这样特性，即在一无限小的过程中，加进该系统的热量

$$\delta Q = \mathrm{d}E + \delta W \tag{1-2}$$

式中，储能 E 是状态参量，而 Q（热量）和 W（做功）是非状态参量；δ 表示一种不严格的微分，Q 和 W 与过程有关。对于单位质量气体，由上式可得

$$\mathrm{d}q = \mathrm{d}e + p\mathrm{d}v \tag{1-3}$$

式中，q 和 e 分别是单位质量的热量和能量；p 和 v 分别是压强和比容。根据热力学第二定律，对于一个封闭系统的无限小过程，有

$$\mathrm{d}s \geqslant \frac{\mathrm{d}q}{T} \tag{1-4}$$

其中，s 称为熵，是外延参数：

$$s = s(p, V, n_i)$$

其中，V 是气体的体积。式（1-4）中等号对应于可逆过程，不等号表示自发（不可逆）过程。对于不可逆过程，有

$$T\mathrm{d}s > \mathrm{d}e + p\mathrm{d}v$$

或

$$\mathrm{d}e + p\mathrm{d}v - T\mathrm{d}s < 0$$

对于定压、定温过程，上式改写为

$$d(e+pv-Ts)_{T,p}<0$$

或

$$d(h-Ts)_{T,p}<0$$

吉布斯自由能

$$g=h-Ts \tag{1-5}$$

所以

$$(dg)_{T,p}<0$$

因此，等温等压过程总是向自由能减少的方向进行。当过程达到平衡状态时，则自由能为最小，这时 $(dg)_{T,p}=0$，因而在等温等压下，热力学平衡的条件可以写成 $(dg)_{T,p}=0$。这个判别式可以推广到化学平衡中去，为此，引入标准反应自由能的定义：

$$\Delta F_{R298}^{0}=\sum_{s=P}M_{s}\Delta g_{f298s}^{0}-\sum_{j=R}M_{f}\Delta g_{f298j}^{0} \tag{1-6}$$

其中，Δg_{f298}^{0} 是标准自由能。任意温度、任意压力下的自由能由下式计算：

$$\Delta g_{T}^{p}=RT\ln\frac{p}{p_{0}}+\Delta g_{T}^{0} \tag{1-7}$$

任意温度、任意压力下的反应自由能为

$$\Delta F_{R,T}^{p}=\sum_{s=P}M_{s}\Delta g_{Ts}^{p}-\sum_{j=R}M_{j}\Delta g_{Tj}^{p}$$

当 $\Delta F_{R,T}^{p}=0$ 时，便达到化学平衡状态。

三、状态方程

一般来说，在一个已知物质的封闭系统中，若体积 V 和温度 T 给定，则系统在化学平衡时有一组确定的 n_i 值。于是

$$n_{i}=n_{i}(V,T)$$

其中，n_i 为化学平衡时的数值。因此，系统在平衡时的状态方程为

$$p=p(V,T,n_{1},n_{2},\cdots,n_{N})$$

由道尔顿的分压定律可知，热力学平衡时，完全气体混合物的压力为

$$p=\frac{1}{V}\sum_{i=1}^{N}n_{i}R_{u}T$$

式中，R_u 为通用气体常数。

封闭系统中的总质量不变，但是，如果处于非化学平衡状态，则各个组分的质量是变化的。

任意一个单步化学反应都可以写成

$$\sum_{i=1}^{M}\gamma_{i}'M_{i}\longrightarrow\sum_{i=1}^{N}\gamma_{i}''M_{i}$$

其中，γ_i' 是反应中 i 组分的化学计量系数；γ_i'' 是生成物中 i 组分的化学计量系数；M_i 是 i 组分的化学分子式。若 i 组分不在反应物中出现，$\gamma_i'=0$；若不在产物中出现，则 $\gamma''=0$。但哪些物质作为反应物，哪些作为生成物，纯属一种选择。在化学反应中生成了 $\gamma_i''-\gamma_i'$ 摩尔的 M_i

组分，则必然有$\gamma_j'-\gamma_j''$摩尔的M_j组分消失（$i\neq j$）。此方程表示了每种组分摩尔数变化之间的关系。

例如，$CO+\frac{1}{2}O_2\longrightarrow CO_2$，$M_1=CO, M_2=O_2, M_3=CO_2$。

$$\gamma_1'=1,\ \gamma_1''=0$$

$$\gamma_2'=\frac{1}{2},\ \gamma_2''=0$$

$$\gamma_3'=0,\ \gamma_3''=1$$

当$\gamma_3''-\gamma_3'=1\,\text{mol}$时，$CO_2$生成，$\Delta n_3=1$；

当$\gamma_1'-\gamma_1''=1\,\text{mol}$时，CO消失，$\Delta n_1=-1$；

当$\gamma_2'-\gamma_2''=\frac{1}{2}\text{mol}$时，$O_2$消失，$\Delta n_2=-\frac{1}{2}$。

则

$$\frac{\Delta n_1}{\gamma_1''-\gamma_1'}=\frac{\Delta n_2}{\gamma_2''-\gamma_2'}=\frac{\Delta n_3}{\gamma_3''-\gamma_3'}$$

为简单起见，可以引进一个量纲为 1 的单步反应的进度变量ε，于是在微小的变化中，有

$$\mathrm{d}n_i=(\gamma_i''-\gamma_i')\mathrm{d}\varepsilon,\ i=1,2,\cdots,N \tag{1-8}$$

如果用$n_{i,r}$表示各种组分在$\varepsilon=0$的同一初始状态或参考状态时的摩尔数，对上述方程进行积分，可得

$$n_i-n_{i,r}=(\gamma_i''-\gamma_i')\varepsilon,\quad i=1,2\cdots,N$$

从上式可以看出，在发生单步化学反应的封闭系统中，热力学状态方程中的n_i可以用$n_{i,r}$和反应进度ε代替。如果在某一参考状态下系统的成分已知，则它的化学热力学状态可以用

$$p=p(V,T,\varepsilon)$$

表示。这里的变量ε可以看作一个状态参数。当V和T给定时，化学平衡对应于一组确定的平衡值n_i。

如果m_i是第i种组分的质量，W_i是i种组分相对分子质量，则

$$\mathrm{d}m_i=(\gamma_i''-\gamma_i')W_i\mathrm{d}\varepsilon,\ i=1,2,\cdots,N$$

因为封闭系统的总质量不变，即

$$M=\sum_{i=1}^{N}m_i=\text{常数}$$

所以，有

$$\sum_{i=1}^{N}\mathrm{d}m_i=0$$

则得

$$\sum_{i=1}^{N}[(\gamma_i''-\gamma_i')W_i]\,\mathrm{d}\varepsilon=0$$

如果反应进度的变化不等于 0（即 $\mathrm{d}\varepsilon \neq 0$），则

$$\sum_{i=1}^{N}(\gamma_i''-\gamma_i')W_i = 0$$

这个式子就是化学计量方程。如果方程（1－8）对时间求导，得到

$$\frac{\mathrm{d}n_i}{\mathrm{d}t} = (\gamma_i''-\gamma_i')\frac{\mathrm{d}\varepsilon}{\mathrm{d}t}$$

这是反应速率方程。

四、反应物分数的表示方法

反应物一般用反应物分数和比值表示。

（1）质量分数 Y_i。第 i 种组分的质量分数定义为

$$Y_i = \frac{m_i}{\sum_{i=1}^{N} m_i}$$

若系统中有 N 种组分，则很明显：

$$\sum_{i=1}^{N} Y_i = 1$$

（2）摩尔分数 X_i。第 i 种组分的摩尔数定义为

$$X_i = \frac{n_i}{\sum_{i=1}^{N} n_i}$$

若系统中有 N 种组分，则

$$\sum_{i=1}^{N} X_i = 1$$

利用道尔顿定理，可以由摩尔数计算出分压：

$$p_i V = n_i R_u T$$

则

$$p = \sum_{i=1}^{N} p_i = \frac{R_u T}{V}\sum_{i=1}^{N} n_i$$

由上两式可得

$$\frac{p_i}{p} = \frac{n_i}{\sum_{i=1}^{N} n_i} = X_i$$

上式是气体爆炸实验利用分压法配气的依据所在。

（3）燃料氧化剂比 F/O。

F/O＝燃料质量/氧化剂质量

比如，反应“$2H_2+O_2$＝产物”的燃料－氧化剂比为

$$F/O = 2 \times 2.016/1 \times 32 = 1/8$$

（4）当量比 ϕ。

当量比定义为实际的燃料－氧化剂比与化学恰当过程中的燃料－氧化剂比（F/O）的比值。化学恰当过程是指当发生化学反应时，生成最稳定产物的过程。例如，$CH_4 + 2O_2 = CO_2 + 2H_2O$ 是化学恰当过程，因为产物处于它们的最稳定状态。但是，反应 $CH_4 + \frac{3}{2}O_2 \longrightarrow CO + 2H_2O$ 不是化学恰当过程，因为产物 CO 是不稳定的，仍可以和 O_2 继续反应生成产物 CO_2。

化学恰当反应放出的能量最高。当量比定义为

$$\phi = \frac{F/O}{(F/O)_{st}}$$

贫燃料状态时，$0 < \phi < 1$；

化学恰当状态时，$\phi = 1$；

富燃料状态时，$1 < \phi < +\infty$。

（5）混合物分数 f。

如图 1－1 所示，假定流量为 1 kg/s 的混合物流（M）由两种成分混合而成，燃料（F）的流量是 f kg/s，空气（A）的流量是（$1-f$）kg/s，则由这种双流体混合过程产生的混合物的任何外延参数 ξ 都可以用公式表示为

$$f\xi_F + (1-f)\xi_A = \xi_M$$

式中，ξ_F 和 ξ_A 分别为燃料流和空气流中的外延参数。上式整理得

$$f = \frac{\xi_M - \xi_A}{\xi_F - \xi_A}$$

如果流体中没有源和汇，又满足上式，其外延参数都称为守恒量。

用质量表示燃料燃烧的总体化学反应方程式为

$$\{(F/O)_{st}\text{kg燃料}\} + \{1\text{ kg氧气}\} \longrightarrow \{[1 + (F/O)_{st}]\text{kg产物}\}$$

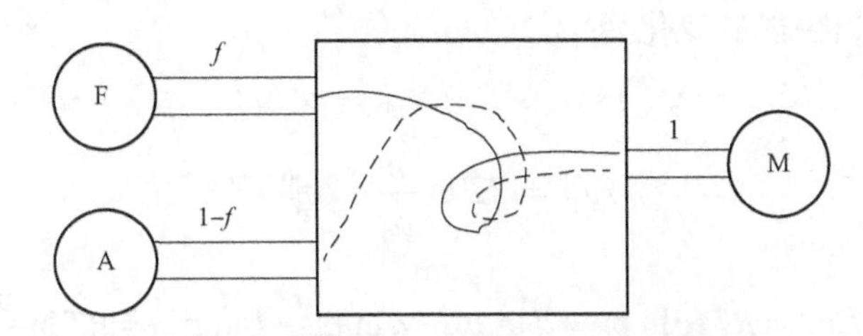

图 1－1　燃料和空气流的定常混合与燃烧

五、平衡常数

化学反应的一般式为

$$\sum \gamma_i A_i \xrightarrow{k} \sum \gamma_i' A_i' \tag{1-9}$$

其中，A_i 和 A_i' 为组分；γ_i 和 γ_i' 为化学计算系数。则质量作用定律可表示成

$$\omega = k\prod_i c_i^{\gamma_i}$$

其中，ω为化学反应速率；k为反应速率常数；c_i为组分浓度。一般来说，所有反应都是可逆反应，因此

$$\sum \gamma_i A_i \xrightleftharpoons{k,k'} \sum \gamma_i' A_i'$$

正反应速率为

$$\omega_1 = k\prod_i c_i^{\gamma_i}$$

逆反应速率为

$$\omega_2 = k'\prod_i c_i'^{\gamma_i'}$$

达到化学平衡时：

$$k\prod_i c_i^{\gamma_i} = k'\prod_i c_i^{\gamma_i'}$$

化学平衡常数

$$k_c = \frac{k}{k'} = \frac{\prod_i c_i'^{\gamma_i'}}{\prod_i c_i^{\gamma_i}} \tag{1-10}$$

下标c表示它是以浓度定义的平衡常数。

六、平衡常数和自由能的关系

在绝热火焰温度计算中，可以使用平衡常数方法，也可以使用最小自由能方法。下面讨论平衡常数和自由能的关系。

若以反应

$$aA + bB \rightleftharpoons cC + dD$$

为例，则在标准状态下转变的生成物，其标准反应自由能

$$\Delta F_R^0 = c\Delta f_{fC}^0 + d\Delta f_{fD}^0 - a\Delta f_{fA}^0 - b\Delta f_{fB}^0$$

任意给定压力下的反应自由能为

$$\Delta F_R^p = c\Delta f_{fC}^p + d\Delta f_{fD}^p - a\Delta f_{fA}^p - b\Delta f_{fB}^p$$

压力变化引起的反应自由能的变化为

$$\Delta F_R^p - \Delta F_R^0 = c(\Delta f_{fC}^p - \Delta f_{fC}^0) + d(\Delta f_{fD}^p - \Delta f_{fD}^0) - a(\Delta f_{fA}^p - \Delta f_{fA}^0) - b(\Delta f_{fB}^p - \Delta f_{fB}^0)$$

因为

$$\Delta f_T^p = RT\ln\frac{p}{p_0} + \Delta f_T^0$$

所以上式

$$\Delta F_R^p - \Delta F_R^0 = RT(c\ln p_C + d\ln p_D - a\ln p_A - b\ln p_B) = RT\ln\frac{p_C^c p_D^d}{p_A^a p_B^b}$$

当平衡时，$\Delta F_R^p = 0$，最后得

$$\ln\frac{p_C^c p_D^d}{p_A^a p_B^b} = -\frac{\Delta F_R^0}{RT} \tag{1-11}$$

令

$$k_p = \frac{p_C^c p_D^d}{p_A^a p_B^b}$$

其中，k_p为平衡常数；“p”表示按分压定义的平衡常数。

$$\ln k_p = -\frac{\Delta F_R^0}{RT}$$

或
$$k_p = \exp\left(-\frac{\Delta F_R^0}{RT}\right) \tag{1-12}$$

式中，ΔF_R^0 是常数，因此，在给定温度下，k_p 是常数。常见气相反应有 17 种，k_p 可以查表获得。这 17 种反应顺序为

① $SO_2 + \frac{1}{2}O_2 \rightleftharpoons SO_3$

② $\frac{1}{2}O_2 + \frac{1}{2}N_2 \rightleftharpoons NO$

③ $\frac{1}{2}O_2 \rightleftharpoons O$

④ $\frac{1}{2}H_2 \rightleftharpoons H$

⑤ $\frac{1}{2}N_2 + \frac{3}{2}H_2 \rightleftharpoons NH_3$

⑥ $\frac{1}{2}N_2 \rightleftharpoons N$

⑦ $NO \rightleftharpoons N+O$

⑧ $H_2O \rightleftharpoons H_2+\frac{1}{2}O_2$

⑨ $H_2O \rightleftharpoons \frac{1}{2}H_2+HO$

⑩ $CO_2+H_2 \rightleftharpoons CO+H_2O$

⑪ $CO_2+C \rightleftharpoons 2CO$

⑫ $CO_2 \rightleftharpoons CO+\frac{1}{2}O_2$

⑬ $2C+H_2C \rightleftharpoons C_2H_2$

⑭ $H_2+CO \rightleftharpoons CH_4$

⑮ $C+2H_2 \rightleftharpoons CH_4$

⑯ $CO+2H_2 \rightleftharpoons CH_3OH$

⑰ $CO+3H_2 \rightleftharpoons CH_4+H_2O$

k_c 和 k_p 的关系如下：

$$k_c = \frac{\left(\frac{p_C}{RT}\right)^c \left(\frac{p_D}{RT}\right)^d}{\left(\frac{p_A}{RT}\right)^a \left(\frac{p_B}{RT}\right)^b} = k_p \left(\frac{1}{RT}\right)^{\Delta M_R} \tag{1-13}$$

其中，ΔM_R 为反应过程中气体摩尔数的变化量，即

$$\Delta M_R = \sum_{s=P} M_s - \sum_{j=R} M_j = (c+d)-(a+b)$$

如果一个反应在反应过程中摩尔数不发生变化，则 $k_p = k_c$。如 $\frac{1}{2}H_2 + \frac{1}{2}I_2 \rightleftharpoons HI$ 的反应就是如此。

17 种气体反应物的平衡常数见表 1-1。

以浓度表示的平衡常数和以分压表示的平衡常数有一定关系，如果反应过程中气体摩尔数不变化，则两者相等。

表 1-1　17 种气体反应物的平衡常数

T/K	$\lg k_p$							
	1	2	3	4	5	6	7	8
298.2	11.91	−15.04			3.70			
400	7.68	−11.07			1.07			
500	5.21	−8.74			−0.45			
600	3.57	−7.20			−1.41			
700	2.37	−6.07			−2.11			−15.75
800	1.47	−5.11			−2.63	−20.40		−13.26
900	0.78	−4.58	−11.06	−9.95	−3.05	−17.70		−1.45
1 000	0.22	−4.06	−9.67	−8.65	−3.39	−15.59	−21.15	−10.01
1 100	−0.23	−3.62	−8.45	−7.55	−3.64	−13.80	−18.60	−8.82
1 200	−0.59	−3.29	−7.46	−6.66	−3.86	−12.49	−16.52	−7.85
1 300	−0.92	−2.99	−6.60	−5.90	−4.05	−11.10	−14.75	−6.93
1 400	−1.19	−2.71	−5.91	−5.25	−4.21	−10.06	−13.29	−6.27
1 500	−1.42	−2.47	−5.29	−4.69	−4.35	−9.18	−11.98	−5.68
1 600	−1.61	−2.27	−4.75	−4.19	−4.47	−0.37	−10.81	−5.14
1 700	−1.81	−2.09	−4.25	−3.75	−4.59	−7.67	−9.79	−4.64
1 800	−1.98	−1.94	−3.83	−3.37	−4.68	−7.06	−8.93	−4.25
1 900	−2.11	−1.82	−3.44	−3.02	−4.76	−6.49	−8.11	−3.87

续表

T/K	$\lg k_p$							
	1	2	3	4	5	6	7	8
2 000	−2.25	−1.70	−3.10	−2.74	−4.83	−5.98	−7.40	−3.52
2 100	−2.37	−1.58	−2.78	−2.44	−4.89	−5.52	−6.73	−3.20
2 200	−2.48	−1.47	−2.53	−2.20	−4.95	−5.10	−6.12	−2.92
2 300	−2.57	−1.38	−2.29	−1.97	−5.01	−4.72	−5.57	−2.69
2 400	−2.66	−1.29	−2.06	−1.75	−5.07	−4.38	−5.07	−2.45
2 500	−2.75	−1.21	−1.84	−1.55	−5.12	−4.06	−4.62	−2.25
2 600	−2.83	−1.14	−1.63	−1.36	−5.17	−3.77	−4.19	−2.06
2 700	−2.90	−1.07	−1.44	−1.19	−5.21	−3.49	−3.79	−0.87
2 800	−2.97	−1.01	−1.26	−1.03	−5.25	−3.23	−3.42	−1.70
2 900	−3.03	−0.95	−1.09	−0.89	−5.29	−3.00	−3.08	−1.54
3 000	−3.09	−0.90	−0.93	−0.76	−5.32	−2.79	−2.77	−1.39
3 100	−3.14	−0.85	−0.78	−0.63	−5.36	−2.60	−2.47	−1.25
3 200	−3.19	−0.80	−0.63	−0.51	−5.39	−2.41	−2.19	−1.12
3 300	−3.24	−0.76	−0.50	−0.40	−5.42	−2.22	−1.93	−1.00
3 400	−3.28	−0.71	−0.38	−0.30	−5.45	−2.04	−1.69	−0.89
3 500	−3.32	−0.67	−0.26	−0.21	−5.47	−1.86	−1.46	−0.78
3 600	−3.36	−0.63	−0.15	−0.11	−5.49	−1.69	−1.24	−0.68
3 700	−3.40	−0.59	−0.05	−0.02	−5.51	−1.53	−1.03	−0.58
3 800	−3.44	−0.56	0.05	0.07	−5.53	−1.39	−0.83	−0.49
3 900	−3.47	−0.53	0.14	0.15	−5.55	−1.26	−0.63	−0.41
4 000	−3.50	−0.50	0.23	0.23	−5.57	−1.14	−0.44	−0.33
4 100	−3.53	−0.47	0.32	0.31	−5.59	−1.03	−0.26	−0.25
4 200	−3.56	−0.44	0.40	0.38	−5.61	−0.92	−0.09	−0.17
4 300	−3.59	−0.41	0.47	0.44	−5.62	−0.82	0.07	−0.10
4 400	−3.62	−0.39	0.54	0.50	−5.63	−0.72	0.22	−0.03
4 500	−3.65	−0.37	0.61	0.56	−5.64	−0.63	0.36	0.03
4 600	−3.67	−0.35	0.67	0.62	−5.66	−0.54	0.49	0.09
4 700	−3.69	−0.33	0.72	0.67	−5.68	−0.46	0.61	0.15

续表

T/K	lgkp							
	1	2	3	4	5	6	7	8
4 800	−3.71	−0.31	0.77	0.72	−5.69	−0.38	0.72	0.21
4 900	−3.72	−0.29	0.82	0.77	−5.70	−0.30	0.82	0.27
5 000	−3.75	−0.29	0.86	0.81	−5.71	−0.22	0.91	0.33

T/K	lgkp								
	9	10	11	12	13	14	15	16	17
298.2		−4.50	−20.52			16.02	11.00	4.62	27.02
400		−2.90	−13.02			10.12	6.65	0.35	16.77
500		−2.02	−8.64			6.62	4.08	−2.15	10.70
600		−1.43	−5.69	−20.11		4.26	2.36	−3.81	6.60
700	−16.60	−1.00	−3.59	−16.59	−13.73	2.59	1.12	−5.02	3.71
800	−14.06	−0.67	−1.98	−13.93	−11.63	1.31	0.20	−5.92	1.51
900	−12.07	−0.41	−0.74	−11.86	−10.02	0.33	−0.53	−6.63	−0.20
1 000	−10.50	−0.22	0.26	−0.23	−8.72	−0.48	−1.05	−7.20	−1.53
1 100	−9.22	−0.07	1.08	−8.89	−7.67	−1.15	−1.49	−7.63	−2.64
1 200	−8.14	0.06	1.74	−7.79	−6.87	−1.68	−1.91	−8.02	−3.59
1 300	−7.22	0.17	2.30	−6.81	−6.02	−2.13	−2.24	−8.37	−4.37
1 400	−6.45	0.27	2.77	−6.01	−5.40	−2.50	−2.54	−8.64	−5.06
1 500	−5.78	0.35	3.18	−5.33	−4.84	−2.83	−2.79	−8.87	−5.64
1 600	−5.20	0.42	3.56	−4.73	−4.35	−3.14	−3.01	−9.08	−6.15
1 700	−4.66	0.48	3.89	−4.19	−3.94	−3.41	−3.20	−9.27	−6.61
1 800	−4.21	0.54	4.18	−3.71	−3.56	−3.61	−3.36	−9.44	−7.00
1 900	−3.79	0.59	4.45	−3.27	−3.20	−3.86	−3.51	−9.59	−7.35
2 000	−3.49	0.64	4.69	−2.88	−2.88	−4.05	−3.64	−9.72	−7.69
2 100	−3.07	0.69	4.91	−2.54	−2.61	−4.22	−3.75	−9.84	−7.97
2 200	−2.79	0.73	5.10	−2.24	−2.37	−4.37	−3.86	−9.95	−8.23
2 300	−5.52	0.76	5.27	−1.96	−2.14	−4.51	−3.96	−10.05	−8.47
2 400	−2.27	0.79	5.43	−1.69	−1.92	−4.64	−4.06	−10.14	−8.70
2 500	−2.03	0.82	5.58	−1.43	−1.72	−4.76	−4.15	−10.22	−8.91

续表

T/K	$\lg k_p$								
	9	10	11	12	13	14	15	16	17
2 600	−1.81	0.86	5.72	−1.21	−1.53	−4.87	−4.23	−10.30	−9.10
2 700	−1.60	0.87	5.84	−1.00	−1.35	−4.97	−4.30	−10.47	−9.27
2 800	−1.41	0.89	5.95	−0.81	−1.18	−5.06	−4.37	−10.44	−9.43
2 900	−1.24	0.91	6.05	−0.63	−1.04	−5.14	−4.43	−10.50	−9.57
3 000	−1.07	0.92	6.16	−0.46	−0.91	−5.23	−4.49	−10.56	−9.72
3 100	−0.92	0.95	6.25	−0.30	−0.79	−5.30	−4.55	−10.61	−9.85
3 200	−0.78	0.97	6.33	−0.15	−0.68	−5.37	−4.61	−10.66	−9.98
3 300	−0.64	0.99	6.41	−0.01	−0.57	−5.44	−4.66	−10.71	−10.10
3 400	−0.51	1.01	6.49	0.12	−0.47	−5.50	−4.71	−10.76	−10.21
3 500	−0.28	1.02	6.56	0.24	−0.37	−5.56	−4.75	−10.81	−10.31
3 600	−0.26	1.03	6.63	0.35	−0.28	−5.62	−4.78	−10.85	−10.40
3 700	−0.13	1.04	6.71	0.36	−0.19	−5.67	−4.81	−10.89	−10.48
3 800	−0.04	1.05	6.78	0.56	−0.11	−5.72	−4.84	−10.93	−10.56
3 900	0.05	1.06	6.85	0.65	−0.03	−5.78	−4.87	−10.96	−10.73
4 000	0.13	1.07	6.91	0.74	0.05	−5.83	−4.90	−10.99	−10.73
4 100	0.21	1.08	6.97	0.83	0.12	−5.88	−4.93	−11.02	−10.81
4 200	0.29	1.09	7.03	0.92	0.19	−5.93	−4.96	−11.05	−10.89
4 300	0.37	1.10	7.08	1.00	0.25	−5.97	−4.99	−11.08	−10.96
4 400	0.44	1.11	7.13	1.08	0.31	−6.01	−5.02	−11.11	−11.03
4 500	0.51	1.12	7.17	1.15	0.37	−6.05	−5.05	−11.14	−11.10
4 600	0.58	1.13	7.21	1.22	0.43	−6.08	−5.08	−11.16	−11.16
4 700	0.64	1.14	7.25	1.29	0.48	−6.11	−5.11	−11.18	−11.22
4 800	0.70	1.15	7.28	1.36	0.53	−6.13	−5.14	−11.20	−11.27
4 900	0.76	1.16	7.31	1.43	0.58	−6.15	−5.17	−11.22	−11.32
5 000	0.82	1.17	7.34	1.50	0.63	−6.17	−5.19	−11.24	−11.36

第三节 绝热火燃温度计算

混合气体经过绝热等压达到化学平衡，则系统最终达到的温度称为绝热火焰温度，或称理论燃烧温度或燃烧最大温度 T_m。该温度取决于初始温度、压力和反应物的成分。

由于该系统是绝热的，因此，反应物经化学反应生成平衡产物过程中释放出的全部热量都用来提高系统的温度。如果用 ΔH_R 表示反应物中的总焓（包括化学能），ΔH_P 表示平衡产物的总焓，在绝热条件下，有

$$\Delta H_R = \Delta H_P$$

燃烧产物在最终状态时的总焓是其各组分的生成焓之和加上燃烧产物从标准状态到最终状态时总焓的增加量，即

$$\Delta H_P = \sum_{s=P} M_s \Delta h_{fs} + \sum_{s=P} \int_{298}^{T_m} M_s c_{p,s} \mathrm{d}T \qquad (1-14)$$

而反应物总焓应为全部反应物的生成焓之和，即

$$\Delta H_R = \sum_{j=R} M_j \Delta h_{fj}$$

由上两式得到

$$\sum_{j=R} M_j \Delta h_{fj} = \sum_{s=P} M_s \Delta h_{fs} + \sum_{s=P} \int_{298}^{T_m} M_s c_{p,s} \mathrm{d}T$$

或

$$\sum_{s=P} \int_{298}^{T_m} M_s c_{p,s} \mathrm{d}T = \sum_{j=R} M_j \Delta h_{fj} - \sum_{s=P} M_s \Delta h_{fs}$$

该式的右边是已知的反应热，但符号相反。因而有

$$\sum_{s=P} \int_{298}^{T_m} M_s c_{p,s} \mathrm{d}T = -\Delta H_{298}^0 \qquad (1-15)$$

式中，如能知道最终产物的成分，则未知数只有 T_m 一个。但最终产物的成分取决于 T_m，这样，在系统中存在两个互相依赖的未知量，即平衡成分和最终温度 T_m。对于简单反应的平衡成分的计算，可采用“反应程度法”，现举例说明。

$$\frac{1}{2}Cl_2 + \frac{3}{2}F_2 \rightleftharpoons ClF_3$$

设 λ 为反应进行的程度，则上面的化学当量式可改写成

$$\frac{1}{2}Cl_2 + \frac{3}{2}F_2 \rightleftharpoons (1-\lambda)\left[\frac{1}{2}Cl_2 + \frac{3}{2}F_2\right] + \lambda[ClF_3]$$

当 $\lambda = 0$ 时，表明反应刚开始；当 $\lambda = 1$ 时，表明反应已经完成。现将生成物的各参数列表，见表 1－2。

表 1-2　生成物的各参数

s	M_s	$x_s = M_s / \sum M_s$	$p_s = x_s p$
Cl_2	$(1-\lambda)/2$	$(1-\lambda)/[2(2-\lambda)]$	$(1-\lambda)p/[2(2-\lambda)]$
F_2	$3(1-\lambda)/2$	$3(1-\lambda)/[2(2-\lambda)]$	$3(1-\lambda)p/[2(2-\lambda)]$
ClF_3	λ	$\lambda/(2-\lambda)$	$\lambda p/(2-\lambda)$

则有

$$k_p = \frac{\lambda p/(2-\lambda)}{\{(1-\lambda)p/[2(2-\lambda)]\}^{1/2}\{3(1-\lambda)p/[2(2-\lambda)]\}^{3/2}} = \frac{4}{3^{3/2}}\frac{\lambda(2-\lambda)}{p(1-\lambda)^2}$$

在给定的温度下，k_p 值可以查表。这样在总压给定的情况下，可由上式求出 λ 值，知道 λ 后，就可求得平衡成分。

T_m 的计算可归纳为如下步骤：

① 假定一个 $T_m^{(0)}$ 值，用上述方法求得平衡成分。

② 根据反应物及生成物（燃烧产物）的生成热，计算出在标准温度和给定压力下反应所放出的热量。

③ 根据式（1-15）算出 $T_m^{(1)}$，如 $T_m^{(1)}$ 不等于 $T_m^{(0)}$，则重新假定 T_m 值，并重复该计算程序，直至假定的 T_m 与算出的 T_m 值相等为止。

下面讨论有离解时的绝热燃烧温度及燃烧产物的计算。设燃料分子式为 $C_nH_mO_p$，氧化剂的一般分子式为 $H_tN_uO_vC_q$，当它们进行反应，只产生 CO_2、H_2O 及 H_2 时，其燃烧反应的通式可写成

$$C_nH_mO_p + \alpha\gamma_0 H_tN_uO_vC_q = (n+\alpha\gamma_0 q)CO_2 + 0.5(m+\alpha\gamma_0 t)H_2O + 0.5\alpha\gamma_0 uN_2$$

式中，α 和 γ_0 为常数。研究表明，在高温下，三原子气体的离解按下列方式进行：

$$CO_2 \rightleftharpoons CO + 0.5O_2$$

$$H_2O \rightleftharpoons H_2 + 0.5O_2$$

$$H_2O \rightleftharpoons OH + 0.5H_2$$

分子 H_2 和 O_2 将被离解成 H 和 O 原子，即

$$H_2 \rightleftharpoons 2H$$

$$O_2 \rightleftharpoons 2O$$

当燃料中有氮气存在时，有

$$0.5N_2 + 0.5O_2 \rightleftharpoons NO$$

因此，燃烧产物一般有 10 种：CO_2、CO、H_2O、H_2、OH、N_2、NO、H、O_2、O。

通过以上 6 个方程，得到

$$\frac{p_{CO}p_{O_2}^{0.5}}{p_{CO_2}} = k_{p_1} \qquad (1-16)$$

$$\frac{p_{H_2} p_{O_2}^{0.5}}{p_{H_2O}} = k_{p_2} \tag{1-17}$$

$$\frac{p_{OH} p_{H_2}^{0.5}}{p_{H_2O}} = k_{p_3} \tag{1-18}$$

$$\frac{p_{H}^2}{p_{H_2}} = k_{p_4} \tag{1-19}$$

$$\frac{p_{O}^2}{p_{O_2}} = k_{p_5} \tag{1-20}$$

$$\frac{p_{NO}}{p_{N_2}^{0.5} p_{O_2}^{0.5}} = k_{p_6} \tag{1-21}$$

得到了包含燃烧产物分压的 6 个方程。由分压定律：

$$p_{CO} + p_{CO_2} + p_{H_2O} + p_{H_2} + p_{OH} + p_{N_2} + p_{O_2} + p_{NO} + p_{H} + p_{O} = p_Z \tag{1-22}$$

其中，p_Z 是燃烧室内的压力。为了解出 10 个分压，必须有 10 个方程，但现在只有 7 个方程，尚缺 3 个方程，这 3 个方程就是物质平衡方程。

在反应物中，有 $n+\alpha\gamma_0 q$ 个原子的碳、$m+\alpha\gamma_0 t$ 个原子的氢、$\alpha\gamma_0 u$ 个原子的氮及 $p+\alpha\gamma_0 v$ 个原子的氧。在燃烧产物中，这些元素形成一定数量的气体，这些气体含有一定数量的个别元素的原子。碳仅在 CO_2 及 CO 中才有，因此，这些气体摩尔数之和应等于碳原子数目，故得如下方程：

$$M_{CO_2} + M_{CO} = n + \alpha\gamma_0 q \tag{1-23}$$

H 存在于 H_2O、H_2、OH 及 H 中，并且前两种气体各有两个原子的氢，故有

$$2M_{H_2O} + 2M_{H_2} + M_{OH} + M_{H} = m + \alpha\gamma_0 t \tag{1-24}$$

同理，对于氧，可以写出

$$2M_{CO_2} + M_{CO} + M_{H_2O} + M_{OH} + 2M_{O_2} + M_{NO} + M_{O} = p + \alpha\gamma_0 v \tag{1-25}$$

对于氮

$$2M_{N_2} + M_{NO} = \alpha\gamma_0 v \tag{1-26}$$

因为

$$M_s = M\frac{p_s}{p_Z}$$

其中，M_s 为某种气体的摩尔数；M 为混合气体的摩尔数；p_Z 是混合气体的总压力，即燃烧室压力。这样，可以将上述各式改写成

$$\frac{M}{p_Z}(p_{CO_2} + p_{CO}) = n + \alpha\gamma_0 q \tag{1-27}$$

$$\frac{M}{p_Z}(2p_{H_2O} + 2p_{H_2} + p_{OH} + p_{H}) = m + \alpha\gamma_0 q \tag{1-28}$$

$$\frac{M}{p_Z}(2p_{CO_2} + p_{CO} + p_{H_2O} + p_{OH} + 2p_{O_2} + p_{NO} + p_{O}) = p + \alpha\gamma_0 v \tag{1-29}$$

$$\frac{M}{p_Z}(p_{N_2}+p_{NO})=\alpha\gamma_0 u \tag{1-30}$$

其中燃烧产物的摩尔数 M 是未知数。由上述 4 个式子可得

$$\frac{2p_{CO_2}+p_{CO}+p_{H_2O}+p_{OH}+2p_{O_2}+p_{NO}+p_O}{p_{CO_2}+p_{CO}}=\frac{p+\alpha\gamma_0 v}{n+\alpha\gamma_0 q} \tag{1-31}$$

$$\frac{2p_{H_2O}+2p_{H_2}+p_{OH}+p_H}{p_{CO_2}+p_{CO}}=\frac{m+\alpha\gamma_0 v}{n+\alpha\gamma_0 q} \tag{1-32}$$

$$\frac{2p_{N_2}+p_{NO}}{p_{CO_2}+p_{CO}}=\frac{\alpha\gamma_0 u}{n+\alpha\gamma_0 q} \tag{1-33}$$

10 个方程可以求出 10 个分压，但是在解这 10 个方程时，必须首先知道燃烧产物的温度 T_m，这样才能知道各平衡常数，为此，必须列出第 11 个方程，即能量守恒方程

$$\sum_{s=P}\int_{298}^{T_m} M_s c_{p,s}\mathrm{d}T=-\Delta H_{298}^0 \tag{1-34}$$

这样，可由式（1－16）～式（1－21）、式（1－31）～式（1－33）及式（1－34）解出 T_m 及燃烧产物的成分。

表 1－3 列出了几种可燃气体的实测火焰温度。

表 1－3　几种可燃气体火焰温度的实测值

燃料	燃料体积分数/%	火焰温度实测值/K
甲烷	10.0	2 230
乙烯	6.5	2 380
乙炔	7.7	2 600
丙烷	4.0	2 250
丁二烯	3.5	2 380
氧化乙烯	7.7	2 420

参考文献

[1] 陈义良，张孝春，孙慈，等. 燃烧原理［M］. 北京：航空工业出版社，1992.
[2] 傅维标，卫景彬. 燃烧物理学基础［M］. 北京：机械工业出版社，1981.

思考题

1. 简述应用分压定律配制预混合气的方法。
2. 简述绝热火焰温度计算的思路、方法和步骤。

第二章
化学动力学基础

爆炸是一种快速化学反应，其物理特征与化学反应速度有关。有些化学反应进行得很快，有些又很慢。当温度提高时，多数化学反应的速度加快。本章介绍化学反应的动力学特征及其基本知识。化学动力学是化学学科中的一个组成部分，它定量地研究化学反应进行的速率及其影响因素，并用反应机理来解释由实验得出的动力学定律。其研究内容包括实验和理论两个方面——根据理论设计反应速率实验方案，对实验结果进行理论分析和预测。

第一节　化学反应速率[1, 2]

单位时间内反应的最初物质或最终物质浓度的变化叫作化学反应速率。化学反应速率可以用单位时间内各种浓度（摩尔浓度、质量浓度）的变化来表示。不同浓度表示法的数值是不同的，但它们之间有一定的关系，这一关系取决于各种浓度的因次。例如，质量浓度表示的反应速率是 ω_ρ g/(cm^3 • s)，摩尔浓度表示的反应速度速率 ω_c mol / (cm^3 • s)，它们之间的关系为

$$\omega_\rho = w\omega_c$$

式中，w 是某物质的相对分子质量。反应速率可以由参加反应的任一物质的反应速率来表示，这时虽然得出的各速率值不同，但它们之间存在着单值关系，此关系可以由化学反应式进行计算。例如：

$$aA + bB + \cdots \rightleftharpoons dD + eE + \cdots \tag{2-1}$$

如果以 n_A 表示反应物 A 的浓度，则按物质 A 计算的反应速率是

$$\omega_A = -\frac{dn_n}{dt}$$

若按生成物 D 的浓度 n_D 来计算，则反应速率为

$$\omega_D = -\frac{dn_D}{dt}$$

分析式（2－1）可知，在单位时间内消耗 a 分子的物质 A，则同一时间内必生成 d 分子的物质 D。因此，按照不同物质计算出来的反应速率间关系为

$$\omega_A = -\frac{dn_A}{dt} = -\frac{a}{b}\frac{dn_B}{dt} = \frac{a}{d}\frac{dn_D}{dt} = \frac{a}{e}\frac{dn_E}{dt} = \cdots$$

例如，有反应 $2H_2 + O_2 = 2H_2O$，则有

$$\omega_{H_2} = 2\omega_{O_2} = \omega_{H_2O}$$

因此，常常要指出是按哪种物质算出的反应速率。反应速率虽然数值不同，但却表示同一放热速度。

根据化学反应速率，化学反应可以分为爆炸反应和非爆炸反应两类。研究爆炸化学反应不仅要确定在什么条件下化学反应的速率可以非常快，同时也要分析它的化学反应机理。化学反应速率与系统的条件有关，包括化学成分的浓度、温度、压力、催化剂或阻化剂的存在、辐射效应等。

不论单步化学反应怎样复杂，均可用下列化学计量方程表示：

$$\sum_{i=1}^{N} \gamma_i' M_i \longrightarrow \sum_{i=1}^{N} \gamma_i'' M_i$$

其中，γ_i' 是反应物的计量系数；γ_i'' 是产物的计量系数；M 表示任意一个化学组分；N 是有关的化学组分总数。如果化学组分 M_i 不以反应物的形式出现，则 $\gamma_i' = 0$；如果不以产物的形式出现，则 $\gamma_i'' = 0$。

人们通过大量实验验证了质量作用定律：一种化学组分消失的速率与参加反应的各化学组分浓度幂函数的乘积成正比。其中，幂函数的方次就是各自的化学计量系数。因此，化学反应速率可以用下式表示：

$$RR = k\prod_{i=1}^{N} (c_{M_i})^{\gamma_i'} \tag{2-2}$$

其中，k 是比例常数，称为反应速率常数；c_{M_i} 为摩尔浓度。对于给定的化学反应，k 值和摩尔浓度 c_{M_i} 无关，仅是温度的函数。一般 k 可以用公式

$$k = BT^{\alpha}\exp\left(-\frac{E_a}{RT}\right) \tag{2-3}$$

表示。其中，BT^{α} 为碰撞频率；E_a 为活化能；B、α、E_a 与基元反应的特性有关。

第二节　活　化　能[1,2]

两个分子发生作用，其必要条件是两个分子接触、碰撞，以破坏分子内在的、原有的联系，从而形成新的联系。例如 $H_2 + I_2 \longrightarrow 2HI$，首先破坏氢分子中原子之间及碘分子中原子之间的联系，然后氢原子和碘原子重新结合。

研究分子碰撞时，必须考虑分子大小的影响。两个大小相同的球形分子，当它们球心之间的距离小于和等于分子直径 σ 时，就将发生碰撞。球心之间的距离大于 σ，分子不发生碰撞。如图 2-1（a）和图 2-1（b）所示。σ 值越大，两个分子发生碰撞的概率也越大。两个直径均为 σ 的分子之间的碰撞和一个直径为 2σ 的分子与另一个用质点表示的分子之间的碰撞是等价的。在上述两种情况中，都用两个分子中心之间的距离是否小于 σ 来判断是否发生碰撞。用第二种表示方法计算碰撞频率比较简单。如图 2-1 所示，气体中一个分子与其他分子之间的平均碰撞频率近似等于一个半径为 σ、以分子平均速度运动的分子在单位时间内扫过的容积中点分子的总数目。一个分子在 1 s 内扫过的圆柱体的长度为 u，则一个半径 σ 为 3.5×10^{-8} cm、相对分子质量为 130 的分子，在 773 K（500 ℃）时，扫过的圆柱体容积等于

$$V=\pi r^2 l=\pi\sigma^2 u=\pi(3.5\times10^{-8})^2\times\left[1.455\times10^4\times\left(\frac{773}{130}\right)^{1/2}\right]=1.365\times10^{-10}(\text{cm}^3)$$

分子平均速度用下式计算：

$$u=\left(\frac{8R_uT}{\pi w}\right)^{1/2}=1.455\times10^4\left(\frac{T}{w}\right)^{1/2}\ \text{cm/s}$$

如果气体分子的浓度为 10^{-6} mol/cm³，则在上述容积中有 8.2×10^7 个分子。这就是一个分子在 1 s 内产生碰撞的次数。上面讨论时，假定所有其他分子都是静止的。如果考虑到所有分子都是运动的，上述结果应扩大 $\sqrt{2}$ 倍。

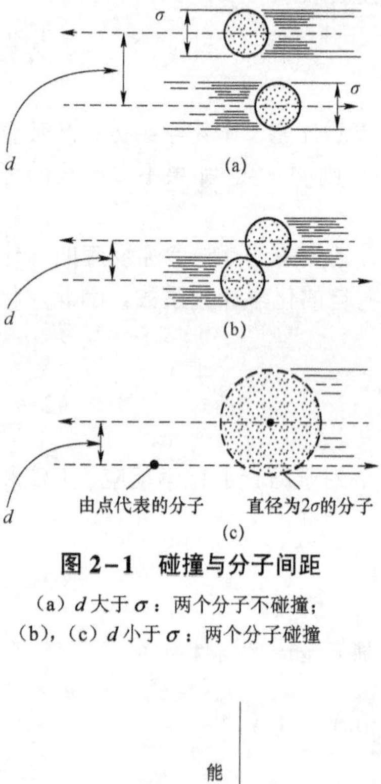

图 2-1　碰撞与分子间距

（a）d 大于 σ：两个分子不碰撞；
（b），（c）d 小于 σ：两个分子碰撞

由分子运动论可知，分子与分子之间碰撞次数是非常多的，如果所有的碰撞都引起化学反应，那么即使是在低温条件下，反应速率也将是很大的，甚至反应在瞬间即可完成。但事实上反应速率总是有限的，有时往往是很小的，这说明并非所有的分子碰撞都能破坏原有的联系而起化学反应。为使某一化学反应得以进行，分子所需具有的最低能量称为活化能，并用 E 表示。能量达到或超过活化能 E 的分子称为活化分子，如图 2-2 所示。在图 2-2 中，反应物 A 变成生成物 C 时，中间要经过一个活化态 B，它必须克服一定的能量障碍 E_1，才能达到活化态 B，这时反应物内部的原子才可能拆开，最后再变成产物 C。E_1 就是这一反应的活化能。因此，反应要能进行的话，必须要先吸收能量 E_1，才能达到 C，这时放出能量 ΔE；相反，E_2 即表示逆反应的活化能。

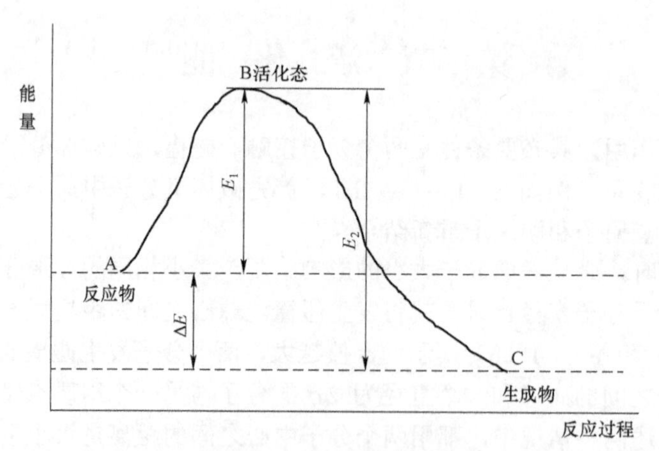

图 2-2　活化能示意图

一般可把反应分为简单反应和复杂反应两大类。简单反应又可以分为单分子反应、双分子反应和三分子反应。所谓单分子反应，是指反应过程中只有一个分子参与作用的反应，例

如 $I_2=2I$。双分子反应即为两个同类或不同类分子碰撞的反应，例如 $I_2+H_2=2HI$。而所谓三分子反应，即为三个同类或不同类分子相互碰撞而发生的反应。由于三分子碰撞的概率很小，因此其反应速率是极缓慢的。目前还没有发现三分子以上的反应。有些反应方程式显示参加反应的分子数很多，但实际上它往往是经过几个步骤而成的，而每个步骤又常是单分子或双分子反应，例如：

$$2NO+O=2NO_2 \tag{2-4}$$

而它的真实过程是这样的：

① $2NO=N_2O_2$

② $N_2O_2+O_2=2NO_2$

复杂反应又可分为可逆反应、连串反应、平行反应和共轭反应。

平行反应：一种或多种反应物同时进行着两个不同的反应称为平行反应。在平行反应中，反应速率比较大的反应称为主要反应，其余反应称为次要反应。

连串反应：一个反应的生成物又为另一反应的反应物，一个反应接着另一个反应，经过几个步骤才达到最后结果的反应称为连串反应。

共轭反应：其中某一反应仅当另一反应存在时才能进行，这种反应称为共轭反应。共轭反应的实质是第一个反应生成了参加第二个反应的中间化合物，它对第二个反应起着催化作用。

第三节　阿累尼乌斯（Arrhenius）方程[1,2]

阿累尼乌斯对不同温度下的等温反应过程进行了大量实验，发现反应速率常数与温度之间存在着下列关系：

$$k=A\exp\left(-\frac{E_a}{R_uT}\right) \tag{2-5}$$

其中，k 为化学反应速率常数；A 为阿累尼乌斯因子；R_u 为通用气体常数；T 为温度。上式称为阿累尼乌斯定律。

在双分子反应中，只有当分子碰撞时中心连线方向的相对运动动能大于 E_a，碰撞才能够产生化学反应。对于二级反应

$$B+C\xrightarrow{k}\text{产物}$$

反应速率定律为

$$\frac{\mathrm{d}c_\mathrm{B}}{\mathrm{d}t}=-kc_\mathrm{B}c_\mathrm{C}=-Ac_\mathrm{B}c_\mathrm{C}\exp\left(-\frac{E_a}{R_uT}\right) \tag{2-6}$$

其中，c_B和c_C是组分 B 和 C 的摩尔浓度。

阿累尼乌斯给出的公式为

$$\frac{\mathrm{d}c_\mathrm{B}}{\mathrm{d}t}=-Z_\mathrm{BC}p\exp\left(-\frac{E_a}{R_uT}\right) \tag{2-7}$$

其中，T 为绝对温度；Z_BC 是总的碰撞频率；p 为空间因子。空间因子与分子碰撞时的方向有

关。如果化学反应除了需具备必要的活化能量外，还对碰撞分子的方向有特殊要求，则空间因子的数值小于 1。

应该指出：许多反应的比反应速率都遵循阿累尼乌斯定律。如果将这些反应的化学动力学数据画在 $\ln k$ 与 T^{-1} 的曲线图上，得出的是一条直线。

图 2－3 表明，在给定的化学反应中，化学反应的比速率常数 k 与浓度 c_{Mi} 无关，仅是温度的函数。对阿累尼乌斯方程取自然对数，就可以得出图 2－3 中 $\ln k$ 的方程，其结果为

$$\ln k = \ln A - \frac{E_a}{R_u T} \tag{2-8}$$

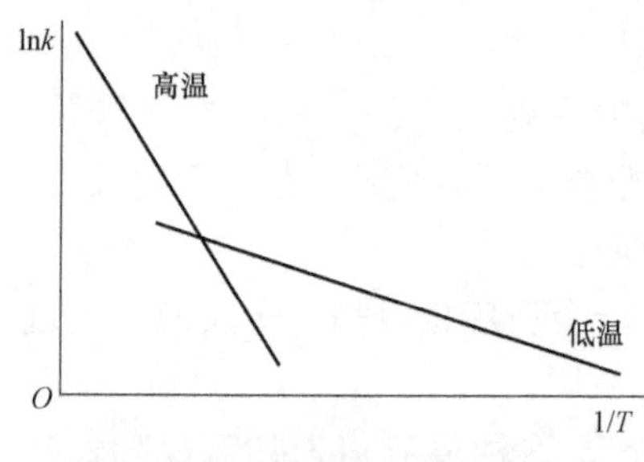

图 2－3　反应速率与温度的关系

化学反应的比速率常数不仅与温度有关，还与温度的取值范围有关。一般来说，阿累尼乌斯方程不能用来描述一个温度范围很宽的燃烧过程。例如，根据低温时的实验数据拟合得到的公式，不适用于高温，用于推论高温下实验可能得到错误的结果。但是，不同温度段，必须有相应的反应公式来表述，如图 2－3 所示。反应的比反应速率外推到很宽的温度范围时，必须慎重。

有许多反应遵循阿累尼乌斯定律，但有两类反应却不满足阿累尼乌斯（Arrhenius）方程（式（2－5））：

① 低活化能的自由基反应。在这类反应中，指数项前的参数与温度的关系密切，用所谓的绝对反应理论似乎能更好地描述动力学数据与温度的关系。

② 自由基的复合反应。当简单的自由基复合成单一产物时，为了使产物稳定，必须在产物生成时立即从产物中排除释放的能量。而排除能量需要由第三物质来完成，对于这种有第三种物质参加的复合反应，压力的影响很显著，因而比反应速率并不满足阿累尼乌斯（Arrhenius）方程（式（2－5））。

用 k 表示反应速率常数，并用下标 f 表示正反应，即反应物处于方程左侧，产物处于方程右侧的反应。

第四节　各种级的单步化学反应[1,3]

一、一级化学反应

对于一级反应 $A_2 \xrightarrow{k_f} 2A$ 的速率：

$$\frac{dc_A}{dt} = 2k_f c_{A_2} = -2\frac{dc_{A_2}}{dt} \tag{2-9}$$

对变量进行分离，并在 0 到 t 的时间内积分，得

$$-\ln c_{A_2}\Big|_{c_{A_2,0}}^{c_{A_2,t}} = k_f(t-0) \tag{2-10}$$

或

$$\ln\left(\frac{c_{A_2,0}}{c_{A_2,t}}\right) = k_f t$$

此式给出了A_2的浓度随时间变化的规律。方程（2－9）给出的速率表达式也可以应用于下面的反应：

$$A + C \xrightarrow{k_f} D$$

式中，$c_C \gg c_A$。因为$c_C \gg c_A$，所以速率表达式便成为

$$\frac{dc_A}{dt} = -\frac{dc_D}{dt} = -k_f c_A c_C = k' c_A \tag{2-11}$$

式中，k'是一个新的比率常数，可以列出它的公式。因为组分 C 的浓度近似不变（即$c_C =$常数）。A_2的分解是单分子反应，它满足一级反应动力学。反应$A + C \xrightarrow{k_f} D$是双分子反应，也满足一级反应动力学。因此，所有的单分子反应都是一级的，但并不是所有的一级反应都是单分子的。

一级反应的另一个例子是分子 AB 的离解：

$$AB \xrightarrow{k_f} A + B \tag{2-12}$$

这里，速率定律表示为

$$\frac{dc_{AB}}{dt} = -k_f c_{AB} \tag{2-13}$$

例：用c_s表示产物浓度，$c_a - c_s$表示反应物的浓度（其中c_a是反应物的初始浓度）。列出比反应速率常数的表达式及c_s的表达式。

解：由方程（2－10）得

$$\ln\left(\frac{c_a}{c_a - c_s}\right) = k_f t \tag{2-14}$$

则

$$\frac{1}{t}\ln\left(\frac{c_a}{c_a - c_s}\right) = k_f$$

x的浓度是$c_s = c_a(1 - e^{-k_f t})$。

二、二级反应

大多数化学反应是双分子反应，并且按照双元碰撞的结果进行。所以，这种反应常遵循二级反应动力学。在复杂的化学过程中，二级反应动力学能够确定某一双分子反应过程是整个反应中最缓慢的，它决定着反应速率的反应步骤。

二级的双分子反应$A + B \xrightarrow{k_f} AB$的速率定律为

$$\frac{dc_A}{dt} = \frac{dc_B}{dt} = -\frac{dc_{AB}}{dt} = -k_f c_A c_B \tag{2-15}$$

这个反应中，A 的浓度等于 B 的浓度，即$c_A = c_B$，所以这个二级反应的微分方程很容易求解。而对于下面的二级双分子反应：

$$2A \xrightarrow{k_f} C + D \tag{2-16}$$

反应速率定律为

$$\frac{dc_A}{dt} = -2\frac{dc_C}{dt} = -2\frac{dc_D}{dt} = -k_f c_A^2$$

下面给出了在火焰中出现的一些有代表性的二级反应过程：

$$Cl + H_2 \rightarrow HCl + H$$

$$OH + H_2 \rightarrow H_2O + H$$

$$O_2 + H \rightarrow HO + O$$

$$O + H_2 \rightarrow HO + H$$

$$O_3 + CO \rightarrow CO_2 + 2O$$

$$OH + CH_4 \rightarrow H_2O + CH_3$$

反应速率定律也可以用反应过程中所消耗的反应物浓度表示。例如，下面的二级反应（有时叫作原子传递反应）：

$$A + B \xrightarrow{k_f} C + D$$

物质 A 和 B 的浓度为

$$c_A = c_{A_0} - c_x$$

$$c_B = c_{B_0} - c_x$$

式中，c_{A_0} 和 c_{B_0} 分别是反应物 A 和 B 的初始浓度；c_x 是 A 和 B 在反应中被消耗的部分。则这一反应的速率定律为

$$\frac{dc_x}{dt} = k_f(c_{A_0} - c_x)(c_{B_0} - c_x)$$

在方程的两边同乘以 $\frac{(c_{B_0} - c_{A_0})dt}{(c_{A_0} - c_x)(c_{B_0} - c_x)}$，得

$$\frac{(c_{B_0} - c_{A_0})dc_x}{(c_{A_0} - c_x)(c_{B_0} - c_x)} = k_f(c_{B_0} - c_{A_0})dt$$

将上式左边进行积分得

$$\int \frac{dc_x}{c_{A_0} - c_x} - \int \frac{dc_x}{c_{B_0} - c_x} = \int k_f(c_{B_0} - c_{A_0})dt$$

$$\ln\left(\frac{c_x - c_{B_0}}{c_x - c_{A_0}}\right) = k_f(c_{B_0} - c_{A_0})t + 常数$$

由 c_x 的定义知道，$t=0$ 时，$c_x=0$，故

$$\ln\frac{0 - c_{B_0}}{0 - c_{A_0}} = k_f(c_{B_0} - c_{A_0})0 + 常数$$

$$\ln\left(\frac{c_{B_0}}{c_{A_0}}\right) = 常数$$

从而得

$$\ln\frac{c_x - c_{B_0}}{c_x - c_{A_0}} = k_f\left(c_{B_0} - c_{A_0}\right)t + \ln\left(\frac{c_{B_0}}{c_{A_0}}\right)$$

求解k_f，得

$$k_f = \frac{1}{(c_{B_0} - c_{A_0})t}\ln\frac{c_{B_0}(c_x - c_{B_0})}{c_{A_0}(c_x - c_{A_0})}$$

三、三级反应

三级反应和三分子反应的一个例子是

$$2NO + O_2 \xrightarrow{k_f} 2NO_2$$

另一个例子是

$$M + 2A \xrightarrow{k_f} A_2 \rightarrow M^*$$

M 是一个第三体（反应媒介），它引起反应$2A \rightarrow A_2$。M^*与 M 的性质稍有不同，因为反应过程中的热量使 M 的性质有所改变。有一些物质甚至会散发辐射能（光）。上面的反应速率定律表示为

$$\frac{dc_{A_2}}{dt} = k_f c_M c_A^2 = -\frac{1}{2}\frac{dc_A}{dt}，\ \frac{dc_A}{dt} = -2k_f c_M c_A^2$$

如果 M 的浓度为常数，那么它可以和 k 合并起来，为

$$\frac{dc_A}{dt} = -k' c_A^2$$

式中，k'是新的反应速率常数，此时反应的级数也从 3 降到 2。如果c_M并不真正是常数，而是时间的函数，则反应的级数仍然是 3。

对于每一个反应过程，反应速率方程都可以用来代替平衡常数方程。由于反应速率明显地随反应途径而异，因此热力学状态函数不能使用。实际上，许多化学反应的详细反应机理尚未清楚，所以通常很难预测出每一种重要组分的浓度。

通常涉及的反应大多数是二级和三级的。下面是一个复杂反应的例子，它既含有二级反应，也含有三级反应。

$$OH + H_2 \longrightarrow H_2O + H$$

$$O_2 + H \longrightarrow HO + O$$

$$H + H + H \longrightarrow H_2 + H$$

第五节　连 续 反 应

反应过程中出现的另一个复杂现象是某一反应的产物还会继续发生反应而产生另一些产物。下面是这种反应的一个简单的例子：

$$A+B \xrightarrow{k_1} AB \xrightarrow{k_2} C+D \tag{2-17a}$$

从这个方程可以看出，连续反应是一系列的反应，其中 k_1 和 k_2 是两个比反应速率常数(不考虑逆向反应)。第一个和第二个反应速率定律确定如下：

第一个反应：$\frac{dc_{AB}}{dt}=k_1 c_A c_B=-\frac{dc_B}{dt}=-\frac{dc_A}{dt}$

第二个反应：$\frac{dc_{AB}}{dt}=-k_2 c_{AB}=-\frac{dc_C}{dt}=-\frac{dc_D}{dt}$

将这两个速率表达式相加，可得 c_{AB} 变化的净速率为

$$\left(\frac{dc_{AB}}{dt}\right)_{净}=-k_1 c_A c_B=-k_2 c_{AB} \tag{2-17b}$$

随着反应的进行，A 和 B 的浓度减小，C 和 D 的浓度增大，而 AB 的浓度则在某一时刻达到最大值。

例：设有两个一级反应组成的简单的连续反应：

$$A \xrightarrow{k_1} B \xrightarrow{k_2} C+D$$

式中，k_1 和 k_2 是两个比率常数，求中间产物 B 的浓度。

解：A 的消耗速率为

$$\frac{dc_A}{dt}=-k_1 c_A$$

积分得

$$c_A=c_{A_0}e^{-k_1 t} \tag{2-18a}$$

式中，c_{A_0} 是 A 的初始浓度。C 的形成速率是

$$\frac{dc_C}{dt}=k_2 c_B$$

因而，B 的生成净速率，即由 A 形成 B 的速率减去由 B 分裂为 C 和 D 的速率，为

$$\frac{dc_B}{dt}=k_1 c_A-k_2 c_B \tag{2-18b}$$

将方程（2-18a）代入方程（2-18b）中得

$$\frac{dc_B}{dt}=k_1 c_{A_0}e^{-k_1 t}-k_2 c_B$$

此式中仅含有变量 c_B 和 t，积分得

$$c_B=c_A\frac{k_1}{k_2-k_1}(e^{-k_1 t}-e^{-k_2 t}) \tag{2-18c}$$

c_A 和 c_B 的变化率由方程（2-18a）和方程（2-18b）确定，而 c_C 的变化速率由下面的关系式求出（注意，$c_C=c_D$）：

$$c_A+c_B+2c_C=c_{A_0}$$

第六节　并 列 反 应

当由同一组反应物产生两组或多组燃烧产物时，即出现并列反应。例如：

$$A+B \xrightarrow{k_1} AB$$

$$A+B \xrightarrow{k_2} E+F$$

这两个反应的速率确定如下：

第一个反应：$\dfrac{dc_A}{dt}=-k_1 c_A c_B$

第二个反应：$\dfrac{dc_A}{dt}=-k_2 c_A c_B$

将两式相加，可得组分 A 消耗的净速率为

$$\frac{dc_A}{dt}=-(k_1+k_2)c_A c_B$$

将速率定律外推到更高的温度范围时，会导致不正确的结果。这是因为反应速率常数对温度很敏感。一个反应在一定的温度下占主要地位，而在更高的温度下，就必须考虑其他并列的反应。

第七节　可 逆 反 应

化学反应一般可以沿正向（反应物生成产物，速率常数 k_f）和逆向（反应物重新形成反应物，速率常数 k_b）进行。在热力学平衡时，成分不存在净变化。因此，反应速率常数 k_f 和 k_b 必定与平衡常数 K_C 有关，K_C 可用带有相应指数的浓度表示为

$$K_C=\prod_{i=1}^{N} c_{M_i}^{(v_i''-v_i')} \tag{2-19}$$

可逆的化学反应可以表示成

$$\sum_{i=1}^{N} v_i' M_i \underset{k_b}{\overset{k_f}{\rightleftharpoons}} \sum_{i=1}^{N} v_i'' M_i \tag{2-20}$$

对于同时发生的化学反应，每一步反应方程可用基元速率定律来描述；$\dfrac{dc_{M_i}}{dt}$ 表示同时发生的单个反应步骤所产生的变化之和，因此，对于方程（2-20）所表示的反应，有

$$\frac{dc_{M_i}}{dt}=(v_i''-v_i')k_f\prod_{i=1}^{N} c_{M_i}^{v_i'}+(v_i''-v_i')k_b\prod_{i=1}^{N} c_{M_i}^{v_i''} \tag{2-21}$$

在热力学平衡时，

$$\frac{\mathrm{d}c_{M_i}}{\mathrm{d}t}=0, \quad c_{M_j}=c_{M_j,e} \tag{2-22}$$

式中，$c_{M_j,e}$ 表示热力学平衡时组分 M_j 的浓度值。由方程（2-21）和方程（2-22）可得

$$\frac{k_f}{k_b}=\prod_{i=1}^{N}c_{M_i}^{(v_i''-v_i')}=K_C \tag{2-23}$$

这里 K_C 是用浓度定义的平衡常数。显然，方程（2-23）将动力学参数 k_f 和 k_b 与热力学平衡常数 K_C 联系了起来。而 K_C 是可以很准确地计算出来的，例如，根据分子特性，用量子统计学的方法计算。方程（2-23）用 K_C 的形式表示为

$$\frac{\mathrm{d}c_{M_i}}{\mathrm{d}t}=(v_i''-v_i')k_f\prod_{i=1}^{N}c_{M_i}^{v_i'}\left[1-\frac{1}{K_C}\prod_{i=1}^{N}c_{M_i}^{(v_i''-v_i')}\right] \tag{2-24}$$

已知 K_C 和 $\frac{\mathrm{d}c_{M_i}}{\mathrm{d}t}$ 的测量值，由方程（2-24）可以算出正向反应的速率常数。

对于一个有第三物质的反应，第三物质的浓度不出现在平衡常数的表达式中，例如下面的反应：

$$\mathrm{H}+\mathrm{H}+\mathrm{M}\rightleftharpoons \mathrm{H}_2+\mathrm{M}$$

平衡常数为 $K_C=\frac{c_{H_2}c_M}{c_H^2c_M}=\frac{c_{H_2}}{c_H^2}$ 。

一、逆反应为一级的一级反应

设有一级反应 $\mathrm{A}\underset{k_b}{\overset{k_f}{\rightleftharpoons}}\mathrm{B}$，对此，方程（2-21）变成

$$\frac{\mathrm{d}c_x}{\mathrm{d}t}=k_f(c_{A_0}-c_x)-k_bc_x$$

式中，c_x 是 A 转化为 B 的那一部分，因而

$$c_A=c_{A_0}-c_x$$

$$c_B=c_x$$

式中，下标 0 表示初始状态。另外

$$\frac{k_f}{k_b}=K_C=\frac{c_{xe}}{c_{A_0}-c_{xe}} \tag{2-25}$$

式中，下标 e 是热力学平衡状态下的 c_x 值。如果 $t=0$ 时，$c_x=0$，那么将方程（2-25）中的 k_b 代入 c_x 的微分方程，积分得

$$k_f=\frac{c_{xe}}{c_{A_0}t}\ln\left(\frac{c_{xe}}{c_{A_0}-c_{xe}}\right) \tag{2-26}$$

如果已知平衡浓度 $c_{xe}=c_{Be}$，那么就可以由实测的 c_x 随时间变化的函数求出 k_f 和 k_b。方程（2-25）也可以写成下面的形式：

$$\frac{c_{xe}}{c_{A_0}}=\frac{k_f}{k_f+k_b}$$

由此，方程（2-26）变成

$$k_f+k_b=\frac{1}{t}\ln\left(\frac{c_{xe}}{c_{xe}-c_x}\right) \tag{2-27}$$

方程（2-27）与只有正向反应的一级速率定律在形式上是相同的，即

$$k_f=\frac{1}{t}\ln\left(\frac{c_{A_0}}{c_{A_0}-c_x}\right) \tag{2-28}$$

根据反应速率是初始浓度 c_{A_0} 的函数，就不难区分方程（2-27）和方程（2-28）所对应的反应过程。方程（2-27）和方程（2-28）的书写形式便于实验数据的解释。

二、逆反应为二级的一级反应

逆反应为二级的一级反应可以表示成下面的形式：

$$A \underset{k_b}{\overset{k_f}{\rightleftharpoons}} B+C$$

方程（2-27）变成

$$\frac{dc_x}{dt}=k_f(c_{A_0}-c_x)-k_b c_x^2$$

如果 $c_{B_0}=c_{C_0}=0$，对此方程积分，得

$$k_f=\frac{c_{xe}}{t(c_{A_0}-c_{xe})}\ln\left[\frac{c_{A_0}c_{xe}+c_x(c_{A_0}-c_{xe})}{c_{A_0}(c_{xe}-c_x)}\right]$$

三、逆反应为二级的二级反应

对于如下反应过程：

$$A+B \underset{k_b}{\overset{k_f}{\rightleftharpoons}} D+C$$

如果 $c_{B_0}=c_{A_0}=a$，$c_{D_0}=c_{C_0}=0$，可得

$$k_f=\frac{c_{xe}}{2at(a-c_{xe})}\ln\left[\frac{ac_{xe}+c_x(a-2c_{xe})}{a(c_{xe}-c_x)}\right]$$

例：对于逆反应分别为一级和二级的一级反应，试推导逆反应的反应速率常数的方程。

解：对于逆反应为一级的一级反应 $A \underset{k_b}{\overset{k_f}{\rightleftharpoons}} B$，速率定律可以写成

$$\frac{dc_x}{dt}=k_f(c_{A_0}-c_x)-k_b c_x$$

如果c_{xe}是反应净速率为0的平衡状态下B的浓度，则有

$$k_f(c_{A_0}-c_{xe})=k_b c_{xe}$$

整理后得

$$k_b=k_f\frac{c_{A_0}-c_x}{c_x}$$

应用方程（2−27），得

$$k_b=\frac{c_{A_0}-c_{xe}}{tc_{xe}}\ln\left(\frac{c_{A_0}}{c_{A_0}-c_x}\right)$$

对于逆反应为二级的一级反应$A\underset{k_b}{\overset{k_f}{\rightleftharpoons}}B+C$，反应速率定律为

$$\frac{dc_x}{dt}=k_f(c_{A_0}-c_x)-k_b c_x^2$$

当B和C的初始浓度为a，而A的初始浓度为0时，速率方程积分后得

$$k_b=\frac{c_{xe}}{t(a^2-c_{xe}^2)}\ln\left[\frac{c_x(a-c_x c_{xe})}{a^2(c_{xe}-c_x)}\right]$$

第八节　链式反应

链式反应是化学反应中最常见的形式，它由一系列具有不同反应速率常数的连续反应、并列反应和可逆反应组成。在所有的燃烧过程中，都会出现这些复杂的化学反应。下面只讨论一些常见的过程。对于很多燃烧过程，各单个反应步骤的比反应速率常数尚不清楚，或只能做粗略的估计。

一、自由基

在反应过程中，最活泼的组分叫作自由基。在化学术语中，自由基的特点是有不配对的电子。如下所示：

$$H:H\rightarrow H\cdot+H\cdot$$

其中，氢原子是一个自由基，其中·表示电子。

如果从CH_4中拿走一个氢原子H·，就会形成两个自由基：

```
     H              H
     **             **
H ∶ C ∶ H  →   H ∶ C · + · H
     **             **
     H              H
```

电磁理论可以用来研究反应过程中自由基的性质。

一个基元反应，如果产生自由基，叫作链生成反应；如果是销毁自由基，则叫作链终止反应。根据产物与反应物中自由基数目之比，当比值等于1时，这个基元反应叫作链传递反应（或携带链的反应）；当比值大于1时，叫作链分支反应。例如：

$A_2 \rightarrow 2A$　　链产生反应（A_2具有较低的分解能量）

$$\begin{cases} A + B_2 \rightarrow AB + B \\ B + A_2 \rightarrow AB + A \\ A + AB \rightarrow A_2 + B \\ B + AB \rightarrow B_2 + A \end{cases}$$ 链传递反应（通常非常快）

$$\begin{cases} M + 2A \rightarrow A_2 + M \\ M + 2B \rightarrow B_2 + M \end{cases}$$ 链终止反应

A 和 B 叫作链载体或自由基，在高浓度下很少出现。

基元反应

$$H + O_2 \rightarrow OH + O$$

是一个链分支反应，因为所形成的链载体的数目比反应开始时的链载体数目多。在后面几节中对链分支反应做更详细的讨论。

二、一级反应的林德曼（Lindemann）理论

根据林德曼理论，在上面一组基元反应中，一级链生成反应是如下所示的两步反应的结果：

$$A + A \underset{k_b}{\overset{k_f}{\rightleftharpoons}} A^* + A \quad （快） \tag{2-29}$$

$$A^* \xrightarrow{k_f'} 反应产物 \quad （慢） \tag{2-30}$$

林德曼假定，反应物分子互相碰撞时吸收能量，在任何时候都有一小部分分子具有足够的能量转化为反应产物，而不需要吸收任何附加的能量，这样的分子叫作活化的分子 A^*。A^* 的浓度取决于碰撞产生的净速率（A 的活化速率减去 A^* 的去活速率），以及 A^* 分解为产物的速率。同时，由于这些活化分子与正常分子处于平衡状态，所以活化分子的浓度就与正常分子的浓度成正比。反应速率也将与活化分子的浓度成正比，即与正常分子的浓度成正比，故反应是一级。这就是说，只要 A^* 按方程（2－29）的方式生成，其生成速度又足以维持 A^* 的平衡浓度，整个过程就遵循一级速率定律。由于双元碰撞的频率是随着压力的降低而减小的，因此，当压力降低时，方程（2－29）所代表的反应将变慢。在较低的压力下，一级反应就会变成二级反应。事实上，在许多一级反应中，常发现反应级数是随着压力变化的。

方程（2－29）和方程（2－30）的反应过程相对应的微分方程是

$$\frac{dc_{A^*}}{dt} = k_f c_A^2 - k_b c_{A^*} c_A - k_f' c_{A^*} \tag{2-31}$$

和

$$\frac{dc_{A^*}}{dt} = -k_f c_A^2 + k_b c_{A^*} c_A \tag{2-32}$$

由方程（2－32），得

$$c_{A^*} = \frac{k_f c_A^2 + dc_A/dt}{k_b c_A} \tag{2-33}$$

对方程（2－33）微分，得

$$\frac{\mathrm{d}c_{\mathrm{A}^*}}{\mathrm{d}t}=\frac{k_f}{k_b}\frac{\mathrm{d}c_{\mathrm{A}}}{\mathrm{d}t}+\frac{1}{k_b c_{\mathrm{A}}}\frac{\mathrm{d}^2 c_{\mathrm{A}}}{\mathrm{d}t^2}-\frac{1}{k_b c_{\mathrm{A}}^2}\left(\frac{\mathrm{d}c_{\mathrm{A}}}{\mathrm{d}t}\right)^2 \tag{2-34}$$

将方程（2-31）、方程（2-33）和方程（2-34）合并起来，可得到c_{A}随 t 变化的二阶微分方程，用数值方法可以精确求解这个方程，也可以在计算机上用标准的 Runge-Kuntta 积分程序求解两个并列的方程（2-32）和方程（2-31）。

至此，还没有利用前面假设的结果，即按方程（2-30）进行的反应，较之方程（2-29）的正逆向反应进行的缓慢。这一物理现象得出这样的结论，即$\frac{\mathrm{d}c_{\mathrm{A}^*}}{\mathrm{d}t}$应当小于$\frac{\mathrm{d}c_{\mathrm{A}}}{\mathrm{d}t}$，由此可以得到一个求解方程（2-31）和方程（2-32）更简单的数学程序。一阶近似是古典的稳态近似，可用下式表示：

$$\mathrm{d}c_{\mathrm{A}^*}/\mathrm{d}t=0 \tag{2-35}$$

在燃烧科学中，特别是在计算机和数值技术广泛应用以前，经常应用这个稳态假设。对于现在的工程技术人员和科学家来说，用计算机求解一组相互耦合的一阶常微分方程是相当容易的。

如果稳态假设对A^*是成立的，那么方程（2-31）可以表示为

$$c_{\mathrm{A}^*}=\frac{k_f c_{\mathrm{A}}^2}{k_b c_{\mathrm{A}}+k_f'} \tag{2-36}$$

与方程（2-32）合并可得

$$-\frac{\mathrm{d}c_{\mathrm{A}^*}}{\mathrm{d}t}=\frac{k_f' k_f c_A^2}{k_b c_{\mathrm{A}}+k_f'}$$

上式可以直接积分。因此，对于方程（2-31）和方程（2-32）所描述的化学过程，引入方程（2-35）的稳态近似，问题就能直接求解。

对于反应中间产物，有时可以把稳态假设当作是流动系统中化学反应的一阶近似。然而对于任何具体问题，都必须仔细考察，以确定稳定假设是否成立。将完整求解的结果与稳态处理推导的结果相比较，就能最简便地评价稳态假设的应用范围。把稳态假设应用于具体的燃烧问题之前，要求有相当的技巧和经验，以便对这种处理的可靠性能做出合理的估计。

三、H_2-Br_2反应

复杂反应的一个典型例子是由H_2和Br_2生成HBr 的反应。生成 HBr 的总反应式是

$$H_2+Br_2 \longrightarrow 2HBr$$

HBr 的生成速率不遵循质量作用定律，由实验确定的这个反应的速率定律是

$$\frac{\mathrm{d}c_{\mathrm{HBr}}}{\mathrm{d}t}=\frac{a_1 c_{\mathrm{H}_2} c_{\mathrm{Br}_2}^{1/2}}{1+c_{\mathrm{HBr}}/(a_2 c_{\mathrm{Br}_2})}$$

式中，a_1和a_2是给定温度下的常数。

下面首先分析反应机理，它由一组相互影响的基元反应组成。对自由基 H 和 Br 应用稳态假设，推导出反应速率表达式，此式在形式上与实验得到的表达式相同。H_2-Br_2的反应还

可以作为一个例子，用以说明如何提出和证实一个复杂反应的机理。

为了引起反应，需要加入一定的热量。Br_2 首先分解，这是因为 H_2 比 Br_2 更稳定（注意：$\Delta H^0_{f,Br} = 6.71\ kcal$[①]/mol，$\Delta H^0_{f,H} = 52\ kcal/mol$），溴原子是自由基，它能与 H_2 反应，因此，出现了如下一系列的反应：

$$M + Br_2 \xrightarrow{k_1} 2Br + M \quad \text{链生成} \tag{2-37}$$

$$Br + H_2 \xrightarrow{k_2} HBr + H \tag{2-38}$$

$$H + Br_2 \xrightarrow{k_3} HBr + Br \quad \text{链传递} \tag{2-39}$$

$$H + HBr \xrightarrow{k_4} H_2 + Br \tag{2-40}$$

$$M + Br + Br \xrightarrow{k_5} Br_2 + M \quad \text{链终止} \tag{2-41}$$

在方程（2－37）和方程（2－41）中，M 表示载体，化学组分 H、Br、Br_2 或 HBr 中任何一个都可以充当载体。

方程（2－37）是链生成阶段，方程（2－38）和方程（2－39）是链传递的反应，在这些反应中，每一个参加反应的原子都会产生另一个原子（Br 或 H）；方程（2－40）是方程（2－38）的逆反应，而方程（2－39）的逆反应则相当缓慢，因此不重要；方程（2－40）是链终止阶段。在这个反应过程，链终止反应

$$M + H + H \longrightarrow H_2 + M$$

并不重要，因为 H 原子的浓度一般比 Br 原子的浓度小。但是在高温下，下面两个反应

$$Br + HBr \longrightarrow Br_2 + H$$
$$M + H + H \longrightarrow H_2 + M$$

就显得十分重要。分析上面这些可逆的和连续的反应，就不难理解为什么由方程

$$Br_2 + H_2 \longrightarrow 2HBr$$

导得的反应速率定律无关紧要。

浓度变化速率的方程组包括

$$dc_{Br}/dt = 2k_1 c_M c_{Br_2} - k_2 c_{H_2} c_{Br} + k_3 c_H c_{Br_2} + k_4 c_H c_{Br} - 2k_5 c_M c_{Br}^2 \tag{2-42}$$

$$dc_H/dt = k_2 c_{H_2} c_{Br} - k_3 c_H c_{Br_2} - k_4 c_H c_{Br} \tag{2-43}$$

$$dc_{Br_2}/dt = -k_1 c_M c_{Br_2} - k_3 c_H c_{Br_2} + k_5 c_M c_{Br}^2 \tag{2-44}$$

$$dc_{H_2}/dt = -k_2 c_{H_2} c_{Br} + k_4 c_H c_{Br} \tag{2-45}$$

$$dc_{HBr}/dt = k_2 c_{H_2} c_{Br} + k_3 c_H c_{Br_2} - k_4 c_H c_{Br} \tag{2-46}$$

应用稳态假设，认为自由基 H 和 Br 的平均浓度近似地保持不变，得

$$dc_H / dt = dc_{Br} / dt = 0 \tag{2-47}$$

实际上，H 和 Br 的浓度在整个反应过程中并非保持不变，但在反应的大部分时间内是保持不变的，除开始和结束的两个短时间内，自由基的浓度几乎不变。

应用方程（2－47），并令方程（2－42）和方程（2－43）相等，化简后得

① 1 kcal=4.185 8 kJ。

$$k_1 c_M c_{Br_2} = k_5 c_M c_{Br}^2 \tag{2-48}$$

所以

$$c_{Br} = \sqrt{\frac{k_1}{k_5}} \sqrt{c_{Br_2}} \tag{2-49}$$

解方程（2-43），得

$$c_H = \frac{k_2 c_{H_2} c_{Br}}{k_3 c_{Br_2} + k_4 c_{HBr}} \tag{2-50}$$

方程（2-49）和方程（2-50）是在稳态假设下得到的。如果用平衡假设代替稳态假设，则方程（2-50）将有所不同，这是因为必须用平衡常数方程去代替速率表达式。显然，这两个假设是不能互换的。无论是用稳态假设还是平衡假设，未知数的总数都是 6 个，即

$$T_f, c_H, c_{Br}, c_{HBr}, c_{H_2}, c_{Br_2}$$

除方程（2-42）~方程（2-46）外，还有一个焓的平衡方程可使系统完全封闭。求解这 6 个随时间变化的联立方程，可得燃烧反应问题的全过程。

现在按稳态处理方法，将方程（2-49）和方程（2-50）代入方程（2-46），得

$$\frac{dc_{HBr}}{dt} = k_2 c_{H_2} \sqrt{c_{Br_2} \frac{k_1}{k_5}} + \frac{k_2 c_{Br_2} - k_4 c_{HBr}}{k_3 c_{Br_2} + k_4 c_{HBr}} k_2 c_{Br} c_{H_2}$$

或

$$\frac{dc_{HBr}}{dt} = k_2 c_{H_2} \sqrt{c_{Br_2} \frac{k_1}{k_5}} \left(\frac{2k_3 c_{Br_2}}{k_3 c_{Br_2} + k_4 c_{HBr}} \right)$$

此式可简化为

$$\frac{dc_{HBr}}{dt} = \frac{2k_2 \sqrt{k_1/k_5} \sqrt{c_{Br_2} c_{H_2}}}{1 + (k_4/k_3) c_{HBr}/c_{Br_2}} \tag{2-51}$$

方程（2-51）与实验得到的经验关系式是吻合的，即

$$\frac{dc_{HBr}}{dt} = \frac{2k_1 c_{H_2} \sqrt{c_{Br_2}}}{1 + c_{HBr}/(10c_{Br_2})} \tag{2-52}$$

在反应开始时，HBr 的浓度很小，即

$$1 \gg c_{HBr}/(10c_{Br_2})$$

在这种情况下，方程（2-51）就会变成阿累尼乌斯方程的形式，即

$$\frac{dc_{HBr}}{dt} = 2k_1 c_{H_2} c_{Br_2}^{1/2}$$

反应的总级数是$1\frac{1}{2}$。若$c_{HBr}/(10c_{Br_2}) \gg 1$，也可以得到阿累尼乌斯方程。在复杂反应中，反应级数随时间而变。

第九节　链分支爆炸

在氢和氧的混合物中，可以推测以 OH 基和 H 原子形式出现的自由基会导致下面的反应循环:

$$\begin{cases} H+O_2 \longrightarrow OH+O \\ O+H_2 \longrightarrow OH+H \\ OH+H_2 \longrightarrow H_2O+O \end{cases} \quad \text{链分支反应}$$

第一个反应的吸热量为 17 kcal/mol。因此，在室温或在稍高温度下，即使从外面加入氢原子，氢和氧的混合物仍是很稳定的。通过复合反应过程，自由基在壁面上消失。然而，若超过一定温度，这个链分支反应与氢原子消失的速率相比就变得相当频繁，以致自由基成倍增加而引起爆炸。

爆炸一般分为两种不同的类型：支链爆炸和热爆炸。前者由于链分支的结果，反应速率无限制地增加；对于后者，由于化学反应放热，反应物被加热，比反应速率常数增大，因而反应速率成指数增大。

设有一个 $1\,cm^3$ 的容器，起初其中只有一个链质点，即每立方厘米只有一个自由基。假设这个容器中的分子数是10^{19}，平均碰撞速率为10^8 次/s。如果这个容积中的反应是链传递反应［即在反应中一个自由基能产生出另一个自由基（$a'=1.0$）］，那么要使所有的分子都参加反应（即10^{19} 次碰撞），所需的时间是

$$t=\frac{10^{19}\text{碰撞}}{10^8\text{碰撞}/s}=10^{11}s\approx 30\,000\text{年}$$

这样缓慢的反应不能称为燃烧。如果这个容积中的反应是支链反应［即一个自由基或一个链质点在反应过程中能生成两个自由基（$a'=2.0$）］，那么所有分子参加反应所需的时间估算如下：

$$\frac{2^{N+1}-1}{2-1}=10^{19}\text{个分子}$$

得到 $N=64$，或$t=64\times10^{-8}s\approx10^{-6}s=1\,\mu s$。这的确是一个很迅速的燃烧过程。但在实际的燃烧过程中，并非所有的反应都是支链反应，然而，即使很小一部分是支链反应，反应仍然会很迅速。对于一个燃烧过程，如果有 1%的反应为链分支反应（$a'=1.01$），那么上述容积中所有分子都参加反应所需的时间是

$$\frac{a'^{N+1}-1}{a'-1}=\frac{1.01^{N+1}-1}{1.01-1}=10^{19}\text{个分子}/cm^3$$

$$N=3\,934$$

$$t=3\,934\times10^{-8}s\approx 40\,\mu s$$

这仍是一个很快的化学反应。

一般支链反应和爆炸过程可由下述化学动力学机理加以描述：

$$
\begin{aligned}
&\mathrm{M} \xrightarrow{k_1} \mathrm{R} && \text{链生成} \\
&\mathrm{R}+\mathrm{M} \xrightarrow{k_2} a'\mathrm{R}+\mathrm{M}^* && \text{链分支} \\
&\left\{\begin{array}{l}
\mathrm{R}+\mathrm{M} \xrightarrow{k_3} \mathrm{P} \\
\mathrm{R} \xrightarrow{k_4} \mathrm{M}\ \text{(在壁面)} \\
\mathrm{R} \xrightarrow{k_5} \text{不反应的物质}
\end{array}\right. && \text{链终止}
\end{aligned} \tag{2-53}
$$

应用稳态假设，反应速率方程为

$$
\mathrm{d}c_{\mathrm{R}}/\mathrm{d}t = 0 = k_1 c_{\mathrm{M}} + (a'-1)k_2 c_{\mathrm{R}} c_{\mathrm{M}} - k_3 c_{\mathrm{R}} c_{\mathrm{M}} - k_4 c_{\mathrm{R}} c_{\mathrm{M}} - k_5 c_{\mathrm{R}} \tag{2-54}
$$

解上式，得

$$
c_{\mathrm{R}} = \frac{k_1 c_{\mathrm{M}}}{(a'-1)k_2 c_{\mathrm{M}} + k_3 c_{\mathrm{M}} + k_4 + k_5} \tag{2-55}
$$

产物浓度变化的速率为

$$
\frac{\mathrm{d}c_{\mathrm{R}}}{\mathrm{d}t} = k_3 c_{\mathrm{R}} c_{\mathrm{M}} = \frac{k_1 k_3 c_{\mathrm{M}}^2}{-(a'-1)k_2 c_{\mathrm{M}} + k_3 c_{\mathrm{M}} + k_4 + k_5} \tag{2-56}
$$

$(a'-1)k_2 c_{\mathrm{M}}$ 为正数，其值增加时，上式的分母变小。a' 的临界值为

$$
a'_{\text{临界}} = 1 + \frac{k_3 c_{\mathrm{M}} + k_4 + k_5}{k_2 c_{\mathrm{M}}} \tag{2-57}
$$

从而 $a' \geqslant a'_{\text{临界}} \Rightarrow$ 支链爆炸；

$a' < a'_{\text{临界}} \Rightarrow$ 不爆炸。

需要注意的是，在某些实际爆炸过程中，由于 R 的浓度并不总是很小，所以稳态假设可能不成立。其他基元反应也可能很重要。方程（2-53）中假设的反应动力学机理在描述爆炸过程时并不一定都适用。

第十节　爆炸极限

一、H_2-O_2 混合物

在实验中可以观察到，一个装有 H_2 和 O_2 的压力容器，当压力提高时，就会发生爆炸。不难想象，压力提高时，自由基的浓度将增大，以致引起爆炸。但是，实验表明，当压力降低时，也会发生爆炸。

封闭容器中存在爆炸极限不难理解，由方程（2-57）可知

$$
a'_{\text{临界}} = 1 + c_1 + c_2 / c_{\mathrm{M}} \text{ 及 } c_{\mathrm{M}} \propto p
$$

压力越低，a' 临界的值越大，因而爆炸的机会就越小。但是，这些分析却不能预测爆炸极限的准确位置，只能解释每个区域中的反应机理。

当压力升高时，气相反应产生链载体的速率增加，到某种程度时，壁面上链载体的消失不足以阻止支链爆炸。爆炸下限就是气相中链分支反应与壁面上的链中止反应达到平衡时的条件。

随着压力上升，气相中链的分支反应变得很重要。关于其反应动力学，有两种假设：

20 世纪 20 年代许多研究工作者认为

$$H_2 \longrightarrow 2H + 106\ \text{kcal/mol}（离解） \qquad (A)$$

刘易斯（Lewis）和冯·埃尔伯（Von Elbe）提出：

$$\begin{aligned} &H_2 + O_2 + M \longrightarrow H_2O_2 + M^* \\ &2OH + 51\ \text{kcal/mol}\ \ \lrcorner \end{aligned} \qquad (B)$$

当 OH 基产生以后

$$OH + H \longrightarrow H_2O + H - 15\ \text{kcal/mol}$$

$$H + O_2 \longrightarrow OH + O + 16\ \text{kcal/mol}$$

$$O + H_2 \longrightarrow OH + H + 2\ \text{kcal/mol}$$

（A）反应比（B）反应的吸热量更大，但是反应（B）与离解反应不同，需要一个第三体反应。所以，在低温下可能是反应（B），而在高温下则可能是反应（A）。

在较高的压力下，将达到第二爆炸极限。如果加入一个第三体反应

$$H + O_2 + M \longrightarrow HO_2 + M \qquad (2-58)$$

就不难解释第二爆炸极限的存在。在这个反应中，M 代表能够使 H 和 O_2 稳定化合的任何第三种分子。由于亚稳态的中间产物过氧化氢基（HO_2）不活泼，所以会扩散到壁面。HO_2 成为破坏自由价的物质，从而上面的反应可以看作是一个链终止反应。当压力升高时，三元碰撞 $H + O_2 + M$ 的频率相对于二元碰撞 $H + O_2$ 的频率而言将会增大，因此存在这样一个临界压力，超过了它，自由价消失的速率将会超过链分支反应产生自由价的速率，由此出现了第二爆炸极限，在壁面上 HO_2 分子的消失，可以用下面的反应表示：

$$HO_2 \xrightarrow{\text{壁面}} \frac{1}{2}H_2 + O_2$$

$$HO_2 \xrightarrow{\text{壁面}} \frac{1}{2}H_2O + \frac{3}{4}O_2$$

至此，一直假设 HO_2 在链传播和链分支反应中不起作用，而是在壁面上消失了。

当压力超过第二爆炸极限，HO_2 将按下面的反应参与链传递过程：

$$\begin{aligned} &H_2 + HO_2 \longrightarrow H_2O_2 + H \\ &\qquad\qquad\qquad 2OH\ \ \lrcorner \end{aligned}$$

因此，超过某一临界压力，自由基的数目将激增，这个临界压力就确定了第三爆炸极限。此时 H_2O 分子中的化学链与 HO_2 的很接近，其结构是

$$\begin{gathered} H-O-H \\ O-O-H \end{gathered}$$

所以 H_2O 是方程（2-58）反应中很好的载体。值得说明的是，当 $T>600$ ℃时，HO_2 不稳定，因而在任何压力下都会爆炸。

将研究封闭容器内的反应的方法加以扩展，就可用于处理流动系统中的爆炸极限问题。

二、$CO-O_2$ 混合物

CO 和 O_2 的混合物也存在爆炸极限。链生成反应式

$$CO + O_2 \longrightarrow CO_2 + O, \quad \Delta H_r = -9\ \text{kcal / mol} \quad （放热）$$

在没有 H_2 的情况下很难发生这种链生成反应，Lewis 和 Von Elbe 认为爆炸极限主要是受下列反应控制的：

$$M + CO + O \longrightarrow CO_2 + M$$

$$M + O + O_2 \longrightarrow O_2 + M^* \text{（放热）}$$

$$CO + O_3 \longrightarrow CO_2 + 2O \text{（非常迅速）}$$

$$M + CO + O_3 \longrightarrow CO_2 + M^* + O_2$$

必须注意，当混进了少量的 H_2 或 H_2O 时，$CO-O_2$ 系统的特性会改变，此时控制速率反应机理包括 O、O_2、CO、CO_2、O_3 及 H、OH、H_2、H_2O、HO_2。

水煤气反应最有可能是表面催化反应：

$$CO + H_2O \rightleftharpoons CO_2 + H_2 \text{（表面）}$$

接着就是氢和氧的表面反应：

$$O_2 + H_2 \rightleftharpoons H_2O_2 \text{（表面）}$$

H_2O_2 的气相分解产生链载体：

$$H_2O_2 \longrightarrow 2OH$$

$$CO + OH \longrightarrow CO_2 + H$$

$$O_2 + H \longrightarrow OH + O$$

表 2－1 列出了一些气体的爆炸极限。

表 2－1　气体爆炸极限

名称	自然温度/℃	闪点/℃	爆炸下限/%	爆炸上限/%	相对密度（空气＝1）
甲烷	537		5.0	15.0	0.55
丙烯腈	481	0	2.8	28.0	1.83
乙醛	140	－37.8	4.0	57.0	1.52
乙腈	524	5.6	4.4	16.0	1.42
丙酮	537	－19.0	2.5	13.0	2.00
氨	630		15.0	28.0	0.59
异辛烷	410	－12.0	1.0	6.0	3.94
异丁醇	426	27.0	1.7	19.0	2.55
异丁基甲基甲酮	475	14.0	1.2	8.0	3.46
异戊烷	420	＜－51.1	1.4	7.6	2.48
一氧化碳	605		12.5	74.0	0.97
乙醇	422	11.1	3.5	19.0	1.59

续表

名称	自然温度/℃	闪点/℃	爆炸下限/%	爆炸上限/%	相对密度（空气=1）
乙烷	515		3.0	15.5	1.04
丙烯酸乙酯	350	15.6	1.7		3.50
乙醚	170	−45.0	1.7	48.0	2.55
甲乙酮	505	−6.1	1.8	11.5	2.48
3−氯−1,2−环氧丙烷	385	28.0	2.3	34.4	3.20
氯丁烷	245	−12.0			
辛烷	210	12.0	0.8	6.5	3.94
邻−二甲苯	463	172.0	1.0	7.6	3.66
四氢呋喃	230	−13.0	2.0	12.4	2.50
1,2,4−三甲苯	485	50.0	1.1	7.0	4.15
甲苯	535	4.4	1.2	7.0	3.18
1−丁醇	340	28.9	1.4	11.3	2.55
丁烷	365		1.5	8.5	2.05
丁醛	230	−6.7	1.4	12.5	2.48
呋喃	390	0	2.3	14.3	2.30
丙烷	466		2.1	9.5	1.56
异丙醇	399	11.7	2.0	12.0	2.07
己烷	233	−21.7	1.2	7.5	2.79
庚烷	215	−4.0	1.1	6.7	3.46
苯	555	11.1	1.2	8.0	2.70
三氟甲基苯	620	12.2			5.00
戊醇	300	32.7	1.2	10.5	3.04
醋酐	315	49.0	2.0	10.2	3.52
甲醇	455	11.0	5.5	36.0	1.10
丙烯酸甲酯	415	−2.9	2.4	25.0	3.00
甲基丙烯甲酯		10.0	1.7	8.2	3.60
2−甲基己烷	280	<0			3.46
3−甲基己烷	280	<0			3.46
硫化氢	260		1.3	45.0	1.19
汽油	280	−42.8	1.4	7.6	3−4
间−二甲苯	525	25.0	1.1	7.0	3.66

续表

名称	自然温度/℃	闪点/℃	爆炸下限/%	爆炸上限/%	相对密度（空气=1）
对－二甲苯	525	25.0	1.1	7.0	3.66
氯化苯	590	28.0	1.3	11.0	3.88
乙酸	485	40.0	4.0	17.0	2.07
乙酸正戊脂	375	25.0	1.0	7.5	4.99
乙酸异戊脂	379	25.0	1.0	10.0	4.49
乙酸乙酯	460	－4.4	2.1	11.5	3.04
乙酸乙烯树脂	385	－4.7	2.6	13.4	2.97
乙酸丁酯	370	22.0	1.2	7.6	4.01
乙酸丙脂	430	10.0	1.7	8.0	3.52
乙酸甲酯	475	－10.0	3.1	16.0	2.56
氰化氢	538	－17.8	5.6	41.0	0.93
溴乙烷	511	<－20.0	6.7	11.3	3.76
环乙酮	420	33.8	1.3	9.4	3.38
环己烷	260	－20.0	1.2	8.3	2.90

参考文献

［1］陈义良，张孝春，孙慈，等. 燃烧原理［M］. 北京：航空工业出版社，1992.
［2］傅维标，卫景彬. 燃烧物理学基础［M］. 北京：机械工业出版社，1981.
［3］周校平，张晓男. 燃烧原理基础［M］. 上海：上海交通大学出版社，2001.

思考题

1. 简述阿累尼乌斯方程在爆炸数值计算中的作用及其局限性。

2. 简述气体爆炸极限及其表示方法。查阅气体爆炸极限数据文献，比较不同文献中气体爆炸极限数据差异并论述其原因。

第三章
燃烧物理学基本方程

流体力学通常采用连续介质力学的观点和方法。所谓连续介质力学，就是在流体中取任何一个微元体或者流体质点，从宏观上讲，它足够小，但从微观上讲，它又足够大，以保证在它的内部仍然包含有足够多的分子，使其满足热力学量和流体力学量所具有的宏观统计性质。燃烧是气体、液体或固体燃料与氧化剂之间发生的一种猛烈的化学反应。不管哪一种燃料的燃烧，反应总是全部地，或者部分地在气相中进行，同时，燃烧现象总是伴有火焰传播和流动，而有的燃烧问题就是在流动系统中发生的。在燃烧现象中，气体是多组分的，比如有燃料气、氧化剂、燃烧产物、惰性气及各种自由基等。因此，从连续介质力学角度来看，研究燃烧问题，就是研究多组分带化学反应的流体力学问题。

多组分反应流体主要指多组分反应气体。多组分反应流体问题比经典的流体力学问题要复杂得多。因为多组分存在，因此，在守恒方程中，还必须增加各个组分的扩散方程，因为有化学反应，因此，在扩散方程和能量方程中必须增加物质源项和热源相，当然，气体的热力学性质、输运性质等也都要依赖于构成系统的组分。

本章对多组分气体的一些基本参量、输运定律、守恒方程及一些研究问题的方法做简单描述。

第一节　多组分气体基本参量[1,2]

对于多组分气体，考察一个包围点 $p(x,y,z)$ 的微元体ΔV，ΔV 内含有质量$\Delta m(t)$，那么质点 p 处的总体质量密度 ρ 就是

$$\rho(t)=\lim_{\Delta V\to p}\frac{\Delta m(t)}{\Delta V} \tag{3-1}$$

如果气体中共有 N 种组分，每一种组分用 i 来表示，那么 p 点处 i 组分的质量密度为

$$\rho_i(t)=\lim_{\Delta V\to p}\frac{\Delta m_i(t)}{\Delta V} \tag{3-2}$$

在同一时刻，p 点处总体质量密度与每一组分质量密度的关系是

$$\rho(t)=\sum_{i=1}^{N}\rho_i(t) \tag{3-3}$$

多组分的浓度可以用几种方法来表示。本章采用如下四种方法：

① 质量浓度：单位体积中所含 i 组分的质量，ρ_i；

② 摩尔浓度：单位体积中 i 组分的摩尔数，$c_i = \rho_i / W_i$；

③ 质量分数：i 组分的质量浓度除以混合物的总质量浓度，$Y_i = \rho_i / \rho$；

④ 摩尔分数：i 组分的摩尔浓度除以混合物的总摩尔浓度，$X_i = c_i / c$。

在一个扩散混合物中，各组分以不同的速度运动。如 $\boldsymbol{v}_i$ 表示 i 组分相对于静止坐标系的速度，则对于具有 N 个组分的混合物来说，质量平均速度定义为

$$\boldsymbol{v} = \frac{\sum_{i=1}^{N} \rho_i \boldsymbol{v}_i}{\sum_{i=1}^{N} \rho_i} \tag{3-4}$$

同样，摩尔平均速度定义为

$$\boldsymbol{v}^* = \frac{\sum_{i=1}^{N} c_i \boldsymbol{v}_i}{\sum_{i=1}^{N} c_i} \tag{3-5}$$

给定组分相对于 $\boldsymbol{v}$ 或 $\boldsymbol{v}^*$ 的速度，而不是相对于静止坐标系的速度，即所谓扩散速度：

质量扩散速度 $\boldsymbol{v}_{di} = \boldsymbol{v}_i - \boldsymbol{v}$

摩尔扩散速度 $\boldsymbol{v}_{di}^* = \boldsymbol{v}_i - \boldsymbol{v}^*$

扩散速度表示了 i 组分相对于混合物流体运动的速度。下面用双组分系统作为简单例子来说明各种速度的物理意义。系统中，$X_A = \frac{1}{3}$，两个速度向量共线，$|\boldsymbol{v}^*| = 10, |\boldsymbol{v}_A - \boldsymbol{v}^*| = 2$，两种组分的相对分子质量满足关系 $W_A = 3W_B$，则有

$$|\boldsymbol{v}^*| = \frac{\sum_{i=1}^{N} c_i |\boldsymbol{v}_i|}{\sum_{i=1}^{N} c_i} = \sum_{i=1}^{N} X_i |\boldsymbol{v}_i| = \frac{1}{3} \times 12 + \frac{2}{3} |\boldsymbol{v}_B|$$

$$\sum_{i=1}^{N} X_i = \frac{\sum_{i=1}^{N} c_i}{c} = \frac{c}{c} = 1$$

利用上述关系可得 $|\boldsymbol{v}_B| = 9$。根据摩尔浓度和质量平均速度的定义，还可以得到 $|\boldsymbol{v}| = 10.8$。所以一般说 $\boldsymbol{v}$ 和 $\boldsymbol{v}^*$ 是不相等的。在讨论了浓度和速度后，就可以定义质量通量和摩尔通量。i 组分的质量（或摩尔数）通量为单位时间内通过单位面积的 i 组分质量（或摩尔数），它是向量。相对于静止坐标系的质量通量和摩尔通量分别为

质量通量
$$\frac{\mathrm{d}\boldsymbol{m}_i}{\mathrm{d}t} = \rho_i \boldsymbol{v}_i \tag{3-6}$$

摩尔通量
$$\frac{\mathrm{d}\boldsymbol{n}_i}{\mathrm{d}t} = c_i \boldsymbol{v}_i \tag{3-7}$$

相对于混合物质心的质量通量和摩尔通量则定义为

$$J_i = \rho_i(v_i - v) = \rho_i v_{di} \tag{3-8}$$

$$J_i^* = c_i(v_i - v^*) = c_i v_{di}^* \tag{3-9}$$

不难证明

$$J_i^* = \frac{dn}{dt} - X_i \sum_{j=1}^{N} \frac{dn_j}{dt} \tag{3-10}$$

$$\sum_{i=1}^{N} J_i^* = 0$$

第二节　费克（Fick）扩散定律[1,2]

假定有一种静止的等温流体B，从它的一边渗入另一种流体A，而在另一边将流体A渗出。如图3-1所示。横坐标代表A的浓度，这样在B不同的层上，A的浓度不同。由于浓度差存在，将产生扩散。在单位时间内，单位面积上流体A扩散造成的物质流与在B中流体A的浓度梯度成正比，即

$$J_A = -D_{AB}\frac{\partial \rho_A}{\partial y}$$

其中，J_A是在单位时间内、单位面积上流体A扩散造成的物质流量；D_{AB}是A在B中的扩散系数。

如果用摩尔通量来表示，则为

$$J_A^* = -cD_{AB}\nabla X_A \tag{3-11}$$

这是用摩尔扩散通量写出的费克第一定律。该式表明组分A沿着摩尔分数减小的方向扩散。扩散系数D_{AB}的单位是cm^2/s。

相对于静止坐标系的摩尔通量为

$$\frac{dn_A}{dt} = c_A v^* - cD_{AB}\nabla X_A \tag{3-12}$$

该式表明相对于静止坐标系的扩散通量$\dot{n}_A$是两个向量之和，一个是由流体整体运动而产生的A组分摩尔通量，另一个是由于扩散而产生组分摩尔通量。

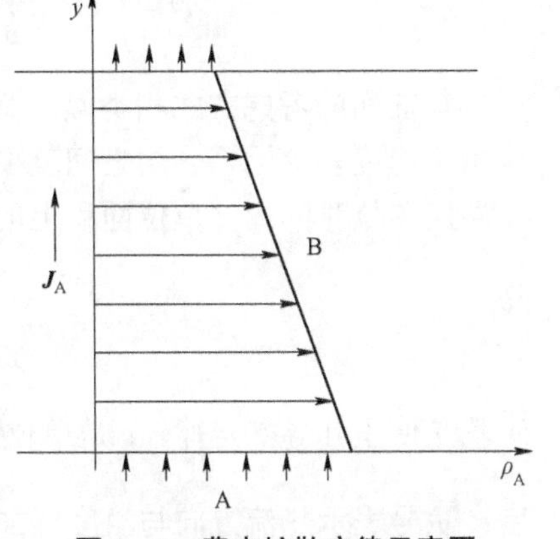

图3-1　费克扩散定律示意图

用质量通量表示的费克第一定律为

$$J_A = -\rho D_{AB}\nabla Y_A \tag{3-13}$$

相对于静止坐标系的A组分质量通量为

$$\frac{dm_A}{dt} = \rho_A v - \rho D_{AB}\nabla Y_A \tag{3-14}$$

第三节 牛顿（Newton）黏性定律[2]

假定有一种等温流体在平面内流动。流速方向为 x 方向，垂直于平面定为 y 方向。如果流体各层之间流速不同，那么在流速快的一层和流速慢的一层之间就有一个剪切力。流速慢的一层对流速快的一层有一个阻力。单位面积上剪切力的大小和速度梯度 $\frac{\partial \boldsymbol{v}_x}{\partial y}$ 成正比：

$$\boldsymbol{\tau} = -\mu \frac{\partial \boldsymbol{v}_x}{\partial y} \tag{3-15}$$

这就是牛顿黏性定律。$\boldsymbol{\tau}$ 是单位面积上的剪应力；μ 是动力黏性系数；$\frac{\partial \boldsymbol{v}_x}{\partial y}$ 是速度梯度，也是剪切速率；负号表示 $\boldsymbol{\tau}$ 的方向和 $\boldsymbol{v}_x$ 增加的方向相反。

因为 $\mu = \rho \upsilon$，其中 υ 是运动黏性系数，因此，当假定 ρ 为常数时，牛顿黏性定律也常写为

$$\boldsymbol{\tau} = -\upsilon \rho \frac{\partial \boldsymbol{v}_x}{\partial y} = -\upsilon \frac{\partial (\rho \boldsymbol{v}_x)}{\partial y} \tag{3-16}$$

这就得出了剪切力与动量梯度间的关系。

第四节 傅里叶（Fourier）导热定律[2]

与前面的考虑方式相类似，假定有一种静止流体，沿着 y 方式各层之间的温度不同。那么由于温度差原因，各层之间就要产生热量交换，热量将从温度较高的一层流向温度较低的一层。单位时间内、单位面积上的热流是与温度梯度成正比的：

$$\boldsymbol{q} = -\lambda \frac{\partial T}{\partial y} \tag{3-17}$$

这就是傅里叶导热定律。$\boldsymbol{q}$ 是单位面积上单位时间内的热流量；λ 是导热系数；$\frac{\partial T}{\partial y}$ 是温度梯度；负号表示热流方向与温度增加的方向相反。

因为

$$\lambda = \alpha \rho c_p \tag{3-18}$$

式中，α 称为热扩散系数；ρ、c_p 分别为密度和定压比热。因此，当 ρ、c_p 为常数时，傅里叶导热定律又可以写为

$$\boldsymbol{q} = -\alpha \frac{\partial (\rho c_p T)}{\partial y} \tag{3-19}$$

在双组分系统中，y 方向质量、动量和能量输运具有相似性。

第五节　连续方程[1,3]

为推导多组分混合物中每种组分的连续方程，首先讨论双组分混合物中一个体积微元体 $dxdydz$（图 3-2）的质量平衡问题。在该体积微元内，因化学反应以速率 ω_A（$kg \cdot m^{-3} \cdot s^{-1}$）产生组分。影响该体积微元体质量平衡的因素有：

① 体积微元内，组分 A 的质量随时间的变化率

$$\frac{\partial \rho_A}{\partial t} dxdydz \tag{3-20}$$

② 组分 A 通过位于 x 处的表面进入的质量

$$\frac{dm_{Ax/x}}{dt} dydz \tag{3-21}$$

其中，$\frac{dm_{Ax/x}}{dt}$ 是 A 组分在 x 方向的质量通量。

③ 组分 A 通过位于 $x+dx$ 处的表面流出的质量

$$\frac{dm_{Ax/(x+dx)}}{dt} dydz = \frac{dm_{Ax/x}}{dt} dydz + \frac{\partial m_{Ax/x}}{\partial x} dxdydz \tag{3-22}$$

④ A 组分的化学反应产生速率

$$\omega_A dxdydz \tag{3-23}$$

在 y 方向和 z 方向也有类似的流入、流出项。将整个质量平衡关系式除以体积微元 $dxdydz$，即得

$$\frac{\partial \rho_A}{\partial t} + \left(\frac{\partial \frac{dm_{Ax}}{dt}}{\partial x} + \frac{\partial \frac{dm_{Ay}}{dt}}{\partial y} + \frac{\partial \frac{dm_{Az}}{dt}}{\partial z} \right) = \omega_A \tag{3-24}$$

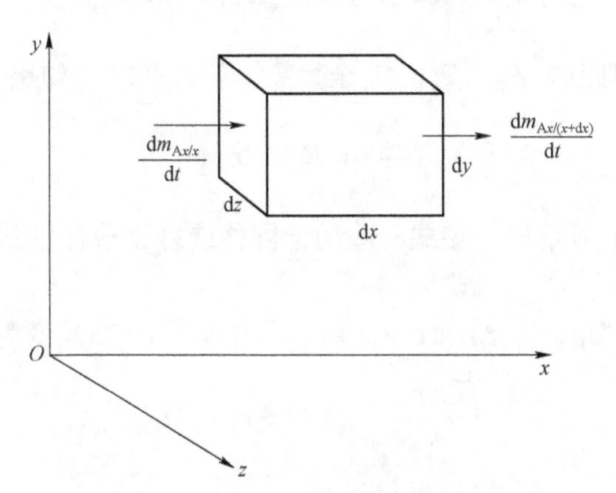

图 3-2　单元体流体的流进与流出

这就是双组分混合物中 A 组分的连续方程。$\frac{dm_{Ax}}{dt}$、$\frac{dm_{Ay}}{dt}$、$\frac{dm_{Az}}{dt}$ 是质量通量向量 $\frac{d\boldsymbol{m}_A}{dt}$ 在直角坐标中的 3 个分量。用向量形式表示，方程可以写成

$$\frac{\partial \rho_A}{\partial t}+\left(\nabla \frac{d\boldsymbol{m}_A}{dt}\right)=\omega_A \tag{3-25}$$

同样可以写出 B 组分的连续方程

$$\frac{\partial \rho_A}{\partial t}+\left(\nabla \frac{d\boldsymbol{m}_B}{dt}\right)=\omega_B \tag{3-26}$$

上两式相加得

$$\frac{\partial \rho}{\partial t}+(\nabla \rho \boldsymbol{v})=0 \tag{3-27}$$

这就是混合物的连续方程。在给出方程（3-27）时，用了关系式$\frac{d\boldsymbol{m}_A}{dt}+\frac{d\boldsymbol{m}_B}{dt}=\rho \boldsymbol{v}$和化学反应中的质量守恒定律

$$\omega_A+\omega_B=0$$

当流体的质量密度ρ为常数时，方程（3-27）变为

$$\nabla \boldsymbol{v}=0 \tag{3-28}$$

如果用摩尔作单位，推导方法完全相同：

$$\frac{\partial c_A}{\partial t}+\nabla \frac{d\boldsymbol{n}_A}{dt}=\Omega_A \tag{3-29}$$

式中，Ω_A表示单位容积中 A 组分的摩尔生成速率。

将式（3-14）代入方程（3-25），得到

$$\frac{\partial \rho_A}{\partial t}+(\nabla \rho \boldsymbol{v})=\nabla \rho D_{AB} \nabla Y_A+\omega_A \tag{3-30}$$

将式（3-12）代入方程（3-29），得到

$$\frac{\partial c_A}{\partial t}+(\nabla c_A \boldsymbol{v}^*)=\nabla c_A D_{AB} \nabla X_A+\Omega_A \tag{3-31}$$

如果不发生化学反应，则ω_A、ω_B、Ω_A、Ω_B全为零。与此同时，如果$\boldsymbol{v}=0$或$\boldsymbol{v}^*=0$，则可得

$$\frac{\partial c_A}{\partial t}=D_{AB} \nabla^2 c_A \tag{3-32}$$

该式称为费克第二扩散定律。该式一般用于固体或静止液体中的扩散和气体中的等摩尔反向扩散问题。

在多组分系统中，利用$\rho_i=Y_i\rho$和$\boldsymbol{v}_i=\boldsymbol{v}+\boldsymbol{v}_{di}$，方程（3-25）变为

$$\frac{\partial Y_i \rho}{\partial t}+\nabla \rho Y_i(\boldsymbol{v}+\boldsymbol{v}_{di})=\omega_i \tag{3-33}$$

利用混合物的连续方程

$$Y_i \frac{\partial \rho}{\partial t}+Y_i \nabla \rho \boldsymbol{v}=0$$

方程（3-33）可以简化为

$$\frac{\partial Y_i}{\partial t}+\boldsymbol{v}\nabla Y_i+\frac{1}{\rho}\nabla\rho Y_i\boldsymbol{v}_{\mathrm{d}i}=\frac{\omega_i}{\rho},\qquad i=1,2,\cdots,N \tag{3-34}$$

通常，多组分系统中有 N 个这类方程。将这些方程相加即得混合物的连续方程。在给定的问题中，N 个组分方程中的任何一个都可以用混合物连续方程代替，因此 Y_i 的方程中只有 $N-1$ 个是独立的，这与 Y 中只有 $N-1$ 个是独立的相一致。

上述推导是在直角坐标系中进行的，圆柱坐标和球坐标下连续方程的推导过程与之类似。

第六节 动量守恒

一、动量守恒方程[1,3]

动量守恒方程，也即运动方程。它的基础是牛顿运动第二定律，即微元体动量的变化率等于作用在微元体上的外力的矢量和。而作用在微元体上的力，可以分为两类：一类是体积力，比如重力、电磁力等；另一类是表面力，比如压力、黏性力等。

推导动量守恒方程的基础是牛顿第二定律：

$$\sum\boldsymbol{F}=\frac{\mathrm{d}(m\boldsymbol{v})}{\mathrm{d}t} \tag{3-35}$$

表面力中的压力是垂直于微元体表面的，而黏性力（剪应力）与表面平行。

流体运动有两种不同的描述方法：研究某流体颗粒在空间中的运动；分析流场中每一点上流体流动状态随时间的变化。第一种方法称为流体颗粒法，或拉格朗日法，第二种方法则称为流场法或欧拉法。

采用拉格朗日观点，跟随流体颗粒在空间中的运动，并观察它在运动中的变化。流体颗粒的位置坐标是随时间变化的。在拉格朗日方法中，t 是唯一的自变量，流体颗粒的位置用下式表示

$$x_1=x_1(t),x_2=x_2(t),x_3=x_3(t) \tag{3-36}$$

于是有

$$\boldsymbol{v}=\boldsymbol{v}[x_1(t),x_2(t),x_3(t),t]=\boldsymbol{v}(t) \tag{3-37}$$

这里 $\boldsymbol{v}$ 是某流体颗粒在不同时刻的速度（时间的函数）。同样，流体颗粒的加速度为

$$\boldsymbol{a}=\boldsymbol{a}[x_1(t),x_2(t),x_3(t),t]=\boldsymbol{a}(t)$$

或者

$$\boldsymbol{a}=\frac{\mathrm{d}\boldsymbol{v}}{\mathrm{d}t}=\frac{\partial\boldsymbol{v}}{\partial x_1}\frac{\mathrm{d}x_1}{\mathrm{d}t}+\frac{\partial\boldsymbol{v}}{\partial x_2}\frac{\mathrm{d}x_2}{\mathrm{d}t}+\frac{\partial\boldsymbol{v}}{\partial x_3}\frac{\mathrm{d}x_3}{\mathrm{d}t}+\frac{\partial\boldsymbol{v}}{\partial t}$$

但是因为

$$\frac{\mathrm{d}x_1}{\mathrm{d}t}=u_1$$

$$\frac{\mathrm{d}x_2}{\mathrm{d}t}=u_2$$

$$\frac{dx_3}{dt}=u_3$$

并且$\boldsymbol{v}=\boldsymbol{i}u_1+\boldsymbol{j}u_2+\boldsymbol{k}u_3=[u_1,u_2,u_3]$，所以加速度可以写为

$$\frac{du_i}{dt}=u_1\frac{\partial u_i}{\partial x_1}+u_2\frac{\partial u_i}{\partial x_2}+u_3\frac{\partial u_i}{\partial x_3}+\frac{\partial u_i}{\partial t}$$

$$u_i=u_i(x_1,x_2,x_3,t)=u_i(x,t)$$

算子$\frac{d}{dt}\equiv\frac{D}{Dt}\equiv u_1\frac{\partial}{\partial x_1}+u_2$称为物质主导数。现在方程（3-35）可以写成

$$dF_i=dm\left(u_1\frac{\partial u_i}{\partial x_1}+u_2\frac{\partial u_i}{\partial x_2}+u_3\frac{\partial u_i}{\partial x_3}+\frac{\partial u_i}{\partial t}\right) \tag{3-38}$$

或者

$$dF_1=dm\frac{Du_1}{Dt}$$

$$dF_2=dm\frac{Du_2}{Dt}$$

$$dF_3=dm\frac{Du_3}{Dt}$$

用笛卡儿张量的符号表示时，有

$$dF_i=dm\left(u_j\frac{\partial u_i}{\partial x_j}+\frac{\partial u_i}{\partial t}\right)$$

假定流体颗粒的质量为dm，形状为长方体，边长为dx_1、dx_2、dx_3，则

$$dm=\rho dx_1dx_2dx_3$$

作用在流体颗粒上的力有表面力df_i和体积力（单位体积的）B_i。由N种组分组成的混合物中，作用于各组分上的体积力可能不同。因此，多组分系统中的体积力为

$$B_i=\rho\sum_{k=1}^{N}(Y_kf_k)_i \tag{3-39}$$

式中，f_k是作用在第k种组分单位质量上的体积力。于是

$$dF_i=df_i+B_idx_1dx_2dx_3 \tag{3-40}$$

分析图3-3可得3个方向上的表面力分别为

$$df_1=\left(\frac{\partial\sigma_{11}}{\partial x_1}+\frac{\partial\sigma_{21}}{\partial x_2}+\frac{\partial\sigma_{31}}{\partial x_3}\right)dx_1dx_2dx_3 \tag{3-41}$$

$$df_2=\left(\frac{\partial\sigma_{12}}{\partial x_1}+\frac{\partial\sigma_{22}}{\partial x_2}+\frac{\partial\sigma_{32}}{\partial x_3}\right)dx_1dx_2dx_3 \tag{3-42}$$

$$df_3=\left(\frac{\partial\sigma_{13}}{\partial x_1}+\frac{\partial\sigma_{23}}{\partial x_2}+\frac{\partial\sigma_{33}}{\partial x_3}\right)dx_1dx_2dx_3 \tag{3-43}$$

将方程（3-40）代入方程（3-38），并除以dx_1dx_2dx_3，可得动量方程

$$\rho\left(u_j\frac{\partial u_i}{\partial x_j}+\frac{\partial u_i}{\partial t}\right)=\frac{\partial \sigma_{ji}}{\partial x_j}+B_i=\frac{\partial \sigma_{ji}}{\partial x_j}+\rho\sum_{k=1}^{N}(Y_k f_k)_i \tag{3-44}$$

这是用应力张量表示的运动方程。

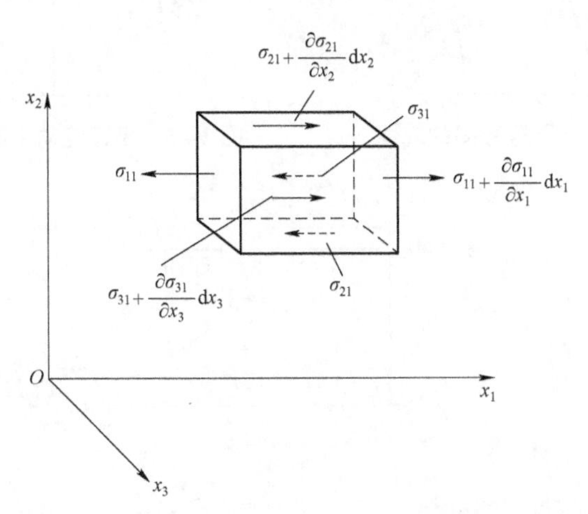

图 3-3　作用于流体颗粒 x_1 方向上的表面应力分量

二、应力应变关系[1]

根据胡克定律，固体弹性体的切应力与角应变的速率成正比，但根据斯托克斯定律，流体中的切应力与角应变的速率成正比。

流体在切应力的作用下，会发生变形，其变形速率与流体种类及给定流体的热力学状态有关。

在应力张量中

$$\boldsymbol{\sigma}_{ij}=\begin{bmatrix}\sigma_{11} & \sigma_{12} & \sigma_{13}\\ \sigma_{21} & \sigma_{22} & \sigma_{23}\\ \sigma_{31} & \sigma_{32} & \sigma_{33}\end{bmatrix}=-p\delta_{ij}+\tau_{ij} \tag{3-45}$$

其中，当 $i=j$ 时，$\delta_{ij}=1$；当 $i\neq j$ 时，$\delta_{ij}=0$，前者为正应力，后者为切应力。

应力张量是对称的，即

$$\boldsymbol{\sigma}_{ij}=\boldsymbol{\sigma}_{ji}$$

1. 应变率

如图 3-4 所示，流体夹在两块平行平板之间，下面的平板静止，上面的平板以横速 U 运动，流体角变形的速率是

$$\frac{d\gamma}{dt}=\frac{U}{h}$$

如果将图 3-5 所示的非线性速度分布简化为速度线性分布，则极小的一个流体微元所承受的应变率如图 3-6 所示。在 dt 时间内，总的角变形是

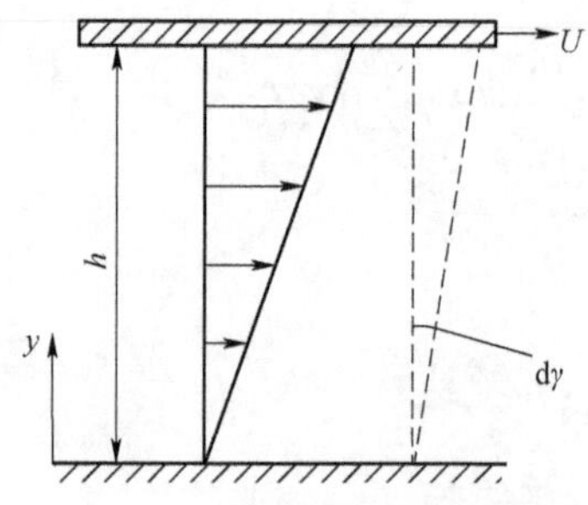

图 3-4　两平行板间的流体

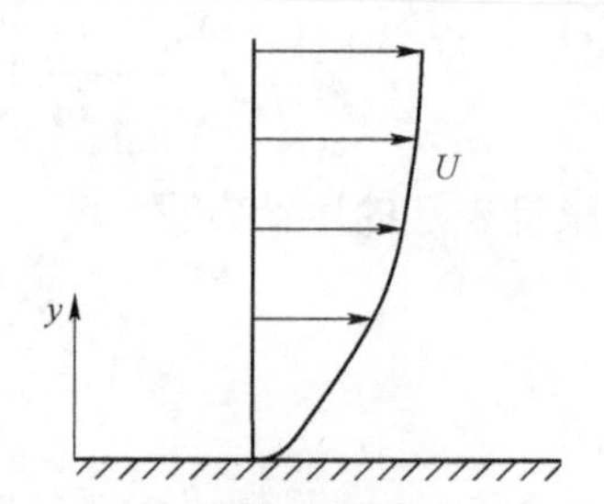

图 3-5　平行流动中的非线性速度分布

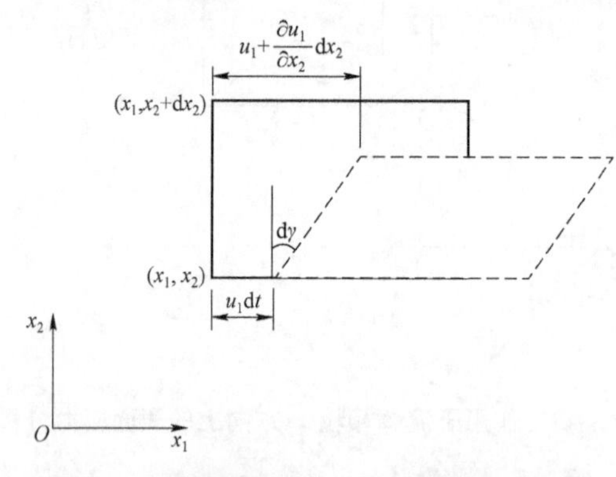

图 3-6　二维平行流动中的流体微元的变形

$$\mathrm{d}\gamma=\frac{\left(u_1+\frac{\partial u_1}{\partial x_2}\mathrm{d}x_2\right)\mathrm{d}t-u_1\mathrm{d}t}{\mathrm{d}x_2}$$

所以应变率为

$$\frac{\mathrm{d}\gamma}{\mathrm{d}t}=\frac{\partial u_1}{\partial x_2}$$

上述适用于一维变形，如果变形是二维的，其角变形为

$$\mathrm{d}\gamma=\mathrm{d}\gamma_1+\mathrm{d}\gamma_2=\frac{\left(u_1+\frac{\partial u_1}{\partial x_2}\mathrm{d}x_2\right)\mathrm{d}t-u_1\mathrm{d}t}{\mathrm{d}x_2}+\frac{\left(u_2+\frac{\partial u_2}{\partial x_1}\mathrm{d}x_1\right)\mathrm{d}t-u_2\mathrm{d}t}{\mathrm{d}x_1}$$

所以

$$\frac{\mathrm{d}\gamma}{\mathrm{d}t}=\frac{\partial u_1}{\partial x_2}+\frac{\partial u_2}{\partial x_1}\equiv 2e_{12}=2e_{21}$$

一般形式的张量为

$$e_{ij}\equiv\frac{1}{2}\left(\frac{\partial u_i}{\partial x_j}+\frac{\partial u_j}{\partial x_i}\right)$$

2. 应力

假定流体的切应力与角变形率成正比，也就是说，假定流体为牛顿流体。

$$\tau\propto\frac{\mathrm{d}\gamma}{\mathrm{d}t}=\frac{\partial u_1}{\partial x_2}$$

或者
$$\sigma_{21}=\sigma_{12}=\mu\frac{\partial u_1}{\partial x_2} \tag{3-46}$$

当 $u_1\neq 0$， $u_2\neq 0$ 时，有

$$\tau_{12}=\mu\left(\frac{\partial u_1}{\partial x_2}+\frac{\partial u_2}{\partial x_1}\right) \tag{3-47}$$

用同样的方法分析 x_1-x_3 平面和 x_2-x_3 平面以后，可以得到牛顿流体中切应力张量的计算公式：

$$\sigma_{ij}=\mu\left(\frac{\partial u_i}{\partial x_j}+\frac{\partial u_j}{\partial x_i}\right),\ i\neq j \tag{3-48}$$

上面研究了角变形，下面分析流体颗粒的线变形。如图 3-7 所示，在 dt 时间内的线变形量是

$$\frac{\left(u_1+\frac{\partial u_1}{\partial x_1}\mathrm{d}x_1\right)\mathrm{d}t-u_1\mathrm{d}t}{\mathrm{d}x_1}=\frac{\partial u_1}{\partial x_1}\mathrm{d}t \tag{3-49}$$

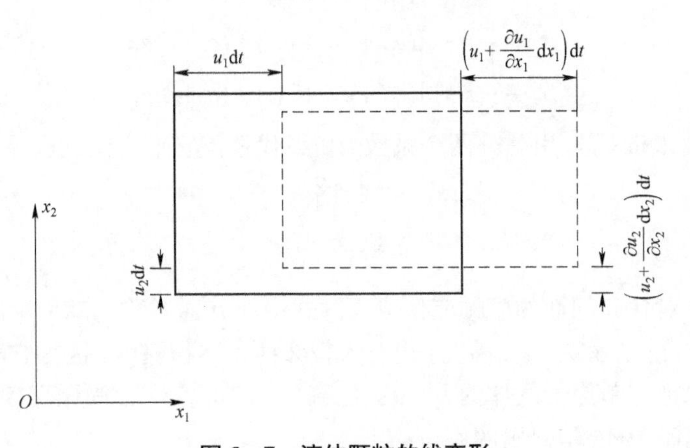

图 3-7　流体颗粒的线变形

线变形速率为

$$e_{11}=\frac{\partial u_1}{\partial x_1} \tag{3-50}$$

在 x_2 和 x_3 方向上，同样有

$$e_{22}=\frac{\partial u_2}{\partial x_2} \tag{3-51}$$

$$e_{33}=\frac{\partial u_3}{\partial x_3} \tag{3-52}$$

总的变形率张量是

$$\frac{\partial u_i}{\partial x_j}$$

当$i=j$时，为线变形率；当$i\neq j$时，为角变形率。

将变形率张量分为两部分：

$$\frac{\partial u_i}{\partial x_j}=\frac{1}{2}\left(\frac{\partial u_i}{\partial x_j}+\frac{\partial u_j}{\partial x_i}\right)+\frac{1}{2}\left(\frac{\partial u_i}{\partial x_j}-\frac{\partial u_j}{\partial x_i}\right)$$

第一项是对称张量，为角变形张量的 1/2；第二项是反对称张量，它表示了流体在无变形条件下的旋转。

现在，考虑正应力的应力－应变关系：

$$\begin{aligned}\sigma_{11}&=-p+ce_{11}+\lambda e_{22}+\lambda e_{33}\\ \sigma_{22}&=-p+ce_{11}+\lambda e_{22}+\lambda e_{33}\\ \sigma_{33}&=-p+ce_{11}+\lambda e_{22}+\lambda e_{33}\end{aligned}\tag{3-53}$$

这些式子说明应力和同方向上的应变呈线性关系。同时，应力σ_{11}也在其他两个方向上产生应变e_{22}和e_{33}。假定流体是各向同性的，则在这两个方向上的比例系数相同。

式（3－53）中的p为流体静压。正应力与应变之间的关系可以写为

$$\begin{aligned}\sigma_{11}&=-p+\lambda(e_{11}+e_{22}+e_{33})+(c-\lambda)e_{11}\\ \sigma_{22}&=-p+\lambda(e_{11}+e_{22}+e_{33})+(c-\lambda)e_{22}\\ \sigma_{33}&=-p+\lambda(e_{11}+e_{22}+e_{33})+(c-\lambda)e_{33}\end{aligned}$$

上式中的比例系数λ和c可以用另外两个系数μ和μ'代替，它们之间的关系为

$$\begin{aligned}c-\lambda&=2\mu\\ \lambda&=\mu'-\frac{2}{3}\mu\end{aligned}\tag{3-54}$$

其中，第一个式子对各向同性的牛顿流体成立。式中的μ通常称为动力黏度，或第一黏性系数；μ'称为体积黏度；λ称为第二黏度（也有人把λ称为体积黏度，因为它与体积膨胀有关）。用分子运动论可以证明单原子气体的$\mu'=0$。但直到现在，实际上尚无直接的可靠的μ'数据。通常采用斯托可斯于 1945 年提出的假设：

$$\lambda+\frac{2}{3}\mu=0，或者\mu'=0\tag{3-55}$$

威廉姆斯指出，在多原子气体中，由于平移与各种内部自由度之间有松弛效应，μ'为正值，不等于零。但到目前为止，μ'仍没有理论计算结果，也没有可靠的实验数据。在燃烧过程计算中，μ'通常是忽略的。

将方程（3－54）代入方程（3－53）中，得

$$\begin{aligned}\sigma_{11}&=-p+\left(\mu'-\frac{2}{3}\mu\right)e_{kk}+2\mu e_{11}\\ \sigma_{22}&=-p+\left(\mu'-\frac{2}{3}\mu\right)e_{kk}+2\mu e_{22}\\ \sigma_{33}&=-p+\left(\mu'-\frac{2}{3}\mu\right)e_{kk}+2\mu e_{33}\end{aligned}\tag{3-56}$$

一般形式的应力–应变关系则为

$$\sigma_{ij} = -P\delta_{ij} + \left(\mu' - \frac{2}{3}\mu\right)\frac{\partial u_k}{\partial x_k}\delta_{ij} + \mu\left(\frac{\partial u_i}{\partial x_j} + \frac{\partial u_j}{\partial x_i}\right) \tag{3-57}$$

3. 纳维尔–斯托克斯方程[1,3]

将应力–应变关系式（3–57）代入动量方程（3–48），可得

$$\begin{aligned}\rho\left(u_j\frac{\partial u_i}{\partial x_j} + \frac{\partial u_i}{\partial t}\right) &= \frac{\partial}{\partial x_j}\left[-p\delta_{ij} + (\mu\delta_{ij})\frac{\partial u_k}{\partial x_k}\delta_{ij} + \left(\frac{\partial u_i}{\partial x_j} + \frac{\partial u_j}{\partial x_i}\right)\right] + B_i \\ &= \frac{\partial}{\partial x_j}\left[-p\delta_{ij} + \left(\mu' - \frac{2}{3}\mu\right)\frac{\partial u_k}{\partial x_k}\delta_{ij} + \mu\left(\frac{\partial u_i}{\partial x_j} + \frac{\partial u_j}{\partial x_i}\right)\right] + \rho\left(\sum_{k=1}^{N} Y_k f_k\right)_i\end{aligned} \tag{3-58}$$

如果假定$\sigma_{ii} = -3p$，体积黏度等于零，则其结果和用分子运动论推出的单原子完全气体的方程相同。动量守恒方程形式变为

$$\rho\left(u_j\frac{\partial u_i}{\partial x_j} + \frac{\partial u_i}{\partial t}\right) = \frac{\partial}{\partial x_j}\left[-p\delta_{ij} + \mu\left(\frac{\partial u_i}{\partial x_j} + \frac{\partial u_j}{\partial x_i}\right) - \frac{2}{3}\mu\left(\frac{\partial u_k}{\partial x_k}\delta_{ij}\right)\right] + B_i \tag{3-59}$$

此方程就是纳威尔–斯托克斯方程，如果假定流体不可压，则方程变为

$$\rho\left(u_j\frac{\partial u_i}{\partial x_j} + \frac{\partial u_i}{\partial t}\right) = \frac{\partial p}{\partial x_j} + \frac{\partial}{\partial x_j}\left[\mu\left(\frac{\partial u_i}{\partial x_j} + \frac{\partial u_j}{\partial x_i}\right)\right] + \rho\sum_{k=1}^{N}(Y_k f_k)_i \tag{3-60}$$

圆柱坐标和球坐标下可以写出类似方程。

4. 能量守恒[1,3]

能量守恒方程的基础是热力学第一定律。即一个微元体能量的变化等于外界传给微小单元体的热量加上外界力对微元体做功之和，可用公式表示为

$$dE = dQ + dW \tag{3-61}$$

在推导多组分系统的能量守恒方程之前，首先要清楚产生热通量的各种原因。我们分析流体中一个静止的容积微元，流体通过该微元的表面流进和流出。在任意时刻，该容积微元内的流体都应该满足守恒定律，即

$$\begin{bmatrix}\text{内能和}\\ \text{动能的}\\ \text{增加速率}\end{bmatrix} = \begin{bmatrix}\text{由对流造成的}\\ \text{内能和动能的}\\ \text{净输入速率}\end{bmatrix} + \begin{bmatrix}\text{由热通量}q\\ \text{产生的热}\\ \text{量增加速率}\end{bmatrix} + \begin{bmatrix}\text{由热源产}\\ \text{生的热量}\\ \text{增加速率}\end{bmatrix} + \begin{bmatrix}\text{由环境对}\\ \text{系统所做}\\ \text{功的净功率}\end{bmatrix}$$

环境对系统所做的功率包含两个部分：一部分是由作用在单元体边界上的所有表面应力张量所做的功；另一部分是体积力所做的功。作用在第k种组分上的体积力在x方向的分量是$\rho Y_k f_{k,x}$。该力的分量对流体所做的功率等于此力的分量与k组分在x方向上平均分速的乘积，即$\rho Y_k f_{k,x} u_k$或者$\rho Y_k f_{k,x}(u + U_k)$。对混合物所有组分求和，可得$x$方向上体积力所做的总功率为$\rho\sum_{k=1}^{N} Y_k f_{k,x}(u + U_k)$。

为了能在同一个容积微元$\Delta x\Delta y_1$的周围列出所有有关的项，分析图 3－8 所示的二维化学反应流动。根据能量方程，二维非定常化学反应流动的能量方程由 5 项组成：

$$\frac{\partial(\rho e_t)}{\partial t}=-\frac{\partial(\rho u e_t)}{\partial x}-\frac{\partial(\rho v e_t)}{\partial y}-\frac{\partial q_x}{\partial x}-\frac{\partial q_y}{\partial y}+\dot{Q}+\rho\sum_{k=1}^{N}Y_k f_{k,x}(u+U_k)+\rho\sum_{k=1}^{N}Y_k f_{k,x}(v+V_k)+$$
$$\frac{\partial(\sigma_{xx}u)}{\partial x}+\frac{\partial(\sigma_{yx}u)}{\partial y}+\frac{\partial(\sigma_{yy}v)}{\partial y}+\frac{\partial(\sigma_{xy}v)}{\partial x}$$

第 1 项：$\dfrac{\partial(\rho e_t)}{\partial t}$

第 2 项：$-\dfrac{\partial(\rho u e_t)}{\partial x}-\dfrac{\partial(\rho v e_t)}{\partial y}$

第 3 项：$-\dfrac{\partial q_x}{\partial x}-\dfrac{\partial q_y}{\partial y}$

第 4 项：$\dot{Q}$

第 5 项：$\rho\sum_{k=1}^{N}Y_k f_{k,x}(u+U_k)+\rho\sum_{k=1}^{N}Y_k f_{k,x}(v+V_k)+\dfrac{\partial(\sigma_{xx}u)}{\partial x}+\dfrac{\partial(\sigma_{yx}u)}{\partial y}+\dfrac{\partial(\sigma_{yy}v)}{\partial y}+\dfrac{\partial(\sigma_{xy}v)}{\partial x}$

其中，U_k、V_k是质量扩散速度的分量。

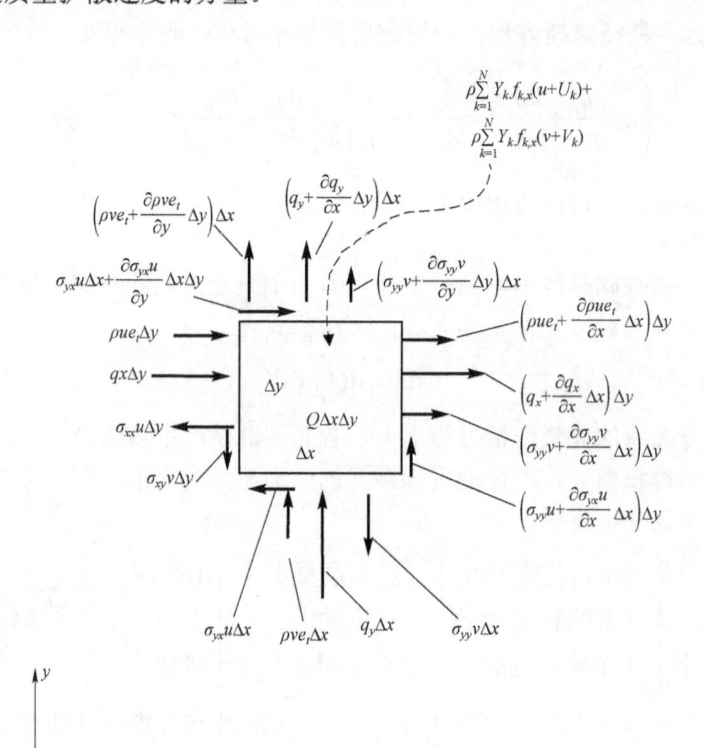

图 3－8　二维流动能量通量平衡方程中的各项

在三维空间，有

$$
\begin{aligned}
&\frac{\partial(\rho e_t)}{\partial t}+\frac{\partial(\rho u e_t)}{\partial x}+\frac{\partial(\rho v e_t)}{\partial y}+\frac{\partial(\rho w e_t)}{\partial z} \\
&=-\frac{\partial q_x}{\partial x}-\frac{\partial q_y}{\partial y}-\frac{\partial q_z}{\partial z}+\dot{Q}+ \\
&\quad \frac{\partial(\sigma_{xx}u)}{\partial x}+\frac{\partial(\sigma_{yx}u)}{\partial y}+\frac{\partial(\sigma_{zx}u)}{\partial z}+\frac{\partial(\sigma_{xy}v)}{\partial x}+\frac{\partial(\sigma_{yy}v)}{\partial y}+\frac{\partial(\sigma_{zy}v)}{\partial z}+ \\
&\quad \frac{\partial(\sigma_{xz}w)}{\partial x}+\frac{\partial(\sigma_{yz}w)}{\partial y}+\frac{\partial(\sigma_{zz}w)}{\partial z}+ \\
&\quad \rho\sum_{k=1}^{N}Y_k f_{k,x}(u+U_k)+\rho\sum_{k=1}^{N}Y_k f_{k,x}(v+V_k)+\rho\sum_{k=1}^{N}Y_k f_{k,x}(w+W_k)
\end{aligned} \tag{3-62}
$$

用向量与张量符号表示，方程变为

$$
\frac{\partial(\rho e_t)}{\partial t}+\frac{\partial(\rho u_i e_t)}{\partial x_i}=-\frac{\partial q_i}{\partial x_i}+\frac{\mathrm{d}Q}{\mathrm{d}t}+\rho\sum_{k=1}^{N}Y_k f_{k,i}(u_i+V_{k,i})+\frac{\partial(\sigma_{ji}u_i)}{\partial x_j} \tag{3-63}
$$

利用连续方程，方程（3－63）可以简化为

$$
\rho\frac{\partial(e_t)}{\partial t}+\rho u_i\frac{\partial(e_t)}{\partial x_i}=-\frac{\partial q_i}{\partial x_i}+\frac{\mathrm{d}Q}{\mathrm{d}t}+\rho\sum_{k=1}^{N}Y_k f_{k,i}(u_i+V_{k,i})+\frac{\partial(\sigma_{ji}u_i)}{\partial x_j} \tag{3-64}
$$

这就是欧拉形式的能量方程。

参考文献

[1] 陈义良，张孝春，孙慈，等. 燃烧原理［M］. 北京：航空工业出版社，1992.
[2] 傅维标，卫景彬.燃烧物理学基础［M］. 北京：机械工业出版社，1981.
[3] 周校平，张晓男.燃烧原理基础［M］. 上海：上海交通大学出版社，2001.

思考题

1. 论述燃烧物理基本方程与一维爆轰波基本方程的关系，由燃烧物理基本方程得到一维爆轰波基本方程需要哪些假设。

2. 简述燃烧连续方程推导的基本思路。

3. 简述燃烧连续方程与一般流体（无化学反应）连续方程的主要差异。

第四章
气 体 爆 轰

在可燃预混合气中某处发生了化学反应，此反应将在混合气中传播。根据反应波传播机理的不同，可以划分为缓燃及爆轰两种形式。缓燃波：燃烧波传播的速度为亚声速；爆轰波：燃烧波传播的速度为超声速。

化学反应区通常称为“火焰区”“火焰前沿”“反应波”或者类似的名称。在火焰区内发生快速的化学反应，且火焰通常（但不总是）发光。一般有两种类型的火焰：

① 预混火焰：在化学反应之前，反应物完全混合。

② 扩散火焰：在化学反应进行的过程中，反应物互相扩散。

本章集中讨论预混火焰。

下面将讨论缓燃波和爆轰波的特性，推导出描述波前和波后参数之间关系的朗肯－雨果尼奥方程，同时讨论计算爆轰波速和结构的方法。

第一节　爆轰波和缓燃波的区别[1,2]

在前几章中，只讨论了一维平面波。图 4－1 给出了一维燃烧波的示意图。该图表示在一个很长的等截面管道中，跟随一维平面燃烧波运动时所看到的情形。燃烧波以等速 u_1 向左运动。在分析时，把坐标系固定在燃烧波上，因此燃烧波是静止的，波前原本静止的未燃气可以看到以速度 u_1 流向火焰前沿。在图 4－1 中，下标 1 表示波前未燃气的参数，下标 2 表示波后已燃气的参数。速度 u_1 和 u_2 是相对于固定在静止波上的坐标系定义的。

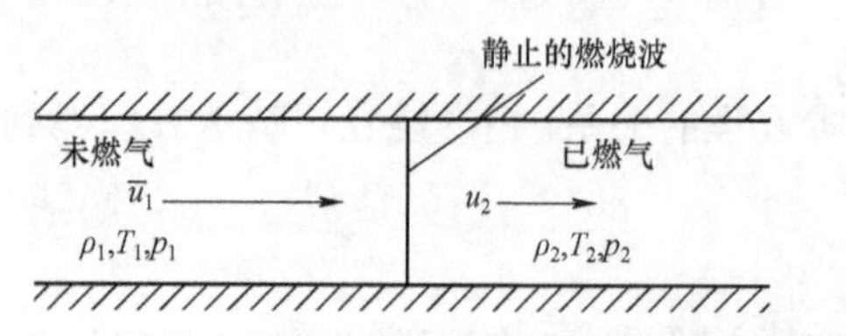

图 4－1　一维静止燃烧波的示意图（缓燃波和爆轰波）

波前和波后的参数值反映了缓燃波和爆轰波内的物理过程。表 4－1 中给出了缓燃波和爆轰波参数的比较，其中 c_1、p、T、ρ 分别表示声速、压力、温度和密度。

表 4－1　爆轰波和缓燃波参数的比较（c_1＝声速）

参数	爆轰波	缓燃波
u_1/c_1	5～10	0.000 1～0.03
u_2/u_1	0.4～0.7（减速）	4～16（加速）

续表

参数	爆轰波	缓燃波
p_2/p_1	13～55（压缩）	≈0.98（稍有膨胀）
T_2/T_1	8～21（加热）	4～6（加热）
ρ_2/ρ_1	1.7～2.6	0.06～0.25

在一端或两端都开口的管子中充满了可燃气，当在开口端点燃时，将产生一个燃烧波并向另一端传播。燃烧波可以达到一个稳定的速度，而且不会加速变成爆轰波。但如果在封闭端点燃混合物，反应后的炽热气体像一个活塞把反应前沿推向未燃气。这类波可以加速而变成爆轰波。

第二节　雨果尼奥曲线

若没有体积力，没有外部加热或向外散热，且杜福效应和成分相互扩散的影响可忽略，则定常一维流动的守恒方程为

连续方程

$$\frac{\mathrm{d}(\rho u)}{\mathrm{d}x}=0 \tag{4-1}$$

动量方程

$$\rho u\frac{\mathrm{d}u}{\mathrm{d}x}=-\frac{\mathrm{d}p}{\mathrm{d}x}+\frac{\mathrm{d}}{\mathrm{d}x}\left[\left(\frac{4}{3}\mu+\mu'\right)\frac{\mathrm{d}u}{\mathrm{d}x}\right] \tag{4-2}$$

能量方程

$$\rho u\frac{\mathrm{d}}{\mathrm{d}x}\left(h+\frac{u^2}{2}\right)=\frac{\mathrm{d}}{\mathrm{d}x}\left(\lambda\frac{\mathrm{d}T}{\mathrm{d}x}\right)+\frac{\mathrm{d}}{\mathrm{d}x}\left[u\left(\frac{4}{3}\mu+\mu'\right)\frac{\mathrm{d}u}{\mathrm{d}x}\right] \tag{4-3}$$

$$h=c_pT+h^0 \tag{4-4}$$

式中，h 是单位质量的焓；h^0 是标准状态下单位质量的焓；c_p 是定压比热；λ 是热传导系数。$(4\mu/3)+\mu'$ 为黏性系数。因为

$$\tau_{ij}=\mu\left(\frac{\partial u_i}{\partial x_j}+\frac{\partial u_j}{\partial x_i}\right)+\left(\mu'-\frac{2}{3}\mu\right)\frac{\partial u_k}{\partial x_k}\delta_{ij} \tag{4-5}$$

所以

$$\tau_{11}=\left(2\mu+\mu'-\frac{2}{3}\mu\right)\frac{\mathrm{d}u}{\mathrm{d}x}=\left(\frac{4}{3}\mu+\mu'\right)\frac{\mathrm{d}u}{\mathrm{d}x} \tag{4-6}$$

在动量方程中，体积黏度 μ' 一般很小，可以略去。

式（4－1）对 x 积分得

$$\rho u=\dot{m}=\text{常数} \tag{4-7}$$

式中，$\dot{m}$ 为质量通量。利用连续方程（4-1），式（4-2）变为

$$\frac{\mathrm{d}}{\mathrm{d}x}\left(\rho u^2+p-\frac{4}{3}\mu\frac{\mathrm{d}u}{\mathrm{d}x}\right)=0 \tag{4-8}$$

积分得

$$\rho u^2+p-\frac{4}{3}\mu\frac{\mathrm{d}u}{\mathrm{d}x}=\text{常数} \tag{4-9}$$

同理，由能量方程（4-3）可得

$$\rho u\left(c_pT+h^0+\frac{1}{2}u^2\right)-\lambda\frac{\mathrm{d}T}{\mathrm{d}x}-u\left(\frac{4}{3}\mu\frac{\mathrm{d}u}{\mathrm{d}x}\right)=\text{常数} \tag{4-10}$$

因为在未燃区和已燃区内，$\mathrm{d}u/\mathrm{d}x$ 和 $\mathrm{d}T/\mathrm{d}x$ 都等于零，于是由方程（4-7）～方程（4-10）可得反映两区流动参数之间关系的方程：

$$\rho_1u_1=\rho_2u_2=\dot{m} \tag{4-11}$$

$$p_1+\rho_1u_1^2=p_2+\rho_2u_2^2 \tag{4-12}$$

$$c_pT_1+\frac{1}{2}u_1^2+q=c_pT_2+\frac{1}{2}u_2^2 \tag{4-13a}$$

或

$$h_1+\frac{1}{2}u_1^2=h_2+\frac{1}{2}u_2^2 \tag{4-13b}$$

另外，还有完全气体的状态方程

$$p_2=\rho_2R_2T_2 \tag{4-14}$$

$$q\equiv h_1^0-h_2^0 \tag{4-15}$$

$$h^0=\sum_{i=1}^{N}Y_i\Delta h_{f,i}^0 \tag{4-16}$$

现在有四个方程［式（4-11）～式（4-14）］，但是五个未知数（它们是 u_1、u_2、ρ_2、T_2 和 p_2）。从这四个方程可以推出一个含有两个未知数 p_2 和 ρ_2 的方程。

将方程式（4-11）和式（4-12）合并得

$$p_2-p_1=\rho_1u_1^2-\rho_2u_2^2=\frac{(\rho_1u_1)^2}{\rho_1}-\frac{(\rho_2u_2)^2}{\rho_2}=\left(\frac{1}{\rho_1}-\frac{1}{\rho_2}\right)\dot{m}^2 \tag{4-17}$$

所以

$$\rho_1^2u_1^2=\frac{p_2-p_1}{\dfrac{1}{\rho_1}-\dfrac{1}{\rho_2}}=\dot{m}^2 \tag{4-18}$$

式（4-18）通常称为瑞利公式。这个公式还可以用马赫数 $Ma_1=u_1/c_1$ 表示。因为

$$c_1\equiv\sqrt{\gamma R_1T_1}=\sqrt{\gamma\left(\frac{p_1}{\rho_2}\right)} \tag{4-19}$$

$$\frac{\gamma\rho_1^2u_1^2}{\gamma\rho_1p_1}=\frac{\frac{p_2}{p_1}-1}{1-\frac{\rho_1}{\rho_2}} \tag{4-20}$$

将式（4-19）和式（4-20）合并，瑞利公式变为

$$\gamma M_1^2=\frac{\frac{p_2}{p_1}-1}{1-\frac{\rho_1}{\rho_2}} \tag{4-21}$$

根据 c_p 的定义，有

$$c_p-c_V=R \tag{4-22}$$

其中，c_V 是定容比热；R 是单位质量的气体常数；$\gamma=c_p/c_V$。

或者

$$c_p=\frac{R}{1-\frac{1}{\gamma}}=\frac{\gamma}{\gamma-1}R \tag{4-23}$$

将式（4-23）及完全气体的状态方程代入式（4-13），得

$$\frac{\gamma}{\gamma-1}\left(\frac{p_2}{\rho_2}-\frac{p_1}{\rho_1}\right)-\frac{1}{2}\left(u_1^2-u_2^2\right)=q \tag{4-24}$$

式中，q 是单位质量的热量。将方程（4-11）重新整理可得 u_1^2 和 u_2^2 之间的关系式，将它代入方程（4-24）得

$$\frac{\gamma}{\gamma-1}\left(\frac{p_2}{\rho_2}-\frac{p_1}{\rho_1}\right)-\frac{1}{2}\left(\frac{p_2-p_1}{\rho_1}+\frac{\rho_2}{\rho_1}u_2^2+\frac{p_2-p_1}{\rho_2}-\frac{\rho_1}{\rho_2}u_1^2\right)=q \tag{4-25}$$

将方程（4-11）重新整理，并和方程（4-25）合并得

$$\frac{\gamma}{\gamma-1}\left(\frac{p_2}{\rho_2}-\frac{p_1}{\rho_1}\right)-\frac{1}{2}(p_2-p_1)\left(\frac{1}{\rho_1}+\frac{1}{\rho_2}\right)=q \tag{4-26}$$

方程（4-26）称为朗肯-雨果尼奥关系式。在单位质量的释热率 q 固定时，p_2 和 $1/\rho_2$ 之间的关系曲线称为雨果尼奥曲线，示于图 4-2。另外，雨果尼奥关系也可以用总焓 h 表示。

将方程（4-4）和方程（4-23）及完全气体的状态方程合并得

$$h=\left(\frac{\gamma}{\gamma-1}\right)\frac{p}{q}+h^0 \tag{4-27}$$

将方程（4-15）和方程（4-27）合并得

$$h_2-h_1=\frac{\gamma}{\gamma-1}\frac{p_2}{\rho_2}+h_2^0-\frac{\gamma}{\gamma-1}\frac{p_1}{\rho_1}-h_1^0=\frac{\gamma}{\gamma-1}\left(\frac{p_2}{\rho_2}-\frac{p_1}{\rho_1}\right)-q \tag{4-28}$$

将这个式子代入方程（4-26），即得等价的雨果尼奥关系式

$$h_2 - h_1 = \frac{1}{2}(p_2 - p_1)\left(\frac{1}{\rho_1} + \frac{1}{\rho_2}\right) \tag{4-29}$$

第三节　雨果尼奥曲线的性质

实际上，雨果尼奥曲线是在初始状态（$1/\rho_1$，p_1）和 q 值给定时，由所有可能的终了状态（$1/\rho_2$，p_2）构成的一条曲线。点（$1/\rho_1$，p_1）称为雨果尼奥曲线的原点，在图中用符号 A 表示。

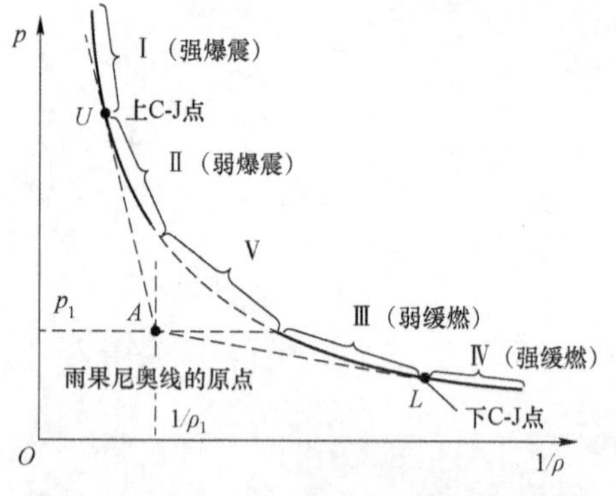

图 4-2　在 $p-1/\rho$ 平面上的雨果尼奥曲线

通过点 A 作曲线的两条切线，这两条切线连同过 A 点的垂线和水平线，把曲线分成五个区域，在图 4-2 中用罗马数字表示。曲线上的两个切点称为查普曼-焦格特点，简称为 C-J 点。上 C-J 点用 U 表示，下 C-J 点用 L 表示。

必须注意，虽然曲线给出了雨果尼奥方程的所有可能的解，但由于物理上的原因，并非所有的解在实际上都能成立。需要找出曲线上哪些区域方程解成立的部分。在第Ⅴ区，$p_2 > p_1$，$1/\rho_2 > 1/\rho_1$，瑞利公式（4-18）表明，u_1 是虚数。因此第Ⅴ区在物理上是不可能的。

为了研究 C-J 点的特殊性质，假定 q 值固定，并将雨果尼奥关系（4-26）对 $1/\rho_2$ 求导数，经过整理后得

$$\frac{\mathrm{d}p_2}{\mathrm{d}(1/\rho_2)} = \frac{(p_2 - p_1) - \left(\dfrac{2\gamma}{\gamma - 1}\right)p_2}{\left(\dfrac{2\gamma}{\gamma - 1}\right)\dfrac{1}{\rho_2} - \left(\dfrac{1}{\rho_1} + \dfrac{1}{\rho_2}\right)} \tag{4-30}$$

在切点 U 和 L 上，曲线的斜率可以写为

$$\left[\frac{\mathrm{d}p_2}{\mathrm{d}(1/\rho_2)}\right]_{\text{C-J}} = \frac{p_2 - p_1}{\dfrac{1}{\rho_2} - \dfrac{1}{\rho_1}} \tag{4-31}$$

令方程（4-30）和方程（4-31）的右端相等，且重新整理得

$$\frac{p_2 - p_1}{\dfrac{1}{\rho_2} - \dfrac{1}{\rho_1}} = -\gamma\rho_2 p_2\text{，在 C-J 点上} \tag{4-32}$$

方程（4-32）和方程（4-18）合并得

$$u_2^2 = \frac{\gamma p_2}{\rho_2} = c_2^2 \quad \text{或} \quad |u_2| = c_2 \tag{4-33}$$

也就是说，在 C-J 点上，$Ma_2 = 1$。

在雨果尼奥曲线的爆轰分支（Ⅰ区和Ⅱ区）上，$1/\rho_2 < 1/\rho_1$，因此

$$u_2 - u_1 = m\left(\frac{1}{\rho_2} - \frac{1}{\rho_1}\right) < 0 \quad 或者 \quad u_1 > u_2 \tag{4-34}$$

这里u_1和u_2分别为未燃气和已燃气相对于爆轰波的速度（图 4-1）。现在，如果把坐标系固定在实验台上，在Ⅰ坐标系中，爆轰波在静止管道内以相对速度v_w运动。爆轰波前后气体绝对速度的方向如图 4-3 所示。绝对速度与相对速度之间的关系为

$$\begin{aligned} v_1 &= v_w - u_1 \\ v_2 &= v_w - u_2 \end{aligned} \tag{4-35}$$

u_1和u_2在图 4-1 所示的方向上是正的，而v_1和v_2在图 4-3 所示的方向上是正的。

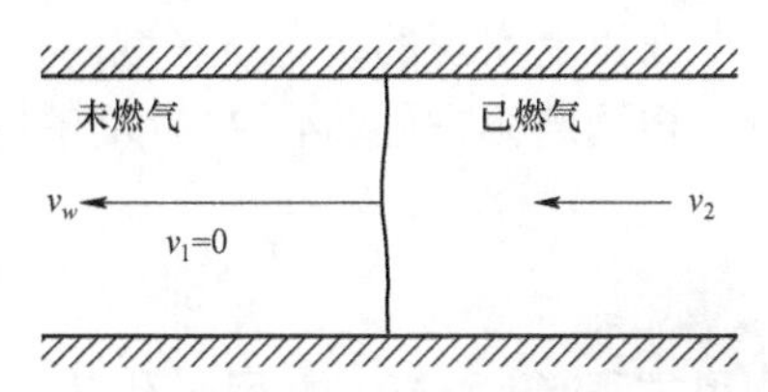

图 4-3　静止（绝对）坐标系下的爆轰波

因为假定未燃气的绝对速度为零，$v_w = u_1$。根据不等式（4-34），有

$$v_2 = v_w - u_2 = u_1 - u_2 > 0 \tag{4-36}$$

从物理上说，这个式子意味着，爆轰波后的已燃气有随波运动的趋势。下面分析v_2的数值，并和v_w值进行比较，看一看已燃气能否追上波的运动。

首先，根据式（4-35）。爆轰波速v_w可以表示成u_2和v_2之和。在上 C-J 点，$u_2 = c_2$，所以有

$$v_w = c_2 + v_2 > c_2 \tag{4-37}$$

这个式子表明，C-J 爆轰波以超声速运动。同时，因为$v_w > v_2$，虽然已燃气也在与爆轰波相同的方向上运动，但它绝对追不上爆轰波。

Ⅰ区称为强爆轰区。在这个区域内，已燃气的压力比 C-J 爆轰波的压力大，也就是说，$p_2 > p_u$。当通过一强爆轰波时，气体相对于波前沿的速度显著降低，超声速变成了亚声速（下面再讨论）。与此同时，压力和密度明显增高。应该注意，$p_2 \to \infty$的强爆轰在物理上是不可能的。事实上，强爆轰波也很少看到，因为它需要一个强度非常大的装置用以产生一个超强度的激波。

Ⅱ区称为弱爆轰区。在这个区域内，已燃气的压力比 C-J 爆轰波中已燃气的压力小，也就是说，$p_2 < p_u$。当通过一弱爆轰波时，气体相对于波前沿的速度降低，但已燃气的速度仍为超声速。从方程（4-18）可以看出，等容（$1/\rho_2 \approx 1/\rho_1$）的弱爆轰波对应于无穷大的波速，这在物理上是不可能的。一般来说，爆轰波的 C-J 理论要求混合物有极大的化学反应速率，但实际上无限大的化学反应速率只是一种理想状态。

在绝大多数的实验条件下，爆轰波都是查普曼-焦格特波。从爆轰波的结构考虑出发，也须排除Ⅰ区和Ⅱ区的存在。因此，雨果尼奥曲线在爆轰波分支的解通常就是上 C-J 点，即图 4-2 中的 U 点。因为通过点（$1/\rho_1, p_1$）的任一条直线，当它的斜率比图 4-2 中曲线切线的斜率小时，都不与曲线的爆轰波分支相交，所以点 U 的波速对应于最小的爆轰波速。

与上 C-J 点相反，C-J 缓燃波（即 L 点）的波速是所有缓燃波中速度最大的，见方程（4-18）。这是因为通过原点 A 的直线，当斜率超过切线斜率时，它不和曲线的缓燃波分支相

交，而当斜率小于切线时（图 4－2），它和曲线的缓燃波分支有两个交点（一个在Ⅲ区，另一个在Ⅳ区）。

Ⅲ区为弱缓燃波区，在该区域内，$p_1 \geqslant p_2 > p_L$，$1/\rho_2 < 1/p_L$。当通过一个弱缓燃波时，气相对于波前沿的速度从低亚声速加速到高亚声速。等压弱缓燃波（$p_2 = p_1$）的波速为零。对应于Ⅲ区的解在实际中经常可以观察到。

Ⅳ区为强缓燃波区。当通过一个强缓燃波时，气相对于波前沿的速度必定从亚声速加速到超声速。从波的结构考虑，否定了在等截面管道中由从亚声速转变成超声速的可能性。因此，在实验中从未观察到强缓燃波。雨果尼奥曲线在缓燃波分支有可能实现的解在图 4－2 中用Ⅲ区表示。与 L 点对应的 C－J 缓燃波在实验中也从未观察到，因此它没有包括在实线中。

在可能实现的缓燃波区域内，已燃气是按离开燃烧波前沿的方向流动的，下面做简要分析。根据连续方程（4－11）及条件 $1/\rho_2 > 1/\rho_1$ 和 $\dot{m} > 0$，有

$$u_2 - u_1 = \dot{m}\left(\frac{1}{\rho_2} - \frac{1}{\rho_1}\right) > 0$$

利用方程（4－35），并用 v_w 代替 u_1，上述的不等式变为

$$v_2 < 0$$

这表明，与图 4－3 所示的爆轰波情况不同，已燃气的流动速度与缓燃波的相反。这是缓燃波和爆轰波的重要差别之一。

一、雨果尼奥曲线上熵的分布

现在讨论在雨果尼奥曲线上熵的变化，并且证明 U 点的熵为极小值，L 点的熵为极大值。我们知道

$$h \equiv e + \frac{p}{\rho} \tag{4-38}$$

式中，e 表示包括化学能在内的内能。

$$h_2 - h_1 = (e_2 - e_1) + \left(\frac{p_2}{\rho_2} - \frac{p_1}{\rho_1}\right) \tag{4-39}$$

应用方程（4－39），得

$$e_2 - e_1 = \frac{1}{2}(p_2 - p_1)\left(\frac{1}{\rho_1} + \frac{1}{\rho_2}\right) - \frac{p_2}{\rho_2} + \frac{p_1}{\rho_1} \tag{4-40}$$

重新整理得

$$e_2 - e_1 = \frac{1}{2}(p_2 + p_1)\left(\frac{1}{\rho_1} - \frac{1}{\rho_2}\right) \tag{4-41}$$

根据热力学第一和第二定律，有

$$T_2 \mathrm{d}s_2 = \mathrm{d}e_2 + p_2 \mathrm{d}\left(\frac{1}{\rho_2}\right) \tag{4-42}$$

式中，s 是单位质量的熵。在初值给定时，求方程（4－41）的全微分得

$$de_2=\frac{1}{2}(dp_2)\left(\frac{1}{\rho_1}-\frac{1}{\rho_2}\right)-\frac{1}{2}\left[d\left(\frac{1}{\rho_2}\right)\right](p_2+p_1) \tag{4-43}$$

将式（4-43）代入式（4-42），并经过整理可得

$$T_2\frac{ds_2}{d(1/\rho_2)}=\frac{1}{2}\left(\frac{1}{\rho_1}-\frac{1}{\rho_2}\right)\left[\frac{dp_2}{d(1/\rho_2)}-\frac{p_2-p_1}{1/\rho_2-1/\rho_1}\right] \tag{4-44}$$

利用 C-J 点的斜率式（4-31），方程（4-44）变为

$$\left[\frac{ds_2}{d(1/\rho_2)}\right]_{C-J}=0 \tag{4-45}$$

因此，可以得出结论，C-J 点上，熵取极大值或极小值。为了确定是极大值还是极小值，还需要给出熵 s_2 对 $1/\rho_2$ 的二阶导数。方程（4-44）对 $1/\rho_2$ 求导数，并利用状态方程，可得

$$\left[\frac{d^2s_2}{d(1/\rho_2)^2}\right]_{C-J}=\frac{1}{2T_2}\left(\frac{1}{\rho_1}-\frac{1}{\rho_2}\right)\left[\frac{d^2p_2}{d(1/\rho_2)^2}\right]_{C-J}+\frac{1}{2}\left[\frac{dp_2}{d(1/\rho_2)}-\frac{p_2-p_1}{1/\rho_2-1/\rho_1}\right]_{C-J}\frac{1}{T_2} \tag{4-46}$$

根据式（4-31），方程的最后一项等于零，于是有

$$\left[\frac{d^2s_2}{d(1/\rho_2)^2}\right]_{C-J}=\frac{1}{2T_2}\left(\frac{1}{\rho_1}-\frac{1}{\rho_2}\right)\left[\frac{d^2p_2}{d(1/\rho_2)^2}\right]_{C-J} \tag{4-47}$$

根据雨果尼奥曲线的形状（图 4-2），曲线上的每一点都满足

$$\frac{d^2p_2}{d(1/\rho_2)^2}>0 \tag{4-48}$$

讨论雨果尼奥曲线的渐近线以后，再证明这个不等式。

在上 C-J 点，满足 $1/\rho_1>1/\rho_2$，方程（4-47）给出

$$\frac{d^2s_2}{d(1/\rho_2)^2}>0 \tag{4-49}$$

这表明 U 点的熵为极小值。在下 C-J 点，满足 $1/\rho_1<1/\rho_2$，根据方程（4-47），有

$$\left[\frac{d^2s_2}{d(1/\rho_2)^2}\right]_L<0 \tag{4-50}$$

即 L 点的熵为极大值。

二、爆轰波后已燃气的速度与当地声速的比较

因为熵是 p 和 $1/\rho$ 的函数，因此

$$ds=\left[\frac{\partial s}{\partial(1/\rho)}\right]_p+\left[\frac{\partial s}{\partial p}\right]_{1/\rho}dp \tag{4-51}$$

根据绝热可逆（等熵）过程，可以得到已燃气的声速。令 $ds=0$，方程（4-51）简化为

$$\left[\frac{\partial s}{\partial(1/\rho)}\right]_s = -\frac{\left[\dfrac{\partial s}{(\partial 1/\rho)}\right]_p}{\left[\dfrac{\partial s}{\partial p}\right]_{1/\rho}} \tag{4-52}$$

若用下标 HC 表示沿雨果尼奥曲线的导数，由方程（4-51）可得

$$\left[\frac{\partial p}{\partial(1/\rho)}\right]_{HC} = \frac{1}{[\partial s/\partial p]_{1/\rho}}\left\{\left[\frac{\partial s}{\partial(1/\rho)}\right]_{HC} - \left[\frac{\partial s}{\partial(1/\rho)}\right]_p\right\} \tag{4-53}$$

将方程（4-53）减去方程（4-52），得

$$\left[\frac{\partial s}{\partial(1/\rho)}\right]_{HC} - \left[\frac{\partial s}{\partial(1/\rho)}\right]_s = \frac{\left[\dfrac{\partial s}{\partial(1/\rho)}\right]_{HC}}{\left[\dfrac{\partial s}{\partial p}\right]_{1/\rho}} \tag{4-54}$$

在 C-J 点上

$$\left[\frac{\partial s}{\partial(1/\rho)}\right]_{HC} = 0 \tag{4-55}$$

在 C-J 点上，由式（4-54）和式（4-55），得

$$\left[\frac{\partial p}{\partial(1/\rho)}\right]_{HC} = \left[\frac{\partial p}{\partial(1/\rho)}\right]_s \tag{4-56}$$

这个式子表明，在 $p-1/\rho$ 坐标上，雨果尼奥曲线在 C-J 点上的切线也和等熵线相切。

将方程（4-44）重新整理，并和方程（4-54）合并，可得

$$\frac{2T_2}{1/\rho_1 - 1/\rho_2}\left[\frac{\partial s}{\partial(1/\rho)}\right]_{HC} + \frac{p_2 - p_1}{1/\rho_2 - 1/\rho_1} - \left[\frac{\partial s}{\partial(1/\rho)}\right]_s = \frac{\left[\dfrac{\partial s}{\partial(1/\rho)}\right]_{HC}}{\left[\dfrac{\partial s}{\partial p}\right]_{1/\rho}} \tag{4-57}$$

利用方程（4-18），并将上面方程重新整理得

$$-\rho_2^2 u_2^2 + \rho_2^2\left[\frac{\partial p}{\partial \rho}\right]_s = \left[\frac{\partial s}{\partial(1/\rho)}\right]_{HC}\left[\frac{-2T_2}{1/\rho_1 - 1/\rho_2} + \frac{1}{[\partial s/\partial p]_{1/\rho}}\right] \tag{4-58}$$

利用声速得定义 $c_2^2 = [\partial p_2/\partial \rho_2]_s$ 及式（4-38），得

$$-\rho_2^2 u_2^2 + \rho_2^2 c_2^2 = \left[\frac{\partial s}{\partial(1/\rho)}\right]_{HC}\left[\frac{-2T_2}{1/\rho_1 - 1/\rho_2} + \frac{1}{[\partial s/\partial p]_{1/\rho}}\right] \tag{4-59}$$

若在Ⅰ区，方程（4-59）的右端为正，则

$$c_2^2 > u_2^2 \tag{4-60}$$

已燃气的速度为亚声速。在Ⅰ区

$$\left[\frac{\partial s}{\partial(1/\rho)}\right]_{HC}<0 \tag{4-61}$$

因此，为了证明式（4-59）的右端为正，就要证明

$$\frac{2T_2}{1/\rho_1-1/\rho_2}>\frac{1}{[\partial s/\partial p]_{1/\rho}} \tag{4-62}$$

为此，首先将式（4-62）右端的偏导数用含有已燃气参数的代数式表示出来。$[\partial s/\partial p]_{1/\rho}$ 表示当 $1/\rho_2$ 保持不变时，已燃气的熵随 p_2 的变化。

假定混合物的 c_p 为常数，根据热力学第一定律，有

$$c_p\mathrm{d}T=T\mathrm{d}s+\frac{1}{p}\mathrm{d}p \tag{4-63}$$

由完全气体的状态方程可得

$$\mathrm{d}T=\frac{1}{\rho R}+\frac{p}{R}\mathrm{d}\left(\frac{1}{\rho}\right) \tag{4-64a}$$

$$c_p=\frac{\gamma}{\gamma-1}R \tag{4-64b}$$

将式（4-64a）和式（4-64b）代入方程（4-63）得

$$\frac{\gamma}{\gamma-1}R\left[\frac{1}{\rho R}\mathrm{d}p+\frac{p}{R}\mathrm{d}\left(\frac{1}{\rho}\right)\right]=T\mathrm{d}s+\left(\frac{1}{\rho}\right)\mathrm{d}p \tag{4-65}$$

利用状态方程，式（4-65）中 T 用 p 和 ρ 表示，并解出 $\mathrm{d}s$，得

$$\mathrm{d}s=\frac{\gamma R}{\gamma-1}\rho\mathrm{d}\left(\frac{1}{\rho}\right)+\frac{1}{(\gamma-1)\rho T}\mathrm{d}p \tag{4-66}$$

则有

$$\left[\frac{\partial s}{\partial p}\right]_{1/\rho}=\frac{1}{(\gamma-1)\rho T} \tag{4-67}$$

利用方程（4-67），方程（4-59）右端的第二因子变为

$$\frac{-2T_2}{1/\rho_1-1/\rho_2}+\frac{1}{[\partial s/\partial p]_{1/\rho}}=\frac{-2T_2}{1/\rho_1-1/\rho_2}+(\gamma-1)\rho_2T_2=\frac{p_2}{R}\left[\gamma-\frac{1+(\rho_1/\rho_2)}{1-(\rho_1/\rho_2)}\right] \tag{4-68}$$

为了证明在Ⅰ区满足 $c_2>u_2$，现在就要证明

$$\gamma-\frac{1+(\rho_1/\rho_2)}{1-(\rho_1/\rho_2)}<0 \tag{4-69}$$

朗肯-雨果尼奥关系（4-26）可以重新整理成

$$\frac{\gamma+1}{2(\gamma-1)}\frac{p_2}{\rho_2}-\frac{1}{2}\frac{p_2}{\rho_1}+\frac{p_1}{2\rho_2}-\frac{\gamma+1}{2(\gamma-1)}\frac{p_1}{\rho_1}-q=0 \tag{4-70}$$

这是在 p_2-1/ρ_2 平面上的一个双曲线方程，p_2 用 $1/\rho_2$ 表示时，有

$$p_2 = \frac{q + \frac{\gamma+1}{2(\gamma-1)}\frac{p_1}{\rho_1} + \left(-\frac{p_1}{2}\right)\frac{1}{\rho_2}}{-\frac{1}{2}\frac{1}{\rho_1} + \frac{\gamma+1}{2(\gamma-1)}\frac{1}{\rho_2}} = \frac{a + \frac{b}{\rho_2}}{c + \frac{d}{\rho_2}} \tag{4-71}$$

这里

$$a = q + \frac{\gamma+1}{2(\gamma-1)}\frac{p_1}{\rho_1} \tag{4-72}$$

$$b = -\frac{p_2}{2} \tag{4-73}$$

$$c = -\frac{1}{2\rho_1} \tag{4-74}$$

$$d = \frac{\gamma+1}{2(\gamma-1)} \tag{4-75}$$

式（4-71）也可以写为

$$\frac{1}{\rho_2} = \frac{a - cp_2}{-b + dp_2} \tag{4-76}$$

雨果尼奥曲线的垂直渐近线由

$$\left(\frac{1}{\rho_2}\right)_{\min} = -\frac{c}{d} = \left(\frac{\gamma-1}{\gamma+1}\right)\frac{1}{\rho_1} \tag{4-77}$$

确定，而水平渐近线由

$$(p_2)_{\min} = \frac{b}{d} = \left(\frac{\gamma-1}{\gamma+1}\right)p_1 \tag{4-78}$$

确定。由垂直渐近线，得

$$\frac{1}{\rho_2} > \left(\frac{\gamma-1}{\gamma+1}\right)\frac{1}{\rho_1} \tag{4-79a}$$

或者

$$\frac{\rho_1}{\rho_2} + 1 > \gamma\left(1 - \frac{\rho_1}{\rho_2}\right) \tag{4-79b}$$

在Ⅰ区

$$1 - \frac{\rho_1}{\rho_2} > 0 \tag{4-80}$$

方程（4-79b）的两端都用这个正值除，得

$$\frac{1+(\rho_1/\rho_2)}{1-(\rho_1/\rho_2)} > \gamma \quad （在Ⅰ区） \tag{4-81}$$

这个不等式与方程（4-68）和方程（4-59）一起，证明了在Ⅰ区满足条件

$$c_2 > u_2 \tag{4-82}$$

这个结果意味着，在 C－J 点，已燃气的速度都是亚声速的。若坐标系固定在实验装置上，v_w为爆轰波相对于管道的速度，则 $v_w = v_2 + u_2$［见方程（4－36）］。利用此关系式，方程（4－82）变为

$$c_2 + v_2 > v_w \quad （在 Ⅰ 区） \tag{4-83}$$

这个不等式中，v_2为气体颗粒跟随爆轰波运动的速度，c_2为扰动传播的速度，$c_2 + v_2$为扰动在爆轰波运动方向上传播的合速度。方程（4－83）表明，膨胀扰动的传播速度比爆轰波的速度大，它们将赶上爆轰波，并使爆轰波减弱，因此，在Ⅰ区任意的一个解都将退回到 U 点。

前面曾根据雨果尼奥曲线的形状，假定

$$\frac{dp_2}{d(1/\rho_2)^2} > 0$$

现在利用渐近线公式来证明这个不等式。方程（4－71）对 $1/\rho_2$求导数，得

$$\frac{dp_2}{d(1/\rho_2)} = \frac{bc - ad}{(c + d/\rho_2)^2} \tag{4-84}$$

和

$$\frac{d^2 p_2}{d(1/\rho_2)^2} = \frac{-2d(bc - ad)}{(c + d/\rho_2)^3} \tag{4-85}$$

根据垂直渐近线（4－77），可以证明

$$\left(c + \frac{d}{\rho_2}\right)^3 > 0 \tag{4-86}$$

另外

$$\begin{aligned} bc - ad &= \frac{p_1}{4\rho_1} - \frac{\gamma+1}{2(\gamma-1)}q - \frac{(\gamma+1)^2}{4(\gamma-1)^2}\frac{p_1}{\rho_1} \\ &= \frac{-\gamma}{(\gamma-1)^2\rho_1}\frac{p_1}{\rho_1} - \frac{\gamma+1}{2(\gamma-1)}q \\ &= -\left[\frac{\gamma}{(\gamma-1)^2}\frac{p_1}{\rho_1} + \frac{\gamma+1}{2(\gamma-1)}q\right] \end{aligned} \tag{4-87}$$

对于释热化学反应，方括号内的值总是正的，所以 $bc - ad$ 小于零。根据方程（4－86）、方程（4－87）和方程（4－75），得

$$\frac{d^2 p_2}{d(1/\rho_2)^2} > 0 \tag{4-88}$$

考虑到 ZND 爆轰波的结构，Ⅱ区的解也应排除。总之，一般看到的爆轰波通常都对应于上 C－J 点，而观察到的缓燃波处于雨果尼奥曲线的第Ⅲ区（如图 4－2 所示）。

第四节　查普曼－焦格特爆轰波速度的确定

很显然，我们对爆轰波的速度 u_1 很感兴趣。有许多文章专门介绍计算 C－J 爆轰波速度的

方法。计算方法可以分为两类：第一类是试凑法，第二类是牛顿－雷夫森迭代法。由于以下两个方面的原因，试凑法一般不如牛顿迭代法好：① 若计算量相同，用试凑法得到的精度较低；② 在用试凑法计算时，每次都需要假定一个解的近似值，因此获得的精度与计算人员的经验有关。为了做详细的比较，下面分别进行讨论。

一、试凑法

爆轰波后的声速为

$$c_2=\sqrt{\left[\frac{\partial p_2}{\partial \rho_2}\right]_s} \tag{4-89}$$

在C－J点上，$u_2=c_2$，根据方程（4－11）和方程（4－89），可得

$$u_1=\frac{1}{\rho_1}c_2\rho_2=\frac{1}{\rho_1}\sqrt{\rho_2{}^2\left[\frac{\partial p_2}{\partial \rho_2}\right]_s}=\frac{1}{\rho_1}\sqrt{-\left[\frac{\partial p_2}{\partial(1/\rho_2)}\right]_s} \tag{4-90}$$

已燃气的等熵关系可以写为

$$p_2\left(\frac{1}{\rho_2}\right)^{\gamma_2}=常数 \tag{4-91}$$

对这个方程进行微分并整理，可得

$$-\left[\frac{\partial p_2}{\partial(1/\rho_2)}\right]_s=\frac{\gamma_2 p_2}{1/\rho_2} \tag{4-92}$$

将这个式子代入方程（4－90），得

$$u_1=\frac{1/\rho_1}{1/\rho_2}\sqrt{\gamma_2 p_2\frac{1}{\rho_2}}=\frac{\rho_2}{\rho_1}\sqrt{\gamma_2 R_2 T_2} \tag{4-93}$$

这个式子很有用，但因为已燃气的参数未知，单用这个方程还不能确定出u_1值。方程（4－93）还可以写为

$$\rho_1^2 u_1^2=\gamma_2 p_2\rho_2 \tag{4-94}$$

将这个式子代入瑞利关系式（4－18），得

$$\frac{1}{\rho_1}-\frac{1}{\rho_2}=\frac{p_2-p_1}{\gamma_2 p_2\rho_2} \tag{4-95}$$

将式（4－95）代入式（4－41）得

$$e_2-e_1=\frac{1}{2}(p_2^2-p_1^2)\frac{1}{\gamma_2 p_2\rho_2} \tag{4-96}$$

对于爆轰波，可以假定

$$p_2^2\gg p_1^2$$

则方程（4－96）可以简化为

$$e_2 - e_1 \approx \frac{1}{2} p_2 \frac{1}{\gamma_2 \rho_2} = \frac{R_2 T_2}{2\gamma_2} \tag{4-97}$$

将此式乘以相对分子质量W_2，得摩尔形式的公式：

$$e_2 W_2 - \frac{W_2}{W_1} e_1 W_1 = \frac{1}{2} \frac{R_u T_2}{\gamma_2} \tag{4-98}$$

其中，e_2W_2和e_1W_1分别为产物和反应物的摩尔内能。

方程（4−95）乘以因子$(p_1 + p_2)$得

$$(p_1 + p_2)\left(\frac{1}{\rho_1} - \frac{1}{\rho_2}\right) = ({p_2}^2 - {p_1}^2)\frac{1}{\gamma_2 p_2 \rho_2} \tag{4-99}$$

仍然假定$p_2^2 \gg p_1^2$，且用状态方程消去式中的p_1和p_2，则得

$$R_1 T_1 - \frac{\rho_1}{\rho_2} R_1 T_1 + \frac{\rho_2}{\rho_1} R_2 T_2 - R_2 T_2 = \frac{R_2 T_2}{\gamma_2} \tag{4-100}$$

这个方程乘以$\rho_2 / (\rho_1 R_2 T_2)$，并重新整理，可得近似的瑞利关系

$$\left(\frac{\rho_2}{\rho_1}\right)^2 - \left(\frac{1}{\gamma_2} + 1 - \frac{R_1 T_1}{R_2 T_2}\right)\left(\frac{\rho_2}{\rho_1}\right) - \frac{R_1 T_1}{R_2 T_2} = 0 \tag{4-101}$$

给定T_2时，求解这个方程可得ρ_2 / ρ_1的值。利用状态方程进而可以求出p_2值

$$p_2 = \left(\frac{\rho_2}{\rho_1}\right)\left(\frac{R_2 T_2}{R_1 T_1}\right) p_1 \tag{4-102}$$

根据方程（4−97）、方程（4−101）、方程（4−102）和方程（4−93），采用下列迭代过程可以确定C−J爆轰波的速度u_1：

① 假定p_2。

② 假定T_2。

③ 计算给定p_2和T_2条件下的平衡成分。

④ 从平衡成分求出γ_2、R_2和e_2。

⑤ 利用计算出的γ_2、R_2和e_2，以及假定的T_2值，检查方程（4−97）是否满足。如果不满足，回到第②步，假定一个新的T_2值，重新计算；如果方程满足，进行第⑥步。

⑥ 从方程（4−101）求出ρ_2 / ρ_1值。

⑦ 用方程（4−102）计算p_2值。如果计算的p_2值等于假定的p_2，则迭代收敛。否则，回到第①步假定一个新的p_2值。

⑧ 用方程（4−93）计算爆轰波速度u_1。

在方程（4−95）中，若假定$p_2 \gg p_1$，则可得

$$\frac{\rho_2}{\rho_1} \approx \frac{\gamma_2 + 1}{\gamma_2} \tag{4-103}$$

因为假定合理的γ_2值比较容易，所以若用式（4−103）首先算出ρ_2 / ρ_1值，然后用式（4−101）和式（4−102）可以给出相当精确的T_2和p_2初始假定值。

二、牛顿－雷夫森迭代法

艾森、麦克吉尔、卢克和泽莱士尼克与戈登等分别提出了用牛顿－雷夫森迭代法求解C－J爆轰波速度的方法，但是以泽莱士尼克与戈登发展的方法最合理，收敛最快。戈登和麦克布雷德已把这个方法编成程序。这里只介绍他们提出的计算方法。

戈登－麦克布雷德把整个计算分成三步：① 初步估算爆轰波后的压力和温度；② 利用递归公式对这些参数进行修正；③ 利用牛顿－雷夫森迭代过程求得精确值。这里以不同的形式作扼要的介绍。

由连续方程（4－11）、动量方程（4－12）和能量方程（4－13），以及约束条件$u_2 = c_2$，可以推出如下两个方程：

$$\frac{p_1}{p_2} = 1 - \gamma_{s,2}\left(\frac{\rho_2}{\rho_1} - 1\right) = p'' \tag{4－104}$$

$$h_2 = h_1 + \frac{R_u \gamma_{s,2} T_2}{2W_2}\left[\left(\frac{\rho_2}{\rho_1}\right)^2 - 1\right] = h'' \tag{4－105}$$

式中，γ_s为等熵过程（4－91）中的指数，它可以表示为

$$\gamma_s = \left[\frac{\partial \ln p}{\partial \ln \rho}\right]_s \tag{4－106}$$

应该注意，在一般情况下，γ_s不等于比热比。将方程（4－104）和方程（4－105）重新整理可以得到朗肯－雨果尼奥方程（4－29）。但是为了便于爆轰波速度进行数值计算，泽莱士尼克、戈登和麦克布雷德没有直接采用雨果尼奥方程，而是选用方程（4－104）和方程（4－105）。

为了书写方便，方程（4－104）和方程（4－105）的右端分别用符号p''和h''表示。于是方程可以写为

$$p'' - \frac{p_1}{p_2} = 0 \tag{4－107}$$

$$h'' - h_2 = 0 \tag{4－108}$$

选用爆轰波前后温度比的对数和压力比的对数作为自变量，式（4－107）和式（4－108）除以通用气体常数R_u以后，使用牛顿－雷夫森迭代方法可得

$$\frac{\partial(p'' - p_1/p_2)}{\partial \ln(p_2/p_1)}\Delta \ln\frac{p_2}{p_1} + \frac{\partial(p'' - p_1/p_2)}{\partial \ln(T_2/T_1)}\Delta \ln\frac{T_2}{T_1} = \frac{p_1}{p_2} - p'' \tag{4－109}$$

$$\frac{\partial\left(\dfrac{h'' - h_2}{R_u}\right)}{\partial \ln\left(\dfrac{p_2}{p_1}\right)}\Delta \ln\frac{p_2}{p_1} + \frac{\partial\left(\dfrac{h'' - h_2}{R_u}\right)}{\partial \ln\left(\dfrac{T_2}{T_1}\right)}\Delta \ln\frac{T_2}{T_1} = \frac{h_2 - h''}{R_u} \tag{4－110}$$

式中，$\Delta \ln(p_2/p_1)$表示差值$\ln(p_2/p_1)_{k+1} - \ln(p_2/p_1)_k$，下标$k$表示第$k$次迭代；$\Delta \ln(T_2/T_1)$的意义相同。

如果假定γ_s与温度和压力无关，则方程（4－109）和方程（4－110）中的偏导数可以求

出。在这个假定的精度范围内，这些偏导数为

$$\frac{\partial(p''-p_1/p_2)}{\partial\ln(p_2/p_1)}=\frac{p_1}{p_2}-\gamma_{s,2}\left(\frac{\rho_2}{\rho_1}\right)\left(\frac{\partial\ln\rho}{\partial\ln p}\right)_{T,2} \tag{4-111}$$

$$\frac{\partial(p''-p_1/p_2)}{\partial\ln(T_2/T_1)}=-\gamma_{s,2}\left(\frac{\rho_2}{\rho_1}\right)\left(\frac{\partial\ln\rho}{\partial\ln T}\right)_{p,2} \tag{4-112}$$

$$\frac{\partial\left(\frac{h''-h_2}{R_u}\right)}{\partial\ln\left(\frac{p_2}{p_1}\right)}=\frac{\gamma_{s,2}T_2}{2W_2}\left\{\left(\frac{\rho_2}{\rho_1}\right)^2-1+\left(\frac{\partial\ln\rho}{\partial\ln p}\right)_{T,2}\times\left[1+\left(\frac{\rho_2}{\rho_1}\right)^2\right]\right\}-\frac{T_2}{W_2}\left[\left(\frac{\partial\ln\rho}{\partial\ln p}\right)_{p,2}+1\right] \tag{4-113}$$

$$\frac{\partial\left(\frac{h''-h_2}{R_u}\right)}{\partial\ln\left(\frac{T_2}{T_1}\right)}=\frac{\gamma_{s,2}T_2}{2W_2}\left[\left(\frac{\rho_2}{\rho_1}\right)^2+1\right]\left(\frac{\partial\ln\rho}{\partial\ln T}\right)_{p,2}-\frac{T_2(c_p)_2}{R_u} \tag{4-114}$$

为了计算方程右端的偏导数，还必须知道反应产物的状态方程。根据完全气体的状态方程 $pW=\rho R_uT$ ，可得

$$\left[\frac{\partial\ln\rho}{\partial\ln p}\right]_T=\left[\frac{\partial\ln W}{\partial\ln p}\right]_T+1 \tag{4-115}$$

$$\left[\frac{\partial\ln\rho}{\partial\ln T}\right]_p=\left[\frac{\partial\ln W}{\partial\ln T}\right]_p-1 \tag{4-116}$$

应该注意，相对分子质量的偏导数对收敛性有一定的影响，除非它们比 1 小，一般是不能忽略的。泽莱士尼克和戈登指出，略去这些导数有可能导致迭代振荡。

在许多化学反应系统中发现，令初始压比 $(p_2/p_1)_0=15$，就相当满意。同时发现，初始的温度比可以用对应于焓值为

$$h_2=h_1+\frac{3}{4}\frac{R_uT_1}{W_1}\left(\frac{p_2}{p_1}\right)_0 \tag{4-117}$$

时的火焰温度 T_2 来计算。

可以用下面的递归公式对估算的初值 $(p_2/p_1)_0$ 和 $(T_2/T_1)_0$ 进行修正：

$$\left(\frac{p_2}{p_1}\right)_{k+1}=\frac{1+\gamma_{s,2}}{2\gamma_{s,2}\alpha_k}\left\{1+\left[1-\frac{4\gamma_{s,2}\alpha_k}{(1+\gamma_{s,2})^2}\right]^{1/2}\right\} \tag{4-118}$$

$$\left(\frac{T_2}{T_1}\right)_{k+1}=\left(\frac{T_2}{T_1}\right)_0-\frac{3}{4}\frac{R_u}{W_1(c_p)_2}\left(\frac{p_2}{p_1}\right)_0+\frac{R_u\gamma_{s,2}}{2W_1(c_p)_2}\left(\frac{\gamma_{k+1}{}^2-1}{\gamma_{k+1}}\right)\left(\frac{p_2}{p_1}\right)_{k+1} \tag{4-119}$$

其中

$$\alpha_k\equiv\left(\frac{T_1}{T_2}\right)_k\left(\frac{W_2}{W_1}\right) \tag{4-120}$$

$$\gamma_{k+1}\equiv\alpha_k\left(\frac{p_2}{p_1}\right)_{k+1} \tag{4-121}$$

方程（4－118）～方程（4－120）中W_2、$\gamma_{s,2}$和$(c_p)_2$是在$(p_2/p_1)_0$和$(T_2/T_1)_0$条件下的平衡值。在计算程序中反复应用方程（4－118）～方程（4－120）3 次，一般就可以为牛顿－雷夫森迭代提供相当好的初值。

在为下一次迭代求出$\ln(p_2/p_1)$和$\ln(T_2/T_1)$的改进估算值以前，可以把控制因子f_c用于从求解方程（4－109）和方程（4－110）得出的修正值中。戈登和麦克布雷德采用的f_c值，最大可以对先前得出的p_2/p_1和T_2/T_1值做 1.5 倍的修正，即对$\ln(p_2/p_1)$和$\ln(T_2/T_1)$值最大做 0.405 465 2 的修正。控制因子f_c用公式

$$f_c=\min\left\{\frac{0.405\,465\,2}{\left|\nabla\ln\left(p_2/p_1\right)\right|}\ ,\ \frac{0.405\,465\,2}{\left|\nabla\ln\left(T_2/T_1\right)\right|}\ ,\ 1\right\} \tag{4-122}$$

确定。应用f_c和下述方程可以得到改进的估算值：

$$\ln\left(\frac{p_2}{p_1}\right)_{k+1}=\ln\left(\frac{p_2}{p_1}\right)_k+f_c\left[\nabla\ln\left(\frac{p_2}{p_1}\right)\right]_k$$

$$\ln\left(\frac{T_2}{T_1}\right)_{k+1}=\ln\left(\frac{T_2}{T_1}\right)_k+f_c\left[\nabla\ln\left(\frac{T_2}{T_1}\right)\right]_k \tag{4-123}$$

反复进行迭代，直至从方程（4－109）和方程（4－110）得出的修正值满足下列准则：

$$\left|\Delta\ln\left(\frac{p_2}{p_1}\right)\right|<0.000\,05 \tag{4-124}$$

做 3～5 次迭代，戈登和麦克布雷德的程序一般就可以收敛。

三、爆轰波速度的计算值与实验数据的比较

为了鉴定爆轰波速度的 C－J 理论，刘易斯和弗雷耶夫对氢－氧混合物在用不同气体稀释时的爆轰波速度进行了实验测量。表 4－2 给出了在$p_1=1$个大气压，$T_1=298$ K 条件下的结果。除氢气过量很多时以外，计算得出的爆轰波速度和实验值都非常符合。

表 4-2　刘易斯和弗雷耶夫测出的爆轰波速度和用 C-J 理论计算出的比较

爆轰混合物	p_2/大气压	T_2 / K	u_1 / (m·s^{-1})（计算）	u_1 / (m·s^{-1})（实验）	分解量摩尔比/%
$2H_2+O_2$	18.0	3 583	2 806	2 819	32
$(2H_2+O_2)+O_2$	17.4	3 390	2 302	2 314	30
$(2H_2+O_2)+N_2$	17.4	3 367	2 378	2 407	18
$(2H_2+O_2)+5N_2$	14.4	2 685	1 850	1 822	2
$(2H_2+O_2)+6N_2$	14.2	2 650	3 749	3 532	1

分解对 u_1 的影响不能忽略。假定分解反应的平衡方程为

$$H_2O \rightleftharpoons H_2 + \frac{1}{2}O_2$$

$$H_2O \rightleftharpoons \frac{1}{2}H_2 + OH$$

$$H_2 \rightleftharpoons 2H$$

如果忽略分解（即假定不存在 H 和 OH），计算出的速度比实验值每秒高几百米。表 4-2 最后一栏中给出的分解量表明，在反应区中链载体的浓度是很大的。由于链载体的浓度很大，温度又很高，这导致化学反应速率极快（这是维持超声速燃烧的机理）。

从表 4-2 可以看出，化学恰当混合物在用氢气稀释时，虽然温度降低，但爆轰波速度仍然增加。这反映了混合物密度降低的影响。当用氦气或氩气作稀释剂时，实验结果也证明了这个结论。在化学恰当混合物中加进氦气时，由于密度减小，爆轰波速度增加。但若加进氩气，则速度降低。这两种惰性气体在热方面的影响是相同的，但对爆轰波速度的影响却相反。从表 4-3 可知，由刘易斯和弗雷耶夫给出的这种预测有多种正确。惰性气体氦作稀释时，爆轰波速度增加的实验结果非常清楚地肯定了可以用简单理论来计算爆轰波速度。

表 4-3　稀释剂浓度和初始密度对爆轰波浓度的影响

爆轰的混合物	p_2/大气压	T_2 / K	u_1 / (m·s^{-1})（计算）	u_1 / (m·s^{-1})（实验）
$(2H_2+O_2)+5Ar$	16.3	3 097	1 762	1 700
$(2H_2+O_2)+3Ar$	17.1	3 265	1 907	1 800
$(2H_2+O_2)+1.5Ar$	17.6	3 412	2 117	1 950
$2H_2+O_2$	18.0	3 583	2 806	2 819
$(2H_2+O_2)+1.5He$	17.6	3 412	3 200	3 010
$(2H_2+O_2)+3He$	17.1	3 265	3 432	3 130
$(2H_2+O_2)+5He$	16.3	3 097	3 613	3 160

贝雷兹、格林和基斯太考斯基利用更加精确的光谱数据，重复了刘易斯和弗雷耶夫的计算。他们进一步指出，在正常的情况下，u_1 的测量值和计算值很接近。只有当混合物为接近爆轰边界的贫燃料时，测量值才比理论计算值低得多。早期认为，这个差别是由于在一维理论中没有考虑横向的热损失造成的。刘易斯和冯・埃尔伯，以及斯特雷罗对爆轰波速度的实验值和根据 C－J 理论得出的计算值进行了广泛的比较。结论是，用经典 C－J 理论给出爆轰波的总体性质与实验结果很符合。但是，当初始压力、混合物成分和管子尺寸接近产生等速传播爆轰波的极限时，两者有些差别。通常认为这个差别是由爆轰波的多维横向结构引起的，当接近极限条件时，多维的横向结构的影响更为明显。这类爆轰波称为极限波，极限爆轰波的平均速度只有 C－J 爆轰的 85%～90%。

第五节　爆轰波的结构

在经典的 C－J 理论中，假定流动是严格一维的，并相对于爆轰波是定常运动，假定爆轰波由一个以爆轰波速度运动的激波和跟在激波后面的厚度比激波厚得多的化学反应区组成。激波把反应物预热到很高的温度，因而反应区中的化学反应速率很高，反应区可以与激波有相同的传播速度。由于激波很薄，一般只有几个气体分子自由程的量级，因此可以假定激波内化学反应的进度很慢，爆轰波内绝大部分的释热都是在激波后反应区内放出的。

先考察一维 ZND 爆轰波内的变化情况。紧靠激波的后缘，压力、温度和密度的值与气体混合物中已经发生的化学反应百分数有关。如果反应速率满足阿累尼乌斯定律，则在紧靠激波后缘的一个区域内，由于温度不是很高，反应速率仅缓慢地增加，因此压力、温度和密度变化相对比较平坦。这个区域称为感应区。经过一段时间以后，反应速率变为很大，气体参数也发生急剧的变化。当化学反应接近完成时，热力学参数趋于它们的平衡值。从激波到化学反应结束大约有 1 cm 的距离。

根据 ZND 模型，在爆轰波的开始部分，压力和密度的梯度很陡。不少人已经用实验方法证实，当爆轰波在低于大气压的混合气中传播时，压力和密度有急剧的升高。但是由于实验的有效空间分辨率不高，无法回答是否已经达到所谓冯・纽曼峰值的问题。基斯太考斯基将用 X 射线吸收技术测出的密度分布曲线外推到反应区的前面，证明密度的峰值大约等于冯・纽曼峰值的 70%。贾斯特和瓦格纳用纹影技术测得的最高密度为冯・纽曼峰值的 70%～90%。将爱德华兹等人得到的压力分布外推，所得到的压力峰值似乎与冯・纽曼峰值一致。

值得指出的是，冯・纽曼峰值状态通常是在假定所有自由度都处于完全平衡时计算得出的。但我们知道，在冯・纽曼峰值附近，有些成分的振动弛豫时间为微秒数量级，因此与平衡的冯・纽曼状态相比，预计实际的密度峰值较低，而压力峰值较高。

第六节　可燃气中缓燃波转变为爆轰波的机理

在激光纹影照相技术中，目前可以在极高的速率（每秒达 10^6 次）下，获得极短（小于 0.01μs）的光脉冲，利用这种高速激光纹影照相技术，发现了在缓燃波向爆轰波转变（DDT）过程中的许多细节，大大加深了对 DDT 机理的认识。厄悌尔和奥本海姆对 DDT 过程做了很仔细的观察。

在充满可燃气的管子中，爆轰波的形成过程可以归纳为：

① 在做加速运动的层流火焰前产生压缩波，这个阶段的层流火焰前沿是皱褶的。

② 压缩波合并，形成激波。

③ 激波诱导出气体的二次运动；层流火焰转变成湍流火焰。

④ 在湍流反应区中某一点处产生爆轰，形成两个在相反方向传播的强激波，以及在此两波间横向振荡的一个横向波。向前运动进入未燃气的激波称作增强激波，在相反方向进入已燃气的称为减弱激波。

⑤ 湍流反应区中的爆轰发展成球面激波，球面波的中心位于边界层附近。

⑥ 横向波与激波前沿、减弱激波及反应区之间发生相互作用。

⑦ 在波之间发生了一系列的相互作用后，最后形成了稳定的自维持 C－J 爆轰波。这种波由激波和缓燃波组合而成。

厄悌尔和奥本海姆在 1 m 长的管子中，用炽热线圈将 $2H_2+O_2$ 混合气点燃，得到了一个典型的 DDT 过程图案。鱼鳞状的图案反映了向前运动激波的形成，这就是自维持爆轰波前沿的标志。

在对爆轰波的形成过程进行了一般性的描述以后，需要指出，DDT 过程有各种不同的模式。每种模式的详细机理都与转变过程中产生的压力波之间的相互作用有很大的关系。根据湍流反应区中爆轰中心位置的不同（在火焰和激波之间、在火焰前沿上、在激波上、在不连续的界面上），可以分成四种模式。在实验中也观察到了这四种模式。由加速运动火焰产生的激波前沿的特定类型直接决定了爆轰波的形成。而每一种特定激波系的产生又与它在发展过程中某个时刻出现的不均匀性有关。因此，DDT 过程的模式各种各样，无法重复。

参考文献

［1］陈义良，张孝春，孙慈，等. 燃烧原理［M］. 北京：航空工业出版社，1992.
［2］赵衡阳.气体和粉尘的爆炸原理［M］. 北京：北京理工大学出版社，1996.

思考题

1. 简述爆轰与爆燃的区别。
2. 瑞利直线与雨果尼奥曲线相切时，有两个切点，阐述其对应的物理含义。

第五章
层流预混火焰

从雨果尼奥曲线已经看到，燃烧波有爆震波和缓燃波两种。爆震波是依靠燃烧维持的超声速波，而缓燃波是由化学反应的放热所传播的亚声速波。在雨果尼奥曲线上，Ⅲ区和Ⅳ区都是缓燃波，但由于燃烧产物不可能以超声的速度离开火焰面，所以Ⅳ区的解实际上不存在。Ⅲ区是唯一有效的缓燃波解。层流火焰理论就是要在一组给定的条件下求得缓燃波的这个唯一解。图 5－1 示出了由本生在 1855 年左右发明的第一个在实验室内产生预混火焰的燃烧器，通常称为本生灯。气体燃料通过底部的输送管进入燃烧器。气体燃烧射流通过卷吸作用从控制环上的一些孔吸入主燃空气。燃料和空气沿管体向上运动时，不断进行混合。可以认为到达燃烧器的顶端时，两者已经完全混合。点燃后，预混火焰驻定在靠近燃烧器的顶端处。在静止的大气中，若燃料的供给速度保持不变，预混火焰将保持静止和稳定。

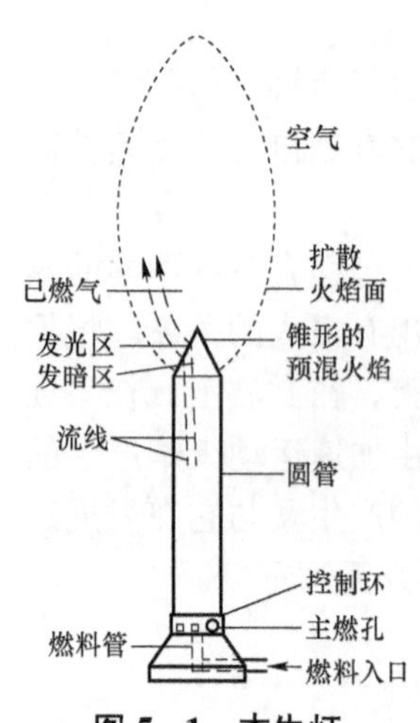

图 5－1　本生灯

图 5－1 示出了本生灯上产生的层流预混火焰的示意图。点燃后，在本生灯形成一个锥形的发光区，在这个区域内进行化学反应和释热的过程。在发光锥的下面是一个暗区（如图 5－1 中所示的位置），在这个区域内，未燃气的流动方向从垂直向上逐渐改变为向外。在紧靠发光锥的下面，未燃气被加热到产生快速化学反应的临界温度。已燃气离开火焰面时，不断膨胀，并被周围空气稀释和冷却。

发光区的厚度通常不超过 1 mm，其颜色随燃料－空气比的变化而改变。当预混合气中的燃料较贫时，火焰呈深紫色；当燃料比较富时，火焰锥呈绿色。由于 CO_2 和水蒸气的热辐射，高温的已燃气通常呈红白色。当混合物的燃料很富时，将会生成碳粒子，因而火焰中出现了很强的黄色光。因为在预混火焰通常的温度范围内，黑体辐射曲线的峰值在黄线区，所以火焰呈黄色。

本生灯的层流火焰是静止的，但一般层流火焰不一定是静止的，也可以在管子或其他装置中运动。同时，缓燃波也不一定都是平面火焰，实际上，绝大多数的层流火焰都是非平面的。在水平管子中传播的层流火焰呈抛物线形。

在层流火焰理论中，我们最感兴趣的是确定火焰传播的速度。层流火焰传播速度定义为未燃气进入火焰前沿时，气流在垂直于燃烧波表面的法向方向上的分速。

近年来，对定常火焰传播中的物理和化学过程进行了大量的研究，发展了各种不同的分析方法。埃文斯全面综述了层流火焰的各种经典理论，根据这些早期理论的基本假设，将其分为热理论、综合性理论和扩散理论三类。为了对每种理论的基本思路有所了解，下面分别进行讨论。

第一节　层流火焰速度的简化分析[1, 2]

对于稳态一维燃烧波，质量守恒方程为

$$\frac{\mathrm{d}(\rho u)}{\mathrm{d}x}=0$$

式中，ρ 是密度；u 是速度；x 是一维坐标。由上式得

$$\rho u=\text{常数}$$

动量方程可写为

$$\frac{\mathrm{d}p}{\mathrm{d}x}+\rho u\left(\frac{\mathrm{d}u}{\mathrm{d}x}\right)=0$$

式中，p 为压力。

由以上两式，得到

$$\Delta p\approx-\rho u\left(\frac{\Delta u}{\Delta x}\right)\Delta x=\rho_1u_1\Delta u=\rho_1u_1(u_2-u_1)$$

式中，下标“1”和“2”分别表示未燃和已燃状态。上式还可写为

$$\Delta p=-\rho_1u_1^2\left(\frac{u_2}{u_1}-1\right)=\rho_1u_1^2\left(\frac{\rho_1}{\rho_2}-1\right)$$

理想气体状态方程

$$\frac{\rho_1}{\rho_2}=\frac{p_1}{p_2}\frac{R_2}{R_1}\frac{T_2}{T_1}$$

式中，R_2 和 R_1 是已燃和未燃两种状态下的气体通用常数。

因为

$$p_1\approx p_2,\quad R_2\approx R_1$$

所以

$$\Delta p=-\rho_1u_1^2\left(\frac{T_2}{T_1}-1\right)$$

碳氢燃料与空气混合物在大气条件下的层流火焰速度一般为15～40 cm/s，$T_2/T_1\approx5\sim7$，其中 ρ_1 约为 1×10^{-3} g/cm³，由此可得

$$-\Delta p=0.1\sim1\ \mathrm{Pa}$$

即穿过火焰的压力降为0.1～1 Pa。

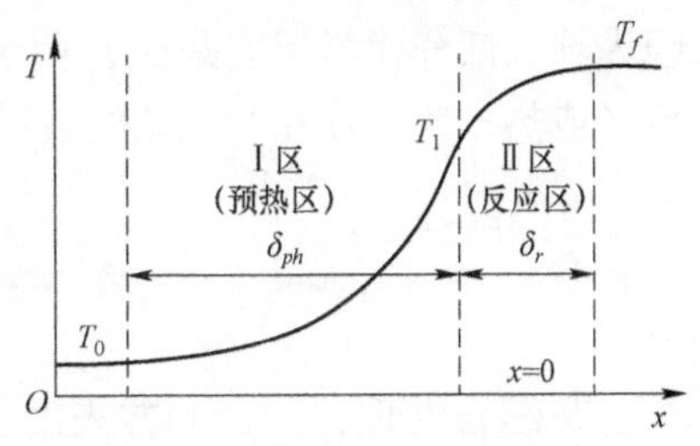

图5－2　层流火焰内的温度变化

层流火焰理论的目的是计算出层流火焰的传播速度 S_L。火焰内温度的变化如图5－2所示。梅拉德和莱查特列把火焰分成Ⅰ、Ⅱ两区，Ⅰ区是预热区，气体通过热传导被预热，并在点火边界上被点燃。Ⅱ区是化学反应区，在该区域内，化学能转变成焓。

从Ⅰ区的能量方程可得

$$\frac{\mathrm{d}m}{\mathrm{d}t}c_p(T_i-T_0)=\lambda\frac{T_f-T_i}{\delta_r} \tag{5-1}$$

方程的左端表示未燃气穿过预热区时，温度从初始温度T_0升高到点火温度T_i所吸收的能量；方程的右端是交界面上的热通量，T_f为火焰温度。单位面积上的质量流量$\dot{m}$定义为

$$\frac{\mathrm{d}m}{\mathrm{d}t}=\rho S_L \tag{5-2}$$

式中，ρ为未燃气的密度；S_L为层流火焰传播速度。由方程（5-1）和方程（5-2）可得

$$S_L=\frac{\lambda}{\rho c_p}\frac{T_f-T_i}{T_i-T_0}\frac{1}{\delta_r} \tag{5-3}$$

设化学反应时间为τ_r，则

$$\delta_r=S_L\tau_r=S_L\frac{1}{\mathrm{d}\varepsilon/\mathrm{d}t}\propto S_L\frac{1}{RR} \tag{5-4}$$

式中，RR是化学反应速率$\mathrm{d}\varepsilon/\mathrm{d}t$。将方程（5-4）代入方程（5-3），得

$$S_L=\sqrt{\left(\frac{\lambda}{\rho c_p}\right)\frac{T_f-T_i}{T_i-T_0}\left(\frac{\mathrm{d}\varepsilon}{\mathrm{d}t}\right)}\propto\sqrt{\alpha RR} \tag{5-5}$$

式中，T_i代表点火温度；RR并未指定为某一特定温度下的反应速率。然而，上述分析表明，火焰传播速度与热扩散系数和反应速率乘积的平方根成正比。这个关系是层流火焰理论中最重要的结果之一。

对于n级化学反应，其反应速率可以写为

$$\frac{\mathrm{d}\varepsilon}{\mathrm{d}t}=k\varepsilon^n p^{n-1}=A\mathrm{e}^{-E_a/R_nT}\varepsilon^n p^{n-1} \tag{5-6}$$

式中，ε是反应物的浓度。于是火焰速度与压力之间关系为

$$S_L\propto\sqrt{\frac{1}{\rho}p^{n-1}}\propto\sqrt{p^{n-2}} \tag{5-7}$$

这个方程表明，二级化学反应的层流火焰传播速度与压力无关。根据方程（5-5）和化学反应速率的阿累尼乌斯定律，火焰速度与温度之间的关系为

$$S_L\propto\sqrt{\mathrm{e}^{-E_a/(R_nT)}}=\mathrm{e}^{-E_a/(2R_nT)} \tag{5-8}$$

以后将看到，为了计算出S_L的实际数值，方程（5-8）中的温度T要用火焰温度T_f代入，因为绝大部分化学反应是在T_f附近进行的。在这里有必要指出，在方程（5-1）中，假定了导热（或热扩散）项和对流项的数量级相同。但是对于实际的燃烧问题，这个假定是不正确的。

第二节　火焰速度综合分析[1]

在综合性理论中，同样采用了梅拉德和莱查特列将火焰分成预热区和反应区的思想。但是综合性理论除了讨论能量方程以外，还同时考虑化学组分守恒方程。假定点火温度很接近

绝热火焰温度，那么，在估算化学反应速率时，可以用T_f代替T_i。除此以外，还假定：

① 压力为常数；

② 反应过程中摩尔数不变，或摩尔数按照固定的比例变化：

$$\frac{n_r}{n_p}=\frac{\text{反应物的摩尔数}}{\text{产物的摩尔数}}$$

其值由当量化学反应确定；

③ 定压比热c_p和热传导系数λ为常数；

④ $L_e=1$或常数，所以只需求解其中的一个微分方程，另一个可以用代数方程代替；

⑤ 火焰是一维定常的。

首先写出通用形式的组分连续和能量守恒方程，然后根据上述假定进行简化。

第三章给出的通用组分守恒方程为

$$\frac{\partial \rho_r}{\partial t}+\nabla \rho_r v=\nabla(\rho D \nabla Y_r)-\omega_r \tag{5-9}$$

式中，v是流动速度；D为扩散系数；ρ为混合物密度；ρ_r为反应物密度；Y_r为反应物质量分数；ω_r是反应物的消耗速率，为正值；ω_r的量纲为$\mathrm{mt^{-1}L^{-3}}$。根据假定⑤，方程（5-9）简化为

$$\frac{\mathrm{d}}{\mathrm{d}x}\left(\frac{\rho_r}{\rho}\rho u\right)=\frac{\mathrm{d}}{\mathrm{d}x}\left[\rho D\frac{\mathrm{d}}{\mathrm{d}x}\left(\frac{\rho_r}{\rho}\right)\right]-\omega_r \tag{5-10}$$

利用连续方程$\mathrm{d}(\rho u)/\mathrm{d}x=0$，方程（5-10）变为

$$\rho u\frac{\mathrm{d}(\rho_r/\rho)}{\mathrm{d}x}=\rho D\frac{\mathrm{d}^2}{\mathrm{d}x^2}\left(\frac{\rho_r}{\rho}\right)-\omega_r \tag{5-11}$$

ρ_r可以用反应物的分子数密度a（单位为$\mathrm{cm^{-3}}$）表示：

$$\rho_r=\frac{a}{A_v}W_r \tag{5-12}$$

其中，A_v为阿伏伽德罗常数；W_r为反应物的相对分子质量（g/mol）。则方程（5-11）变成

$$\rho u\frac{\mathrm{d}\left(aW_r/(\rho A_v)\right)}{\mathrm{d}x}=\rho D\frac{\mathrm{d}^2}{\mathrm{d}x^2}\left(\frac{aW_r/A_v}{\rho}\right)-\omega_r \tag{5-13}$$

每项都乘以A_v/W_r，得

$$\rho u\frac{\mathrm{d}(a/\rho)}{\mathrm{d}x}=\rho D\frac{\mathrm{d}^2}{\mathrm{d}x^2}\left(\frac{a}{\rho}\right)-\frac{A_v}{W_r}\omega_r \tag{5-14}$$

方程（5-14）中的非均匀项

$$\frac{A_v}{W_r}\omega_r\equiv\omega \tag{5-15}$$

为每立方厘米每秒起反应的反应物的分子数。即

$$\rho D\frac{\mathrm{d}^2(a/\rho)}{\mathrm{d}x^2}-\rho u\frac{\mathrm{d}(a/\rho)}{\mathrm{d}x}-\omega=0 \tag{5-16}$$

第一项是反应物的质量扩散速率，第二项是质量对流速率，第三项是反应组分的消耗速率。

第三章给出的用焓表示的通用能量方程为

$$\rho\frac{\mathrm{D}h}{\mathrm{D}t}-\frac{\mathrm{D}p}{\mathrm{D}t}=-\nabla q+\Phi+\frac{\mathrm{d}Q}{\mathrm{d}t}+\rho\sum_{K=1}^{N}Y_K f_K v_K$$

略去耗散功、体积力做功和非定常项，并采用公式

$$q=-\lambda\frac{\mathrm{d}T}{\mathrm{d}x}，\quad h=c_pT$$

可得如下一维形式的能量方程

$$\rho c_p u\frac{\mathrm{d}T}{\mathrm{d}x}=\lambda\frac{\mathrm{d}^2T}{\mathrm{d}x^2}+\frac{\mathrm{d}Q}{\mathrm{d}t} \tag{5-17}$$

式中，$\frac{\mathrm{d}Q}{\mathrm{d}t}=-\sum_{i=1}^{N}\omega_i\Delta h_{f,i}^0=\omega Q$（$Q$表示每摩尔反应物的反应热）。代入方程（5－17）得

$$\frac{\lambda}{c_p}\frac{\mathrm{d}^2T}{\mathrm{d}x^2}-\rho u\frac{\mathrm{d}T}{\mathrm{d}x}+\frac{\omega Q}{c_p}=0 \tag{5-18}$$

式中，ρu是问题的特征值。

定义两个新的变量θ和α：

$$\theta\equiv c_p\frac{T-T_0}{Q} \tag{5-19}$$

$$\alpha\equiv\frac{a_0}{\rho_0}-\frac{a}{\rho} \tag{5-20}$$

式中，下标0表示未经扰动处的初值。将式（5－19）和式（5－20）分别代入式（5－18）和式（5－16），得

$$\frac{\lambda}{c_p}-\frac{\mathrm{d}^2\theta}{\mathrm{d}x^2}-\rho u\frac{\mathrm{d}\theta}{\mathrm{d}x}+\omega=0 \tag{5-21}$$

$$\rho D\frac{\mathrm{d}^2\alpha}{\mathrm{d}x^2}-\rho u\frac{\mathrm{d}\alpha}{\mathrm{d}x}+\omega=0 \tag{5-22}$$

方程（5－21）和方程（5－22）的边界条件为

当$x=-\infty$（冷边界）时

$$\alpha=0，\quad \theta=0$$

当$x=+\infty$（热边界）时

$$\alpha=\frac{a_0}{\rho_0}，\quad \theta=c_p\frac{T_f-T_0}{Q}$$

如果

$$\frac{a_0}{\rho_0}=c_p\frac{T_f-T_0}{Q}$$

则方程（5－21）和方程（5－22）的解在整个燃烧区域内完全相同（即$\alpha=0$）。假定火焰绝热，可以引入代数方程

$$c_pT+\frac{aQ}{\rho}=c_pT_0+\frac{a_0Q}{\rho_0}=c_pT_f \tag{5-23}$$

并用它代替其中的一个微分方程［比如方程（5-22）］。这个代数方程的物理意义是，在整个燃烧区内，混合物单位质量的热能和化学能之和为常数。于是，只需求解一个常微分方程（5-21）或方程（5-17）。在Ⅰ区（$\omega=0$），能量方程可以写为

$$\frac{d^2T}{dx^2}-\frac{(\rho u)c_p}{\lambda}\frac{dT}{dx}=0 \tag{5-24}$$

其边界条件是

$$x=\begin{cases}-\infty, & T=T_0\\ 0^-, & T=T_i\end{cases}$$

在Ⅱ区，T_i通常接近于T_f，于是对流项可以忽略，能量方程简化为

$$\frac{d^2T}{dx^2}-\frac{\omega Q}{\lambda}=0 \tag{5-25}$$

其边界条件为

$$x=\infty,\ T=T_f,\ \frac{dT}{dx}=0$$

$$x=0^+,\ T=T_i$$

为了使两区交界面上的热通量保持平衡，要求

$$\left(\frac{dT}{dx}\right)_{x=0^-}=\left(\frac{dT}{dx}\right)_{x=0^+} \tag{5-26}$$

方程（5-24）对x积分，得

$$\frac{dT}{dx}=\frac{(\rho u)c_p}{\lambda}T+常数$$

因为在$x=-\infty$处，$T=T_0$，$dT/dx=0$，所以有

$$\frac{dT}{dx}=\frac{(\rho u)c_p}{\lambda}(T-T_0)$$

如果T_i很接近于T_f，由这个式子可得

$$\left(\frac{dT}{dx}\right)_{x=0^-}=\frac{(\rho u)c_p(T_i-T_0)}{\lambda}\approx\frac{(\rho u)c_p(T_f-T_0)}{\lambda} \tag{5-27}$$

方程（5-25）两边同乘以$2dT/dx$，且重新整理得

$$\frac{d}{dx}\left(\frac{dT}{dx}\right)^2=-2\left(\frac{dT}{dx}\right)\frac{\omega Q}{\lambda}$$

对上式从$x=0^+$积分到$x=\infty$，并应用边界条件，得

$$0-\left(\frac{dT}{dx}\right)^2_{x=0^+}=-\int_{T_i}^{T_f}\frac{2Q\omega}{\lambda}dT$$

或者

$$\left(\frac{dT}{dx}\right)^2_{x=0^+}=\int_{T_i}^{T_f}\frac{2Q\omega}{\lambda}dT \tag{5-28}$$

将方程（5-27）和方程（5-28）代入方程（5-26），可得

$$(\rho u)^2=\frac{2\lambda Q}{c_p^2\left(T_f-T_0\right)^2}\int_{T_i}^{T_f}\omega\mathrm{d}T$$

已经知道，$a_0Q/\rho_0=c_p\left(T_f-T_0\right)$，则

$$(\rho u)^2=\rho_0^2S_L^2=\rho_0^2u_0^2=\frac{2\lambda}{c_p\left(T_f-T_0\right)}\frac{\rho_0}{a_0}\int_{T_i}^{T_f}\omega\mathrm{d}T$$

所以

$$S_L=u_0=\sqrt{\left(\frac{\lambda}{\rho_0c_p}\right)\frac{2}{T_f-T_0}\left(\frac{1}{a_0}\int_{T_i}^{T_f}\omega\mathrm{d}T\right)}=\sqrt{\left(\frac{\lambda}{\rho_0c_p}\right)\frac{2}{T_f-T_0}I} \tag{5-29}$$

其中

$$I=\frac{1}{a_0}\int_{T_i}^{T_f}\omega\mathrm{d}T\approx\frac{1}{a_0}\int_{T_0}^{T_f}\omega\mathrm{d}T \tag{5-30}$$

在T_0和T_i之间几乎没有反应，故上式中后两个量近似相等。

为简单起见，假定化学反应是零级反应，则ω与T之间的函数关系可以用公式

$$\omega=A\mathrm{e}^{-E_a/(R_uT)} \tag{5-31}$$

表示，A是阿累尼乌斯因子，认为是常数，与浓度无关。对绝大多数的碳氢化合物燃料，$E_a\approx 30\,000\sim 40\,000\ \mathrm{cal/mol}$，$T_f\approx 1500\sim 2\,000\ \mathrm{K}$，$R_u=1.987\ \mathrm{cal/(mol\cdot K)}$，所以$E_a/(R_uT)-10\geqslant 1$，令$\sigma\equiv T_f-T$，则

$$T=T_f-\sigma=T_f\left(1-\frac{\sigma}{T_f}\right)$$

在Ⅱ区，σ的值从$\sigma=T_f-T_i$降到0，所以，在一般情况下，σ/T_f值是比较小的。有

$$\begin{aligned}\mathrm{e}^{-E_a/(R_uT)}&=\exp\left[-\frac{E_a}{R_uT_f\left(1-\sigma/T_f\right)}\right]\approx\exp\left[-\frac{E_a}{R_uT_f}\left(1+\frac{\sigma}{T_f}\right)\right]\\&=\mathrm{e}^{-E_a/(R_uT_f)}\mathrm{e}^{-E_a\sigma/(R_uT_f^{\,2})}\end{aligned} \tag{5-32}$$

在方程（5-30）中代入ω的公式，得

$$I=\frac{A\mathrm{e}^{-E_a/(R_uT_f)}}{a_0}\int_{T_i}^{T_f}\mathrm{e}^{-E_a\sigma/(R_uT_f^{\,2})}\mathrm{d}T=-\frac{A\mathrm{e}^{-E_a/(R_uT_f)}}{a_0}\int_{\sigma_1}^{0}\mathrm{e}^{-E_a\sigma/(R_uT_f^{\,2})}\mathrm{d}\sigma \tag{5-33}$$

令

$$\beta\equiv\frac{E_a\sigma}{R_uT_f^{\,2}}，\quad\beta_1\equiv\frac{E_a\sigma_1}{R_uT_f^{\,2}} \tag{5-34}$$

将方程（5-34）代入方程（5-33），得

$$I=\frac{A\mathrm{e}^{-E_a/(R_uT_f)}}{a_0}\frac{R_uT_f^{\,2}}{E_a}\int_0^{\beta_1}\mathrm{e}^{-\beta}\mathrm{d}\beta\approx\frac{A\mathrm{e}^{-E_a/(R_uT_f)}}{a_0}\frac{R_uT_f^{\,2}}{E_a}j \tag{5-35}$$

其中$j=\int_0^{\beta_1}\mathrm{e}^{-\beta}\mathrm{d}\beta=1-\mathrm{e}^{-\beta_1}\approx 1$。

将方程（5-35）代入方程（5-29），可得零级反应的火焰传播速度S_L：

$$S_L=u_0=\sqrt{\frac{2\lambda}{c_p\rho_0}\frac{1}{a_0}\left[\frac{A\mathrm{e}^{-E_a/(R_uT_f)}}{T_f-T_0}\right]\frac{R_uT_f^2}{E_a}} \tag{5-36}$$

因为$a_0\propto p$，$\rho_0\propto p$，所以零级反应的$S_L\propto\sqrt{p^{-2}}$。这和热理论得到的结果$S_L\propto\sqrt{p^{n-2}}$一致。

只有当$E_a/(R_uT_f)\gg 1$，或者说只有对活化能很大的化学反应，这个理论才成立。如果ω不仅是温度的函数，同时也是反应物浓度的函数，同样可以进行分析。一级（单分子）反应的反应速率

$$\omega=cA\mathrm{e}^{-E_a/(R_uT)}\quad（c\text{ 是浓度}） \tag{5-37}$$

二级（双分子）反应的反应速率

$$\omega=c^2A\mathrm{e}^{-E_a/(R_uT)} \tag{5-38}$$

现在把某些限制条件放宽。如果许可摩尔数按照比值n_r/n_p变化，Ⅰ区的λ（热传导系数）和c_p用平均值$\overline{\lambda}$和$\overline{c_p}$代替，Ⅱ区的λ和c_p用已燃气的值λ_f和$c_{p,f}$代入，且令$\lambda/(\rho Dc_p)=Le$，D为扩散系数，则可得一级反应的火焰传播速度为

$$S_L=u_0=\sqrt{\frac{2\lambda_f c_{pf}A}{\rho_0\overline{c}_p^2}\left(\frac{T_0}{T_f}\right)\left(\frac{n_r}{n_p}\right)(Le)\left(\frac{R_uT_f^2}{E_a}\right)^2\frac{\mathrm{e}^{-E_a/(R_uT_f)}}{\left(T_f-T_0\right)^2}} \tag{5-39}$$

二级反应的火焰传播速度为

$$S_L=u_0=\sqrt{\frac{2\lambda_f\left(c_{pf}\right)^2Aa_0}{\rho_0\overline{c}_p^3}\left(\frac{T_0}{T_f}\right)\left(\frac{n_r}{n_p}\right)^2(Le)^2\left(\frac{R_uT_f^2}{E_a}\right)^3\frac{\mathrm{e}^{-E_a/(R_uT_f)}}{\left(T_f-T_0\right)^3}} \tag{5-40}$$

上述理论的结果不是很精确，但它展示了火焰传播速度的变化趋势。其基本关系仍然是

$$S_L\propto\sqrt{\alpha(RR)T_f} \tag{5-41}$$

式中，RR是化学反应速率。在综合性理论中，反应速率用火焰温度计算，这是与梅拉德和莱查特列的热理论不同的地方。

第三节　火焰速度的扩散理论

扩散理论假定层流火焰传播速度取决于反应中某些活性基向未燃气扩散的速率。下面简单介绍坦福德和皮斯的理论分析，以便了解火焰传播扩散理论的思路。坦福德和皮斯首先计算了潮湿的CO与空气火焰中H的平衡浓度，并将各种混合气下的火焰传播速度和对应的氢原子浓度进行比较，发现层流火焰速度S_L和浓度c_H之间的关系可以用一条光滑曲线表示，证明S_L是氢原子浓度的函数。

为了解释在整个火焰区中都出现自由基的原因，提出了两个不同的机理：一个机理认为，因热分解在局部产生，因此活性基的浓度是温度的函数，并与热传导过程有关；另一个机理认为，活性基是从反应已处于化学平衡状态的地方通过扩散传递过来的。

通过建立并求解能量方程，可以得出T与x的函数关系。然后根据第一个机理，利用$T(x)$

曲线可以计算出最大的C_H值与x的函数关系。根据第二个机理，通过求解化学组分的连续方程，并且利用已燃和未燃区处的边界条件，可以估算出C_H在整个燃烧波中的分布。对根据两个不同机理得出的浓度C_H分布进行比较，发现在一氧化碳和氢气的火焰中，离完全反应区很短的一个距离内，用热分解假定得到的氢原子浓度比用质量扩散假定得到的值约低10%。因此，可以假定由反应已达化学平衡的区域向未燃区的活性成分（主要是氢原子）的扩散是决定性因素。由此可以建立火焰传播的扩散理论。

如果：① 自由基的活化能等于零；② 所有活性基的浓度都满足指数分布；③ 整个燃烧区内的平均温度为常数，且等于$0.7T_f$；④ 燃烧区内气体的质量扩散系数为常值；⑤ 化学组分方程中的源项采用一级化学反应公式；⑥ 不存在链分支反应；于是可以推出层流火焰传播速度的计算公式为：

$$S_L = u_0 = \sqrt{\frac{c_r}{X_p}\sum_i \frac{k_i p_i D_{i,0}}{B_i'}} \tag{5-42}$$

其中，p_i是化学平衡时第i种自由基的分压；$D_{i,0}$为第i种自由基在未燃初温时的质量扩散系数；k_i为第i种自由基的消耗率常数；c_r是反应物的浓度；X_p是产物的摩尔分数；B_i'是反应区中气体质量扩散系数、动力学参数和层流火焰速度的函数。方程（5-42）表明，当干燥一氧化碳混合气中的自由基浓度或分压趋于零时，火焰传播速度也趋于零。这显然是不正确的。因此，坦福德和皮斯假定在方程（5-42）中还需加上一个常数（17 cm/s），这部分的速度与自由基的浓度无关。他们在湿的一氧化碳火焰中，仅考虑H和OH自由基，从而推出

$$S_L = 17\ \text{cm/s} + \sqrt{\frac{c_r}{X_p}\left(\frac{k_H p_H D_{H,0}}{B_H'} + \frac{k_{OH} p_{OH} D_{OH,0}}{B_{OH}'}\right)} \tag{5-43}$$

因为B_H'和B_{OH}'都是S_L的函数，所以方程（5-43）是计算S_L的隐式方程。

在湿的$CO-O_2-N_2$混合物中测出的火焰传播速度在25～106 cm/s。用方程（5-43）计算S_L时，误差一般小于 25%。当用方程（5-42）计算氢气的火焰传播速度时，所得结果的精度大致相同。

特格对丙烷-空气和乙烯-空气的火焰传播速度进行了测量，给出火焰速度与初始温度之间的函数关系，并将实验曲线与根据泽尔多维奇和弗兰克-卡曼涅茨基的综合性理论及坦福德和皮斯的扩散理论得出的结果进行了比较。在计算中假定起控制作用的步骤为一个双分子反应。为了得出火焰传播速度与初始温度之间的函数关系，特格将综合性理论给出的二级化学反应的火焰传播速度公式进行了重新整理，方程中各个与温度有关的项都近似用空气中的对应项代入，于是方程（5-40）简化成

$$S_L \propto \sqrt{\frac{T_0^2 T_f^{4.9} e^{-E_a/(R_u T_f)}}{\left(T_f - T_0\right)^3}} \tag{5-44}$$

在应用扩散理论的公式时，特格假定只有p_i、$D_{i,m}$和反应物的分子数密度是温度的函数。给出火焰传播速度与温度之间的函数关系为

$$S_L \propto \sqrt{\left(\sum_i k_i p_i D_{i,m}\right) T_0^2 T^{-1.33}} \tag{5-45}$$

式中，$D_{i,m}$为在$0.7T_f$时的质量扩散系数。图 5-3 给出了扩散理论和综合性理论的结果。这

两个理论在解释初温对火焰速度的影响时，优劣差别不大。

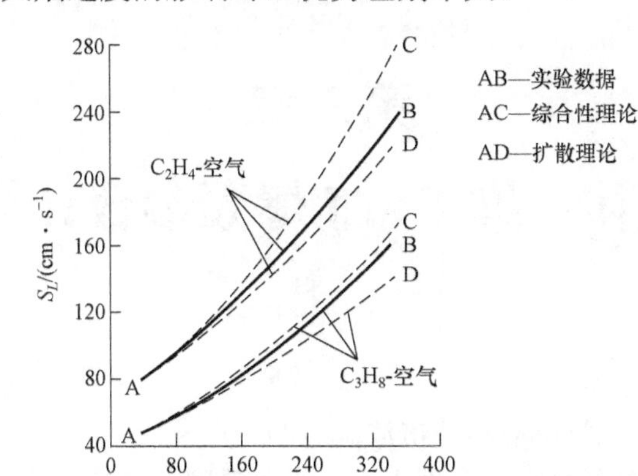

图 5-3　层流火焰速度

在火焰速度最大的化学成分的混合气中，计算了 H、O 和 OH 基的平衡浓度。应该注意，在计算碳氢化合物的混合气时，方程（5-42）做了一些修改，考虑了每摩尔碳氢化合物中生成的水蒸气和二氧化碳总摩尔数的影响。假定 H、O 和 OH 作为链载体的作用是相同的，于是方程（5-42）改为

$$S_L = \sqrt{\frac{rc_r}{X_p} k \left(\frac{D_{\mathrm{H}} p_{\mathrm{H}}}{B'_{\mathrm{H}}} + \frac{D_{\mathrm{OH}} p_{\mathrm{OH}}}{B'_{\mathrm{OH}}} + \frac{D_{\mathrm{O}} p_{\mathrm{O}}}{B'_{\mathrm{O}}} \right)} \tag{5-46}$$

由方程（5-46）可得，除乙烯以外，所有碳氢化合物的 k 值都相等，近似等于 $(1.4 \pm 0.1) \times 10^{11}\ \mathrm{cm}^3/(\mathrm{mol} \cdot \mathrm{s})$。$k$ 值相等说明，碳氢化合物氧化的速率常数或者相同，或者对火焰传播过程的影响不大。

西蒙指出，这些碳氢化合物混合气的火焰传播速度与火焰温度之间存在一个相关式。同时，用与火焰温度有密切关系的火焰传播的热机理又可以同样准确地计算出火焰传播速度与温度之间的函数关系。因此，火焰传播的热机理也不能排除。

在 20 世纪 40 年代，由于没有先进的计算机和完善的数值方法，计算耦合的非线性偏微分方程或常微分方程有困难，研究受到了阻碍。现在解决这类问题的方法与过去不一样，很多粗略的假定可以放弃。

参 考 文 献

［1］陈义良，张孝春，孙慈，等. 燃烧原理［M］. 北京：航空工业出版社，1992.
［2］严传俊，范玮. 燃烧学［M］. 西安：西北工业大学出版社，2005.

思 考 题

比较层流燃烧与爆轰过程中化学反应能量传递的物理机制。

第六章
气体一维 C – J 爆轰参数计算

爆轰波是一种伴随有化学反应的冲击波。

C – J 爆轰参数包括爆轰速度、爆轰压力、爆轰温度、密度（比容）、质点速度，爆轰波的三个基本方程（动量守恒、质量守恒和能量守恒方程）和状态方程无法构成封闭方程组，状态参数与爆轰产物相关，由此加入若干质量守恒方程以实现封闭求解，这是 C – J 参数计算的基本思路。本章介绍 C – J 爆轰参数计算模型、计算方法及软件使用。

第一节　C – J 爆轰参数计算原理

爆轰是爆炸化学反应的极限状态，其化学反应的冲击波在介质中以超声速传播。Chapman 和 Jouguet 分别在 1899 年和 1905 年各自独立地提出了最简单的一维爆轰波经典理论。此理论沿用至今，虽然忽略了燃烧转爆轰、不定常爆轰过程、爆轰波结构、螺旋爆轰过程等重要的现象，但毕竟在许多大尺度的工程估算中给出的许多结果是令人满意的。

爆轰参数是评估过程所需的重要参数，基于传统爆轰理论虽然能给出气相爆轰的简化计算方法，但其计算精度并不高；对爆轰参数精确计算则涉及复杂的迭代计算，计算过程繁杂，但随着计算机技术的发展，计算程序实现后则可快捷方便地给出计算结果。本节旨在通过理论分析及编程，实现爆轰参数的计算的程序化。

一、计算模型

如图 6 – 1 所示，模型为一维无限长管内稳态爆轰波传播的情况。爆轰波以恒定速度 u_1 向左运动，若以运动的波阵面为静止参照物，则静止的未燃气体可看成以速度 u_1 向波阵面运动。研究一个驻定的燃烧波现象，选取这种参照系统是很方便的。

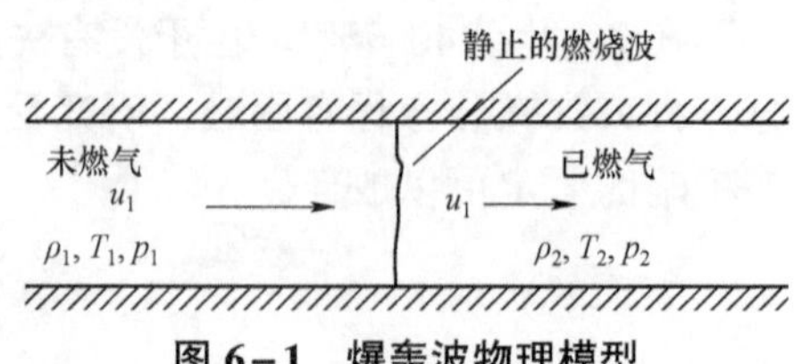

图 6 – 1　爆轰波物理模型

爆轰速度 u_1 和爆轰压力 p_2 都是很重要的物理量，许多文章给出了 C – J 爆轰波速的计算/估算方法，这些方法大致可分为三类：① 经验公式估算；② 逐次逼近法；③ 迭代法。其中，经验公式法较为粗糙；迭代法的效率高，但循环迭代的算法、概念复杂。逐次逼近法在精度、效率上较为折中，其成效通常取决于计算人员的经验。本计算程序中，爆轰参数的计算范围可自设定，选取在 5～40 atm 及 500～4 000 ℃的范围进行收缩逼近，该范围涵盖了绝大部分的气体爆轰参数。

根据上面的假设，爆轰波波阵面后的声速由下式给出

$$c_2 = \sqrt{\left[\frac{\partial p_2}{\partial \rho_2}\right]_s} \tag{6-1}$$

式中，ρ_2 是爆轰波波阵面上的介质密度。

根据质量守恒：

$$u_2\rho_2 = u_1\rho_1$$

其中，ρ_1 是未燃气体的密度；u_2 是爆轰波波阵面上介质的质点速度。考虑在 C－J 点上有 $u_2 = c_2$，从而可导出：

$$u_1 = \frac{\rho_2 c_2}{\rho_1} = \frac{1}{\rho_1}\sqrt{-\left[\frac{\partial p_2}{\partial(1/\rho_2)}\right]_s} \tag{6-2}$$

再根据气体等熵关系式：

$$p_2\left(\frac{1}{\rho_2}\right)^{\gamma_2} = 常数 \tag{6-3}$$

式中，γ_2 是等熵指数。

对上式取微分，并代入式（6－2），得到

$$u_1 = \frac{\rho_2}{\rho_1}\sqrt{\gamma_2 R_2 T_2} \tag{6-4}$$

式中，T_2 是温度。

这是个非常有用的方程式，但是由于已燃区域的参数未知，故仍不能确定 u_1 的值。已燃区的物理态的能量守恒是由雨果尼奥方程来确定的。由上面的质量及动量守恒方程式（6－1）～式（6－2）可以导出：

$$p_2 - p_1 = \left(\frac{1}{\rho_1} - \frac{1}{\rho_2}\right)\dot{m}^2 \tag{6-5}$$

式中，$\dot{m}$ 是质量流速。

$$\dot{m}^2 = \rho_1^2 u_1^2 = \rho_2^2 u_2^2 = \frac{p_2 - p_1}{\dfrac{1}{\rho_1} - \dfrac{1}{\rho_2}} \tag{6-6}$$

该式对应于压力 p 和比容 $1/\rho$ 坐标图中的一条直线，即瑞利直线。上面的能量方程可改写为

$$c_p T_2 - c_p T_1 = \frac{1}{2}\left(u_1^2 - u_2^2\right) + q = H_2 - H_1 \tag{6-7}$$

式中，H_1 和 H_2 是热焓；$\frac{1}{2}\left(u_1^2 - u_2^2\right)$ 根据瑞利直线可改写为

$$\begin{aligned} \frac{1}{2}\left(u_1^2 - u_2^2\right) &= \frac{1}{2}\left(\frac{p_2 - p_1}{\rho_1} + \frac{\rho_2}{\rho_1}u_2^2 + \frac{p_2 - p_1}{\rho_2} - \frac{\rho_1}{\rho_2}u_1^2\right) \\ &= \frac{1}{2}\left(\frac{p_2 - p_1}{\rho_1} + \frac{p_2 - p_1}{\rho_2}\right) = \frac{1}{2}(p_2 - p_1)\left(\frac{1}{\rho_1} + \frac{1}{\rho_2}\right) \end{aligned} \tag{6-8}$$

从而，能量方程写为

$$\frac{1}{2}(p_2-p_1)\left(\frac{1}{\rho_1}+\frac{1}{\rho_2}\right)+q=H_2-H_1 \tag{6-9}$$

式（6-9）将在程序中用来计算能量守恒并确定温度值的收敛。

二、计算方法

逐次逼近法的计算顺序为：

① 假定一个压力 p 及一个温度 T；

② 根据假定的 p 和 T 计算平衡状态下的组分（波阵面后的组分，参考下一节）；

③ 根据能量守恒，计算内能、热及压力的平衡，若不满足，则返回第①步，重新找寻适合的压力 p 及温度 T；若满足平衡条件，则得到计算结果；

④ 通过计算得到的 p、T，采用式（6-4）即可计算爆速，或进而计算其他爆轰参数。

从而，问题归纳为在一个压力、温度的二维平面上寻求一个点解的问题，该点是符合各个守恒条件及上述方程问题的解。所给出的计算方法未详细叙述的问题如下：① 平衡状态下组分如何计算；② 平衡状态如何验证、确定；③ 如何“逼近”。下面将给出笔者对②、③两方面的研究所总结出来的一个小程序的计算方法，该方法依照 $1/2 \gg 1/4 \gg 1/8 \gg \cdots$ 的收敛速度逐次逼近正确的结果，并可确定一个温度及压力的最小误差范围来结束收敛计算。① 问题将于下一部分详述。

（1）逐次逼近法计算的逼近收敛顺序及原理：

在 p 和 T 的二维平面上选取一定的范围及相应的 9 个关键点，由 $T(1)$、$T(2)$、$T(3)$及 $P(1)$、$P(2)$、$P(3)$划分，如图 6-2 所示。

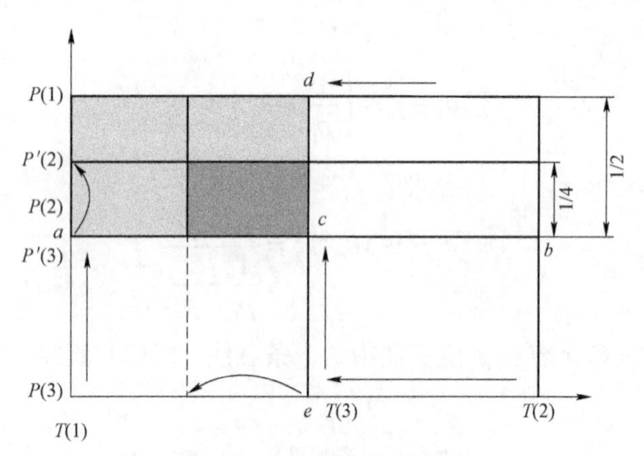

图 6-2　逐次逼近法示意图

$P(2)$为 $P(1)$和 $P(3)$的中值点，$T(2)$依此类推。由 $P(2)$到 $P'(2)$、由 $P(3)$到 $P'(3)$的箭头分别指示了逐次逼近收敛的方向，即每一次迭代保留 1/2 的区域，所求解的点即在该区域内。

（2）采用能量守恒（雨果尼奥方程）计算确定压力下的温度区间收缩逼近：

图 6-2 中，在 $P(2)$的水平等压线上，根据热力学的能量守恒，总能确定一个能平衡的点，使满足所推导出来的能量方程。其中，分别取 a、b、c 三个点，所对应的温度值分别为 $T(1)$、$T(2)$、$T(3)$；并通过拆分能量方程，假定下式的变量：

$$U_1 = H_2 - H_1 = \sum_{1}^{i} n_i \left(H_t - H_0\right) \tag{6-10}$$

$$U_2 = \frac{1}{2}(p_2 - p_1)\left(\frac{1}{\rho_1} + \frac{1}{\rho_2}\right) + q = \frac{1}{2}(p_2 - p_1)\left(\frac{R_2 T_2}{p_2} + \frac{R_1 T_1}{p_1}\right) + q \tag{6-11}$$

式中，q 是反应热，对应着标准状态下某组分物质的热释放量，可按照标准生成热进行计算。式（6－10）及式（6－11）可根据焓的定义或雨果尼奥方程推导得出。

U_1 代表了预混合气体状态变化的焓差，与物质的组分 n_i 及温度 t 相关。此时考察 a、b、c 三个点，设 $T(1) < T(2) < T(3)$，考虑爆轰产物的组分变化处于守恒范围内，由于组分总量变化不大，因此能确定 U_1 将随温度 t 的升高而升高。

U_2 为预混合气体反应放热 q 与外界对气体做功的能量之和，与预混合气体的燃烧热相关，且与冲击波阵面的压力相关；$\frac{1}{2}(p_2 - p_1)\left(\frac{R_2 T_2}{p_2} + \frac{R_1 T_1}{p_1}\right)$ 描述了外界对气体所做的功，在 p_1、p_2、T_1 一定的情况下，T_2 越大，U_2 就应该越大。但考虑化学平衡，T 越低，越倾向于完全的化学反应，生成 H_2O、CO 及 CO_2；T 越高，越倾向于 H_2O 和 CO_2 的分解，逆向反应生成及 H_2、O_2、CO，或产生解离的离子。组分中 H_2O、CO 和 CO_2 的量将严重影响 q 的值。综上，随着温度 t 的升高，由于 q 的降幅更大，U_2 的趋势将是降低。

总结计算过程，可绘出如图 6－3 所示的趋势曲线。当假设的温度比实际温度低时，$U_2 > U_1$；当假设的温度比实际温度高时，$U_1 > U_2$；通过比较 $T(2)$ 处 U_1 及 U_2 的大小，即可确认爆轰解落在哪一区间。如图 6－3 所出现的情况即可确定解处于 $[T(1), T(2)]$ 区间，此时，采用 $T(3) = T(2)$；$T(2) = \frac{T(2) + T(1)}{2}$ 的赋值语句即可实现区域的收缩逼近，最终确定一个 T 值，使得能量守恒。

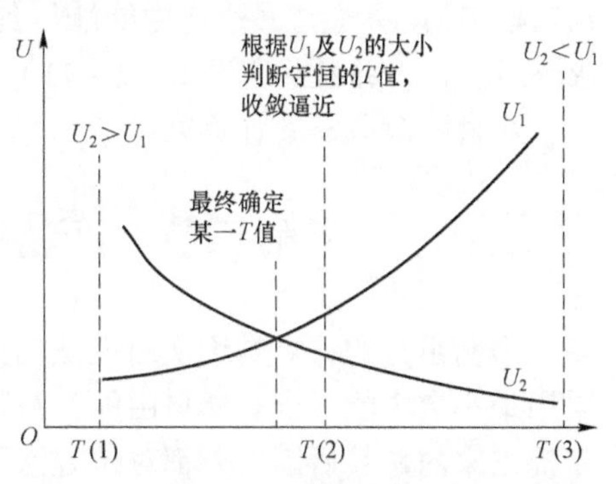

图 6－3　温度 T 与能量守恒关系示意图

（3）压力区间的收缩逼近：

如图 6－3 所示，假定已经将逼近区域收敛至图中的 $[T(1), T(2)]$ 区间中的某一 T 值，假设该 T 值满足能量守恒，则该（P，T）点是否是所求的点呢？这就需要用下面的方程式进行验证：

$$p_2 = \left(\frac{\rho_2 R_2 T_2}{\rho_1 R_1 T_1}\right) p_1 \tag{6-12}$$

初始状态已经确定，通过温度区间收缩确定了某一 T_2 值，相应的 R_2 和 ρ_2/ρ_1 的值可以根据平衡组分和瑞利直线关系给出，从而可以计算出 p_2。

若这个 p_2 与之前计算所假设的 $P(2)$ 极为接近，则认为找到了所需要的解。若 p_2 与假设的 $P(2)$ 的差值在可接受的误差范围之外，则需要对解所在的范围进行判定。

假设 $P(1) < P(2) < P(3)$，根据计算的原理不难发现：

在 $P(1)$ 处，由于假设过小，所计算出来的 p_2 将大于 $P(1)$；

在 $P(3)$ 处，由于假设过大，所计算出来的 p_2 将小于 $P(3)$。

如图 6-4 所示，问题的核心即在于在 $P(1)$和 $P(3)$之间寻找一个点，使得 $p_2=P(2)$。此时根据 $P(2)$处所计算出来的 p_2 进行判定：若 $p_2>P(2)$，解点位于 $P(2)$下方，向下收缩区间进行迭代；反之，若 $p_2<P(2)$，则解点位于 $P(2)$上方，向上收缩区间进行迭代。

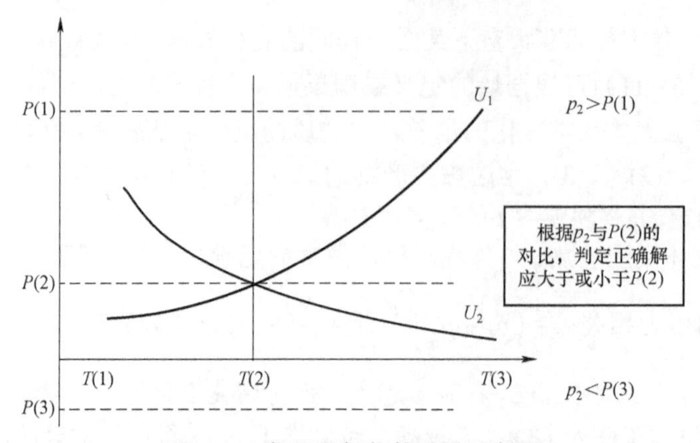

图 6-4 超压区间收敛逼近示意图

从而在压力轴上可实现 1/2→1/4→1/8 的二分法收敛，最终逐次逼近正确解，得到所求的 $P(2)$与 $T(2)$，并通过最小自由能法得到该点处的平衡组分。最终通过上述守恒方程求解出 γ_2、R_2 及 ρ_2/ρ_1，并最终通过式（6-11）计算出 u_1，进而计算出 u_2、ρ_2。

至此，爆轰参数计算完成。

第二节 产物组分计算——最小自由能法

平衡组分的计算是逐次逼近法的第三步，计算结果将影响到能量守恒及温度区间的逼近。采用最小自由能（吉布斯自由能）法计算系统化学平衡，最早是由 W. B. White 等人在 1958 年提出来的，其后国内外都对该方法进行了深入研究，取得了大量的研究成果。

根据热力学原理，仍将爆轰气体视为理想气体，此时总的自由能就等于各组分的自由能之和。当体系达到化学平衡时，则总的自由能达到最小。因此，在一定的温度和压力条件下，可求出一组组分百分比，使得体系的自由能最小，即为该条件下的平衡组分。这就是最小自由能法计算的基本原理。

考虑碳氢化合物与空气的爆轰过程，在给定的温度及压力条件下，系统内可能同时含有气相及凝聚相产物（如未燃烧完全的碳颗粒）。假定一个由 l 种化学元素组成，燃烧后生成 m 种气态产物和 $n-m$ 种凝聚态产物的系统，其自由能函数表示为：

$$G(n)=\sum_{i=1}^{m}\left[x_i^g\left(\frac{G_m^\theta}{RT}\right)_i^g+x_i^g\ln p+x_i^g\ln\frac{x_i^g}{\bar{x}^g}\right]+\sum_{i=m+1}^{n}x_i^{cd}\left(\frac{G_m^\theta}{RT}\right)_i^{cd} \tag{6-13}$$

式中，$G(n)$ 为系统总自由能函数；$G_i^g(x_i^g)$ 为第 i 种气态组分的自由能函数；$G_i^{cd}(x_i^{cd})$ 为第 i 种凝聚态组分的自由能函数；G_m^θ 为物质的标准自由能；x_i^g 为第 i 种气态组分的量；x_i^{cd} 为第 i 种凝聚态组分的量；n 为系统总组分物质的量之和；p 为系统压力；T 为系统温度；R 为摩尔气体常数。

对于复杂体系，守恒方程还包括了原子守恒：

$$n_j = \sum_{i=1}^{m} a_{ij} x_i^g + \sum_{i=m+1}^{n} d_{ij} x_i^{cd} \quad (j=1,\ 2,\ \cdots,\ l) \tag{6-14}$$

式中，n_j 为系统中 j 元素的原子物质的量；a_{ij} 为第 i 种气态产物中 j 元素原子物质的量；d_{ij} 为第 i 种凝聚态产物中 j 元素原子物质的量。

系统的自由能函数（6－13）及原子守恒（6－14）是计算系统平衡组分的最基本方程。在进行最小自由能计算时，先假设某组近似组分 $y_i^g > 0$（y_i^g为y_1^g，y_2^g，y_3^g,…，y_m^g）和 $y_i^{cd} > 0$（y_i^{cd}为y_1^{cd}，y_2^{cd}，y_3^{cd},…，y_m^{cd}）。在这个基础上，将式（4－28）进行泰勒展开，取有限项作为组分 y 附近的自由能近似值。然后用拉格朗日变换式与原子守恒方程（4－29）合并，使系统自由能函数最小，求解极值点，从而得出一组改善的新的近似平衡组成。将该近似平衡组成替代 y，迭代求解下一次的平衡组成，直到精度符合要求为止。迭代公式的推导在很多文献中已有记载，在此不再赘述，仅给出下列迭代方程组。

$$a_j(1+u) + \sum_{j=1}^{l} r_{jk}\pi_j + \sum_{i=m+1}^{n} d_{ij} x_i^{cd} = n_j + \sum_{i=1}^{m} a_{ij} y_i^g (c_i^g + \ln y_i^g - \ln \overline{y}^g)$$

$$\sum_{i=1}^{m} G_i^g(y) = \sum_{j=1}^{l} \pi_j a_j$$

$$c_i^{cd} - \sum_{j=1}^{l} \pi_j d_{ij} = 0 \tag{6-15}$$

程序中迭代方程组将表示为矩阵形式，此时可解出未知数 x_{m+1}^{cd}，x_{m+2}^{cd},…，x_n^{cd}；π_1，π_2,…，π_m 及 $1+u$，将相应值代入式（4－44）则可解出一组新的 x_1^g，x_2^g,…，x_m^g。如果 x_1^g，x_2^g,…，x_m^g 和 x_{m+1}^{cd}，x_{m+2}^{cd},…，x_n^{cd} 全为正值，则可作为下一次迭代计算的起始值，如此往返迭代，直至精度符合要求；若出现负值，则将采用减幅因子 λ 进行校正，以保证迭代计算顺利进行。

$$\varDelta_i^g = x_i^g - y_i^g$$

则 $Z_i = y_i^g + \lambda\varDelta_i^g = y_i^g + \lambda(x_i^g - y_i^g)$，$Z_i$ 将作为下一次迭代的起始值。

第三节　软件及其使用

一、软件简介

爆轰参数计算程序采用 Matlab 语言编写，并在 Matlab 环境下运行。程序无须安装，使用者可将 CHON 文件夹复制到硬盘内任意目录下，并将 Matlab 工作路径改为同一目录即可进行运算。

CHON 文件夹中包含了若干个子程序文件，分别归属于软件整体设计（图 6－5）所具有的三个逐次深入的层，分别为应用层、算法控制层、组分计算层。

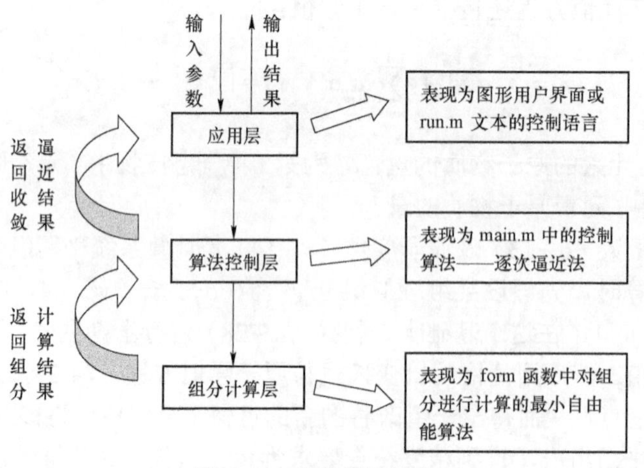

图 6-5　软件设计流程

1. 应用层

应用层展现在使用者面前，如使用说明所述，用于实现顶层的参数输入及结果输出功能。在上述两种计算方式中，应用层分别表现为图形用户界面（包括 topmain.m 及 topmain.fig）及用于参数输入的文本（run.m）。

图形用户界面的 topmain.m 为实现函数，其内部还包括了若干文本框、图表框的实现函数及 callback 功能函数；topmain.fig 为其图形配置，对整个图形用户界面进行了定义；run.m 则通过程序式的控制语言实现对计算结果输入/输出流程的定义。

topmain.m 及 run.m 层面均通过调用 main.m 函数进入下一计算流程，并通过汇集 main.m 所返还的结果进行绘图及结果输出。

2. 算法控制层

算法控制层主要通过逐次逼近法对爆轰参数计算的收敛进行控制，在子程序中表现为 main.m 函数。逐次逼近法可归结为在一个压力 p 及温度 T 的二维平面上搜寻某个正解点的收敛过程，其收敛流程包括了超压 p 的收敛及温度 T 的收敛，如图 6-6 所示。

对于每个假定的超压 p，在其温度变化的轴线上都具有唯一的温度值 T，使得通过最小自由能化学平衡所计算出的组分同时满足质量守恒（原子守恒）及能量守恒，同时，可结合其他守恒条件反馈一个 p 值。若所假设输入计算的 p 值不为正解点，则反馈得到的 p 值与所假设的必不相等，通过寻找其差值，可逐步缩小假设值与反馈值之间的差距，并通过正解的 p 值求得正解点的 T 值及产物组成。

所假设的 p、T、元素组成及生成热数据是进入下一层的必备参数，通过 form.m 函数调用进行计算并返回爆轰产物组成计算。

3. 组分计算层

组分计算层基于所给定的 p、T、元素组成及生成热数据进行爆轰产物组成计算，表现为 form 函数。CHON 文件夹中的其他 m 文件也多作为子程序在此层应用。组分计算层的结构如图 6-7 所示。

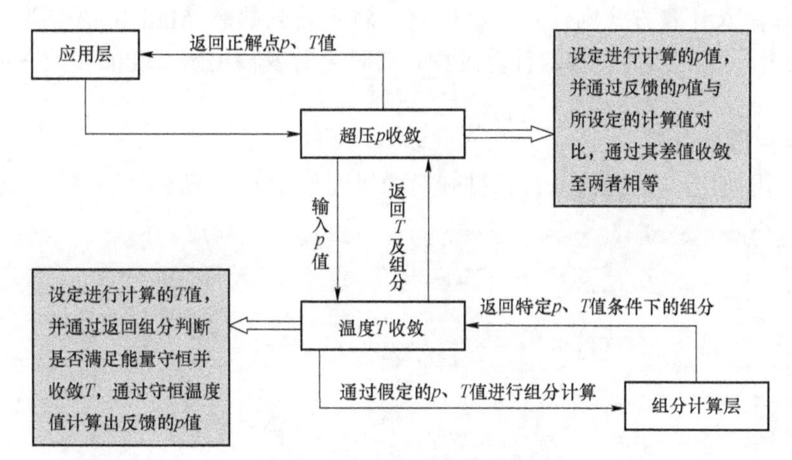

图 6－6　逐次逼近收敛流程

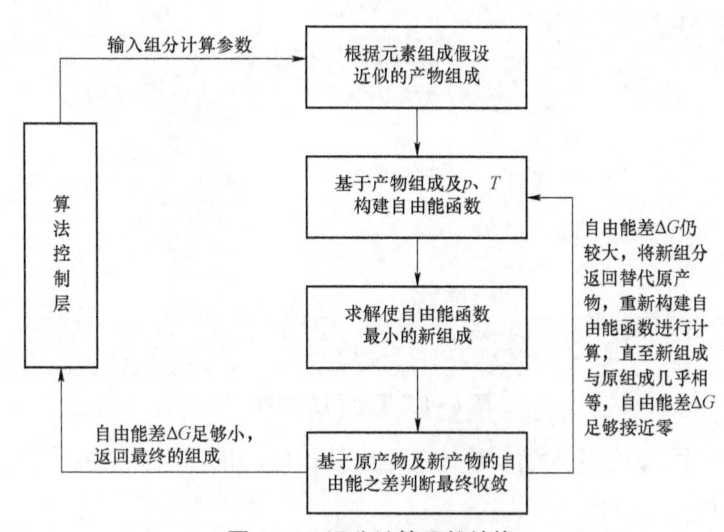

图 6－7　组分计算层的结构

S1.m 函数用于计算特定温度条件下各种产物的熵值；Hg.m、Hc.m、Hal.m 函数用于计算特定温度条件下各种产物的焓值。焓值和熵值均是构建自由能函数所必备的数据。cpc.m，cpco.m，…，cpoh.m 等函数用于计算特定温度条件下各种产物的等压热容，以及用于计算参数的收敛。

对于图形用户界面而言，所考虑的元素种类及产物种类都是有限的（元素 7 种、产物 19 种），对于采用文本输入进行计算的高级用户而言，还可通过适当修改组分计算层的 form 函数，添加新的元素或考虑更特别的产物组成。

二、使用说明

该程序具有图形用户界面，同时还保存了文本输入的计算方式：① 图形用户界面简单易用，只需要输入已知的参数即可得知爆轰参数、反应物组成及爆轰参数曲线等表征结果，但是由于该计算方式采用内包含数进行参数传递，因此无法实时地查看计算过程中参数的变化；② 文本输入计算方式则针对高级用户，对于较为熟悉 Matlab 语言并具有一定动力学基础的使用者，可根据需要修改计算过程、实时查看或输出感兴趣的参数并可做进一步的开发。

1. 图形用户界面介绍

Topmain 为图形用户界面的入口。打开后的界面如图 6－8 所示。

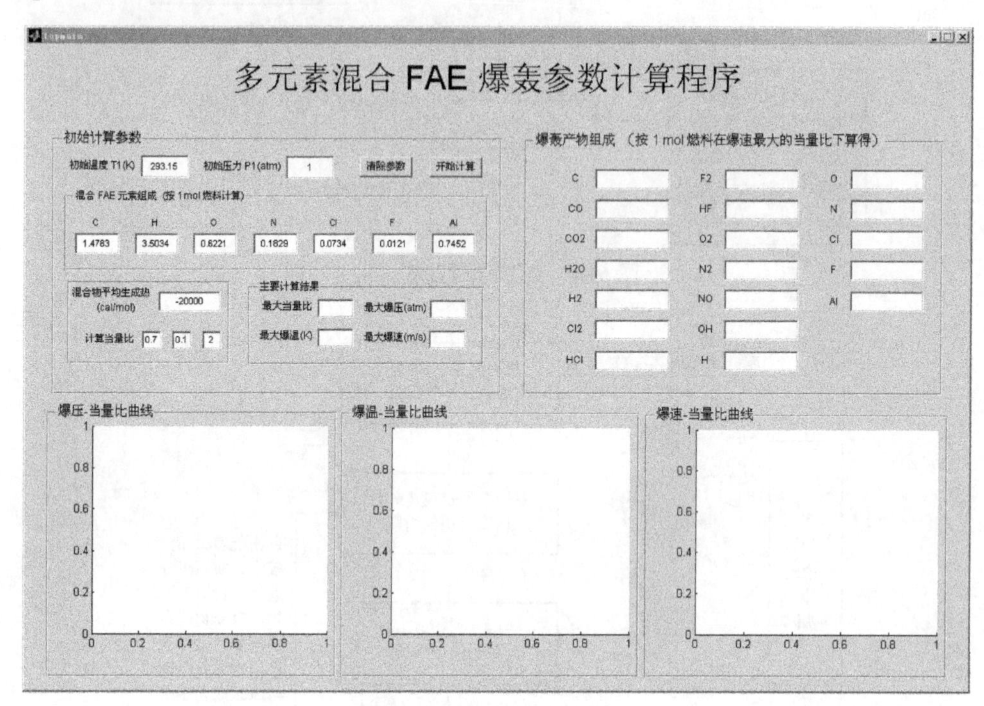

图 6－8　图形用户界面

图形用户界面中，必须输入的参数均已给出默认值，用户可做相应修改并进行新的计算，具体计算流程如下：

（1）输入初始环境参数。

环境参数包括了初始温度及压力，默认值为 293.15 K 及 1 atm，如图 6－9 所示。

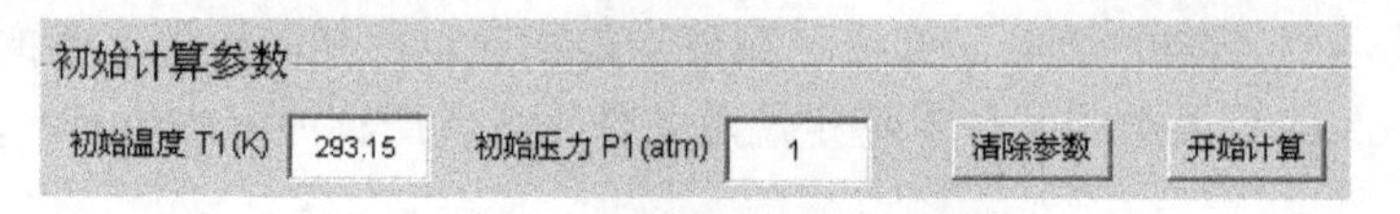

图 6－9　环境参数设置窗口局部

（2）输入 FAE 燃料组成。

图形用户界面中，可考虑包含 7 种元素的 FAE 燃料。用户可根据所关注的燃料输入原子配比及平均生成热数据（图 6－10）。所输入的量按照 1 mol 燃料进行计算。

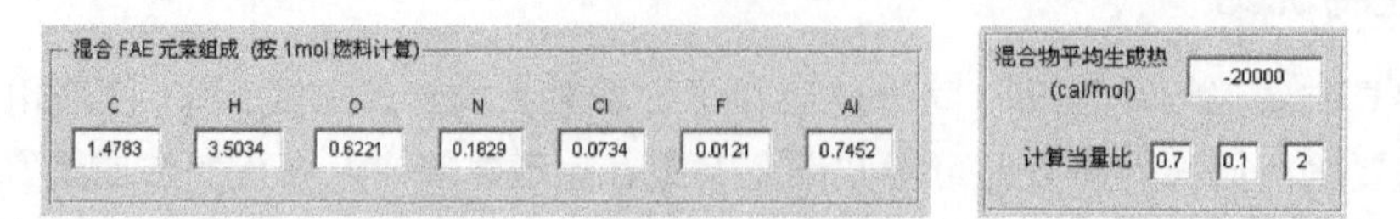

图 6－10　FAE 燃料配方设置窗口局部

例如，包含环氧丙烷及铝粉质量比为 50%:50% 的混合物，其平均相对分子质量为 37.241 4 g/mol，则 1 mol 燃料中包含了 C：0.931 mol，H：2.482 8 mol，O：0.310 3 mol，Al：0.689 7 mol，即为输入参数；其余元素含量均为 0 mol。

混合物的平均生成热也可通过相应的计算得出，环氧丙烷的生成热为－77.699 kcal/mol、Al 粉生成热为 0 cal/mol，则混合物的平均生成热为－24.113 5 kcal/mol，输入参数为－24 114。

注：当元素含量为 0 时，建议设置期含量为一个较小的数值，以避免计算过程中产生“除 0”的错误发生，其值可比主要元素含量低 2～3 个数量级，此时不会对计算结果产生太大的影响。

（3）输入计算当量比。

三个输入框内依次输入当量比下限、当量比计算间隔、当量比上限。

此处当量比为燃料/氧气的实际比例与零氧平衡的燃料/氧气比例之比，即 $(F/O)_{real}/(F/O)_{ideal}$，其中 $(F/O)_{real}$ 是实际的燃料/氧气摩尔比，$(F/O)_{ideal}$ 是零氧平衡（恰好完全反应，生成 H_2O、CO_2 等最终产物）时的燃料/氧气摩尔比。

（4）计算并查看结果。

当参数输入完成后，单击图 6－11 中的“开始计算”按钮即可进行爆轰参数计算。程序初始化时，根据某类 FAE 燃料设置了一个默认值，以该默认值为例，计算结果如下：

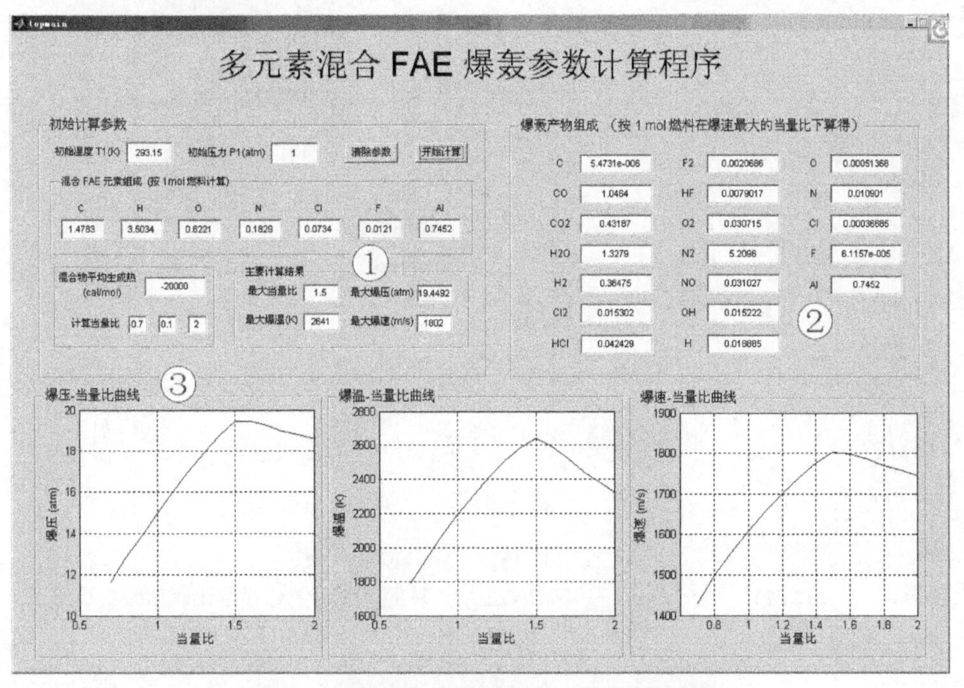

图 6－11　图形用户界面典型计算结果示意图

①处给出了爆速最大值时所取得的当量比、爆压、保温及爆速数据。

②处给出了 1 mol 燃料爆轰时，在爆轰波阵面上的产物组成，其单位为 mol。

③处依照所计算的当量比范围，给出了爆压、爆速、爆温随当量比的变化曲线图。通常情况下，三者均在同一当量比情况下取得最大值。

（5）图 6－11 中的“清除参数”按钮可将计算结果及输入参数均清除，用户可重新修改/输入参数，并单击“开始计算”按钮开始新的计算。

2. 文本输入计算方式

文本输入计算方式要求使用者会使用Matlab语言，如需进行修改或再次开发，则还要求使用者熟悉燃烧、爆轰原理及最小自由能原理。

文件夹中的run.m为输入参数文本文档，通过修改文档可输入待计算混合物的组成及物理化学参数，并控制计算结果的输出。修改后的run.m可直接运行，以实现计算，其文本内容如下：

```
    # run.m #
    c = 1.525 5;h = 3.713 7;of = 0.545 2;nf = 0.160 3;cl = 0.064 3;f = 0.005;al =
0.653 2;%设置待计算混合物的摩尔原子比例,of 及 nf 为燃料中包含的氧及氮原子的量
    formheat = - 28111;
    %设置待计算混合物的 mol 生成热,cal/mol
    xt = 1;
    for ti = 0.8:0.1:2.0                %设置计算区间及计算分度,单位为摩尔当量比
        oa = (c*2 + h*0.5 - of)/ti;     %形式为当量比下限:等间隔量:当量比上限
    o = of + oa;
    n = nf + 3.773*oa;
    element = [c h o n cl f al oa];
    main;
    PP(xt) = p2;                        %爆轰参数输出,分别为爆压 p、爆温 T 及爆速 D
    TT(xt) = t2;
    DD(xt) = D;
    if xt = = 1                         %爆轰产物组成输出
    else if DD(xt)>DD(xt - 1)
          maxconsist = consist;
          yt = i;
          else
          end
    end
    xt = xt + 1;
    end;
    o1 = 0.8:0.1:2.0;                   %输出所计算的爆轰参数随当量比变化的曲线图
    figure;plot(o1,PP);                 %压力曲线
    grid on;
    figure;plot(o1,TT);                 %温度曲线
    grid on;
    figure;plot(o1,DD);                 %爆速曲线
    grid on;
    maxDconsist = struct('C',maxconsist(1),'CO',maxconsist(2),'CO2',maxconsist
(3),'H2O',maxconsist(4),'H2',maxconsist(5),'Cl2',maxconsist(6),'HCL',maxconsi
```

```
st(7),'F2',maxconsist(8),'HF',maxconsist(9),'O2',maxconsist(10),'N2',maxconsi
st(11),'NO',maxconsist(12),'OH',maxconsist(13),'H',maxconsist(14),'O',maxcons
ist(15),'N',maxconsist(16),'Cl',maxconsist(17),'F',maxconsist(18),'Al',maxcon
sist(19));
    %输出爆轰参数最大时爆轰产物的组分
```

run.m 的文本参数输入方式如代码中的说明文字所示，修改输入文本并进行计算的顺序如下：

① 修改设置待计算燃料的摩尔原子比例及摩尔生成热。其中，of 及 nf 为燃料中包含的氧及氮原子的量。对于包含多种物质的混合燃料，则取各种物质的量的平均计算摩尔原子比例及摩尔生成热。

例如，燃料为甲烷（CH_4），则取 $c=1$，$h=4$，其余参量为 0，摩尔生成热为－17 895 cal/mol。燃料为 50%甲烷（CH_4）＋50%丙烯（C_3H_8），则取 $c=2$，$h=6$，其余参量为 0，摩尔生成热为－(17 895＋24 820)/2＝21 357.5（cal/mol）。

更多组分的混合燃料可根据燃料摩尔量配比计算均值，依此类推。

② 修改燃料空气混合物的当量比区间及计算间隔。其中，当量比是燃料/氧气的实际比例与零氧平衡的燃料/氧气比例之比，即 $(F/O)_{real}/(F/O)_{ideal}$，其中 $(F/O)_{real}$ 是实际的燃料/氧气摩尔比，$(F/O)_{ideal}$ 是零氧平衡（恰好完全反应，生成 H_2O、CO_2 等最终产物）时的燃料/氧气摩尔比。

③ 修改计算结果曲线图的绘图区间，使之与之前设置的当量比区间一致，且计算间隔一致。

④ 参数输入完成，在 Matlab 命令输入窗口中输入“run”，按 Enter 键即可开始运算。

⑤ 查看计算结果。计算结果将以两部分输出：

a. 命令输入窗口将给出达到最大爆速时的爆轰产物组成，单位为 mol。

b. 弹出窗口将依次给出爆压、爆温、爆速参数随所设置的当量比变化的曲线。其中横坐标为量纲为 1 的当量比，纵坐标为超压、温度及爆速，坐标单位分别为 atm、K 及 m/s，使用者还可通过查看变量获取 PP、TT、DD 变量的计算数据。典型的输出结果示意图如图 6－12 所示。

文本输入方式可在变量空间中实时查看计算过程中各个参量的变化，除上面提到了 PP、TT、DD 矩阵变量外其他可能需要查看的参量包括：熵数据“查看 S1.m 文件”、焓数据“查看 Hg.m Hc.m Hal.m”、等压热容“cpt1 及 cpt2”、混合物组成“consist”、爆轰参数收敛范围“P（1:3）、T（1:3）文件”、雨果尼奥方程能量守恒情况“U1、U2”、状态方程系数“R1、R2”及密度比参量“K1”等。用户可实时暂停计算并查看参数变化情况。

三、计算结果比较

通过 Matlab 自编程序对 C_3H_8 与空气的混合物在不同比例情况下的爆轰波参数进行了计算，对丙烷和空气混合时浓度为 3%～7%的情况（化学当量配比为 4%）进行了计算，由于不可能计算无数多个值，计算间隔设定为 0.1%。同时，对压力、温度、爆速（u_1）进行了绘图，结果如图 6－13 所示。

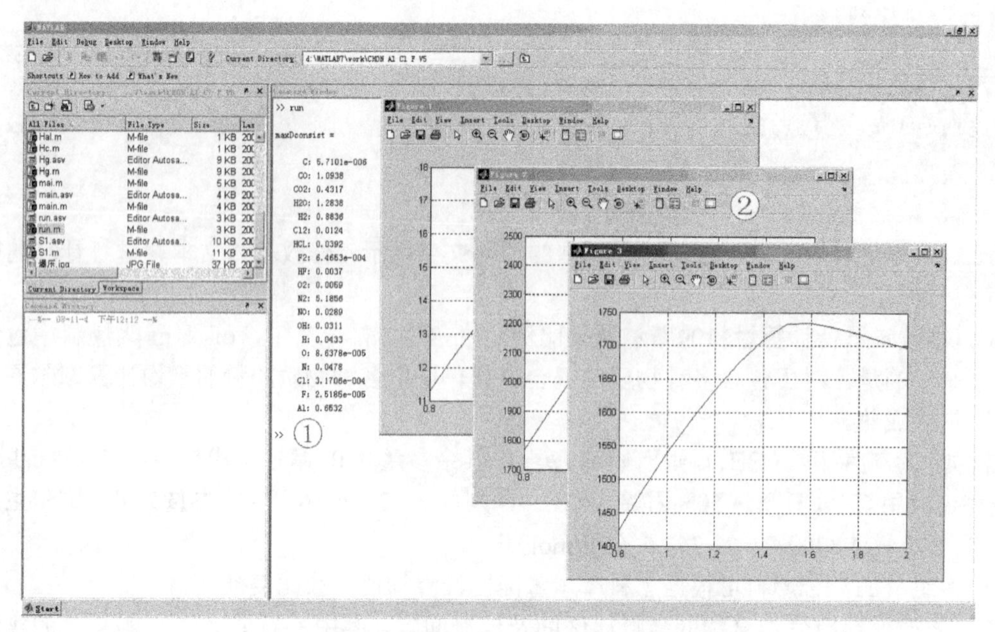

图 6-12　文本输入方式典型计算结果示意图

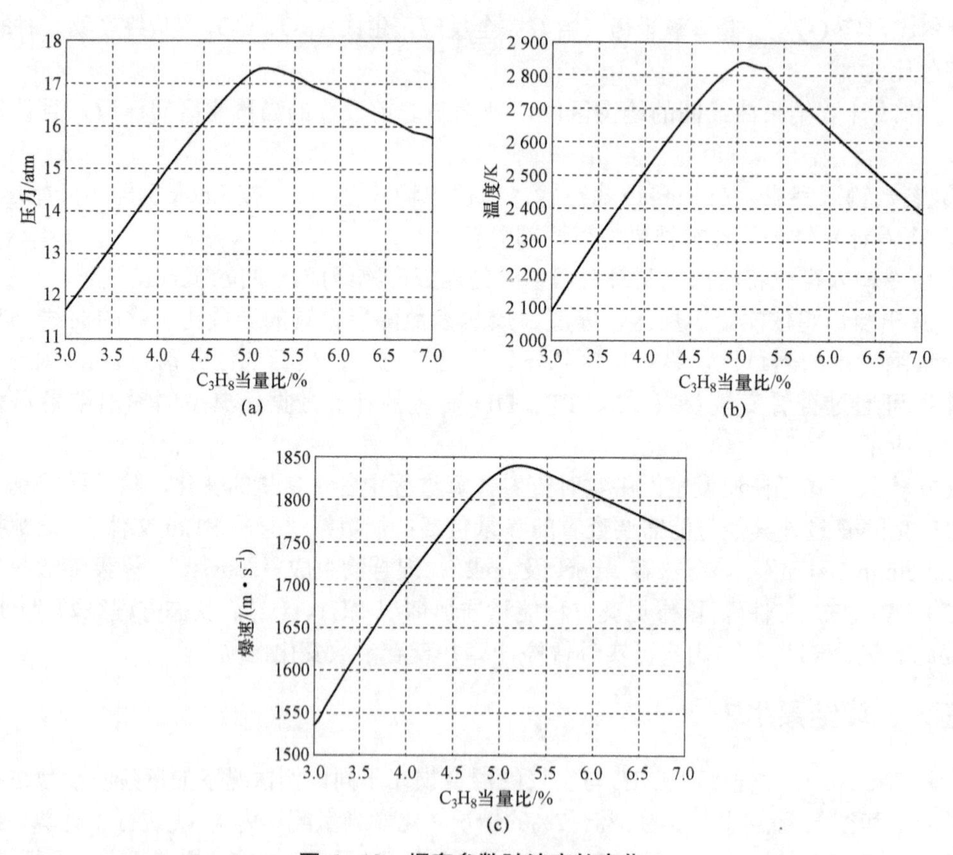

图 6-13　爆轰参数随浓度的变化

(a) 压力（最大值 17.38 atm）；(b) 温度（最大值 2 835 ℃）；(c) 爆速（最大值 1 839 m/s）

将该计算数值与参数值比较，见表 6－1。可见，与前人实验值比较，爆温及爆速符合较好，爆压偏小。丙烷的化学当量比浓度为 4%，而计算中发现，最大爆轰速度并非发生在化学当量配比，而是比当量配比略大的 5.1%处，此时，考虑化学平衡，C、H 均处于非完全反应状态，但正好将消耗完，因而达到了最大爆温。

表 6－1　计算值比较

$C_3H_8+O_2$	爆压 p_2/MPa	爆温 T_2/K	爆速 u_1/（m・s^{-1}）
Matlab 程序计算值	1.738	2 835	1 839
前人实验值	1.806	2 822	1 800
CH_4+O_2	爆压 p_2/MPa	爆温 T_2/K	爆速 u_1/（m・s^{-1}）
Matlab 程序计算值	1.675	2 669	1 841
前人实验值	1.719	2 781	1 804

可见当空气作为氧化剂时，预混合气体爆轰参数的最大值应在 1.2 附近，即燃料稍稍富余。西北工业大学针对脉冲爆震发动机的研究结论为：大分子烷烃（汽油或柴油）与空气混合气体的推力和比冲随着当量比的增加而增加，尽管其最佳当量比接近 1.7（考虑其原料为大分子烷烃，衡量准则是推力和比冲），但仍说明当量比大于 1 的情况下爆轰性能达到更佳。其他研究成果也肯定了当量比大于 1 有利于爆轰参数的最大化，并提出最优当量比介于 1～1.3 之间，与计算结果是相符的。

参考文献

［1］覃彬. 冲击波在复杂结构内的传播特征及规律［D］. 北京理工大学，2008.
［2］段云. 发射载荷下固液混合装药局部危险演化规律研究［D］. 北京理工大学，2011.

思考题

考察最大爆炸参数所对应的燃料浓度；论述最大爆炸参数与燃料浓度的对应关系。

第七章
罐体内气体爆炸实验

随着化学工业的快速发展，各种工业场所的可燃性气体及液体蒸气火灾爆炸事故时有发生，严重威胁着煤矿、天然气运输和石油化工等行业的生产安全，给人民生命财产带来极大危害。因此，研究气体爆炸特征，防止可燃性气体、液体蒸气与空气混合物发生爆炸已经成为安全生产中的热点课题。

可燃性气体爆炸是工业爆炸灾害的重要形式，是煤炭、石油化工、油气储运等行业经常遇到的问题。煤矿井下管道内发生的瓦斯爆炸、管道或容器内发生的气体爆炸、厂区发生的蒸气云爆炸等，都属于典型的气体爆炸事故。

气体爆炸是一种非点源爆炸，其剧烈程度强烈地取决于环境条件。例如，密闭容器中气体爆炸与开敞空间条件下蒸气云爆炸有全然不同的爆炸形式和破坏作用。常见碳氢化合物气体和空气混合后点火，敞开条件下层流燃烧速率仅为 0.5 m/s 左右，但在密闭容器中火焰速度能达到每秒几米至几十米，容器中压力最终能达到 0.7～0.8 MPa。在最危险的条件下，密闭容器中的预混合气体还能从燃烧转为爆轰，其爆轰波阵面速度可达 2～3 km/s，压力可达 1.5～2 MPa，产生极其严重的破坏作用。实际生产过程中，绝大多数情况下存储可燃性气体的都是密闭容器或管道。由于这些装置自身的缺陷等原因，可导致装置内混入空气，形成可燃性气体混合物，从而达到爆炸极限。混合气体一旦遇到点火源，就会发生气体爆炸事故。因此，从安全生产的角度来说，需要全面、深入地研究密闭容器内可燃气体的爆炸特性和规律，从而分析生产环境中可能引发气体爆炸发生的条件及爆炸形成、扩展的全过程，并对爆炸的破坏效应加以准确评价，这样才能制定科学有效的安全措施，最大限度地预防气体爆炸事故的发生，达到安全生产的目的。

可燃性气体、液体蒸气与空气混合后，浓度达到爆炸极限时，必须要遇到具有一定能量的点火源的作用才能发生剧烈的化学反应，同时产生大量的热量和气体物质，从而形成化学爆炸。因此，点火能量是发生气体爆炸的一个至关重要的因素。通常情况下，对于可燃性气体点火能量的研究都集中于最小点火能量。最小点火能量是衡量可燃性气体爆炸危险程度的一个重要参数，对其进行较为精确的测量可以为安全生产防护装置、措施的设计提供有力的科学依据。

第一节　点火能量测试

国外学者 Takao[1]对预混合气体中火花放电的初始阶段进行了理论和实验研究，发现点火中心区域的发展与点火电极的几何形状有很大关系。放电火花能够在其周围产生冲击波，并且随着电容火花能量释放率的增大，冲击波的能量不断增强，电极间隙中气体流动速度增大。

Schmalz[2]根据以往的研究曾提出，要寻找最小点火能量与感应时间（从点火到发生爆炸所经历的时间）的关系。Randeberg[3]针对密闭容器中的可燃性气体爆炸设计了新型的放电点火装置，该装置能够实现火花能量小于 1 mJ 情况下的放电，并且能够对放电电极两端的电压、电流随时间的变化曲线进行测量。Egolfopoulos[4]对常压下的预混和非预混甲烷火焰的热颗粒点火进行了研究。结果表明，反应物浓度、应变率、粒子注入方向、粒子密度、速度和温度等因素对点火的影响是相互独立的，在非预混情况下，燃料含量的增大对热颗粒点火起阻碍作用。Ptasinski[5]利用不同的电容模拟静电累积放电，研究可燃性气体的静电点火特性，发现甲烷预混合气体的点火概率随点火时间间隔的减小而增大。Ahmed[6]研究了湍流非预混合气体在火花点火的情况下，点火成功率与火焰结构演化之间的关系，发现点火成功率随初始火焰区域膨胀速度的增大而减小。

Shinji[7,8]、Jilin[9]、Ono[10,11]和国内学者谭迎新[12]等对影响可燃液体蒸气爆炸最小点火能量的因素进行了研究，发现点火系统及环境条件对最小点火能的数值有非常显著的影响。张增亮[13]等对可燃性气体最小点火能量测试中的影响因素进行了总结，分析了敏感条件下运用常规测试方法和常规计算公式中存在较大误差的原因。张金峰[14]等在封闭管道中进行了点火能量对预混合气体爆炸影响规律的实验研究。另外，数值模拟作为一种有效的辅助手段在研究放电火花的作用形式[15－19]、点火能量在气液两相系统爆燃转爆轰（DDT）过程中的作用[20]、障碍物对点火条件的影响[21]及预混合气体火焰的形成与传播规律[22－24]等方面发挥了重要作用。

本章介绍气体最小点火能量测试、爆炸压力和最大爆炸压力上升速率测试。

1. 点火装置

点火能量是可燃性气体混合物发生爆炸不可缺少的因素，大多数对于点火能量的研究主要集中于对可燃性气体混合物最小点火能量的测量，长期沿用电容器高压放电，使放电电极击穿，产生火花的形式释放点火能量。一般情况下，点火装置所释放的能量 E 是通过储能电容 C 及其上的电压 U 通过公式 $E=CU^2/2$ 计算得到的。实验证明，由电容放电火花所产生的点火能量大部分消耗在点火电路中，只有约 10% 的能量提供给电极[1－3]，因此，通过上述公式所计算的点火能量存在较大的误差。要研究点火特性对预混合气体燃爆特性的影响，首先必须能够精确测量火花放电点火能量及其作用时间。

在可燃性气体点火的研究中，大多采用火花放电点火装置。电火花点火虽然会由于在产生火花的同时产生激波而消耗掉一部分的点火能量，但是这种点火方式所需要的作用时间短，几乎可以实现瞬间点火，这样就可以在一定程度上避免由于各种热传导而损失能量，能够将点火能量快速、恰当、准确地释放到预混合气体中。以前的研究中所使用的火花点火装置都是采用高电压（1 kV 以上）、小电容（pF 量级）的形式放电产生火花，这样的点火装置存在着两个缺点：一是在放电电压较高的情况下，会产生很强的冲击波，损失的点火能量过大，造成点火能量利用率低；二是由于放电电容较小，在放电电阻固定不变的情况下，火花放电持续时间可调节的范围就很小。虽然可以通过增大放电电阻的方法来延长火花放电的作用时间，但是大量的点火能量也会相应地被放电电阻消耗。在可燃性气体最小点火能量的范围内（一般小于 1 mJ）采用此种方法显然是得不偿失的。另外，放电装置产生的火花特性与环境条件密切相关，要使火花性能达到最佳，就需要根据实际的实验条件和研究目的设计制作点火装置。在电路元件相对固定的情况下，放电火花的持续时间与储能电容的大小成正比[4]，因此，要较大范围地改变火花放电持续时间，需要使点火装置电极能够在大电容、低电压的条件下击穿，从而产生火花。

本节主要介绍实验中所用到的火花放电点火装置、点火能量精确测试系统及爆炸测试数据采集系统，并对不同实验环境条件下各组电容在自制火花点火装置中的放电参数进行实验测量。

EPT－1 点火能量试验台是采用普通电容器高压放电击穿产生火花的点火装置，如图 7－1 所示。其工作原理是：输入 220 V 交流电，经过变压器升压、整流器整流之后成为高压直流电，通过限流电阻对储能电容进行充电。当储能电容两端电压达到设定值之后，按下“点火”按钮即可使电容在电极两端进行放电，产生火花。

EPT－1 点火能量试验台中储能电容有两个，分别为 2 μF 和 14 μF，电压 750～2 400 V 连续可调。EPT－1 点火能量试验台所产生的放电火花能量可以在 0.5～40 J 的范围内连续可调。电容放电时间：

$$t = RC \tag{7-1}$$

式中，t 为电容放电时间，s；R 为放电回路电阻，Ω；C 为电容，F。

为使火花放电点火装置满足放电火花持续时间可调的要求，使不同大小的储能电容在低电压（1 kV 以下）条件下顺利放电，并产生能量较小的火花，自行设计制作了火花放电点火装置，如图 7－2 所示。

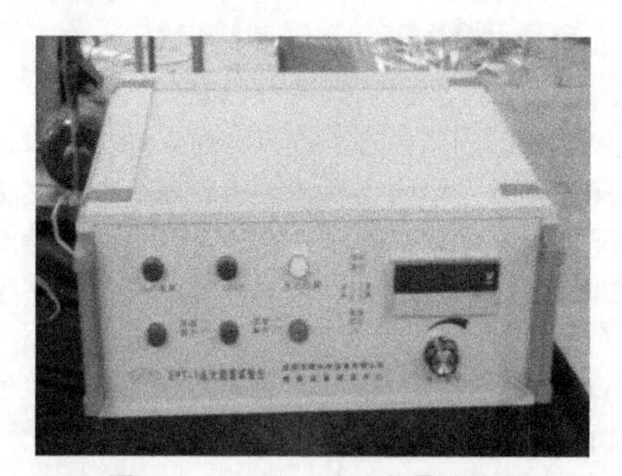

图 7－1　EPT－1 点火能量试验台

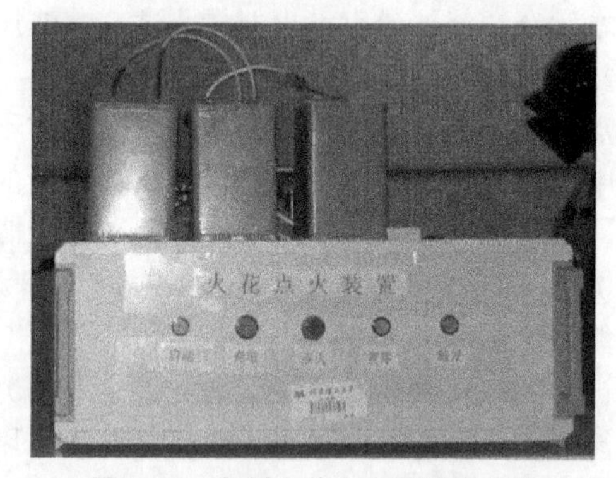

图 7－2　自制火花点火装置实物图

放电过程中通过高压探头测量放电电极和采样电阻两端的电压曲线，配合点火能量测试软件读取放电波形，进行点火能量计算并精确测量火花作用时间。所以，自制火花放电点火装置的操作步骤为：

① 按下“启动”按钮，使点火装置开始工作，通过整流电路给储能电容 C_1 充电；

② 按下“充电”按钮，通过高压直流电源给储能电容 C_2 充电 0.1～1 kV，每次增加 0.1 kV，高压电源上的数字显示屏可以显示电压数值；

③ 充电过程结束后关闭高压电源，调试好能量测试系统，使之处于待触发状态；

④ 按下“点火”按钮进行点火实验；

⑤ 点火完毕之后，按下“置零”按钮，将电容剩余能量释放。

2. 点火过程能量测试[25－27]

以积分方法为基础，分别用 Tektronix P6015A、Tektronix P6139A 高压探头和 Tektronix DPO4054 数字示波器对放电电压和电流波形进行测量和采集，通过自行编制的能量积分软件对示波器所测曲线按照下式进行计算，得出点火能量。

$$E=\int_0^t U(t)I(t)\mathrm{d}t \tag{7-2}$$

式中，$U(t)$ 为放电电极两端的瞬时电压；$I(t)$ 为瞬时电流；t 为火花持续时间。

点火能量测试软件通过 USB 接口直接读取示波器电压和电流数据曲线，如图 7－3 所示。图中横坐标为示波器采样点数，左侧纵坐标为经高压探头衰减后的电压坐标值，右侧纵坐标为经衰减后的电流坐标值。软件中为便于区分电压、电流波形，特将放电电流曲线进行反向显示设置。通过软件获得示波器所采集的电压、电流波形，用两条标定线标定火花放电的起始点和终止点，之后对两者进行积分运算即可得到点火能量数值及火花放电持续时间。按照火花放电的电流原则[6]，将电流曲线的骤增点作为火花放电的开始点，放电电流数值衰减为零的点作为火花放电的结束点。

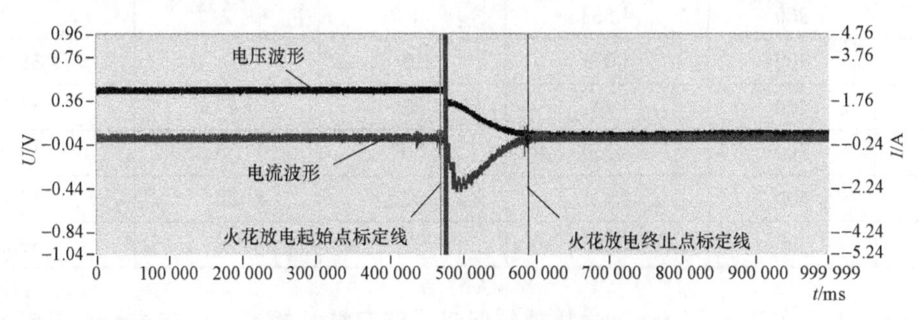

图 7－3　电流和电压波形

在不同的环境条件下对放电火花能量进行测量，并计算得出不同大小电容器在不同电压条件下的火花放电能量利用率（释放在放电电极两端的能量与电容器储存能量的比值）。

由于不同大小的电容放电时间差距较大，因此，在用示波器对放电波形进行采集时，针对不同大小的电容设置了不同的采集时间。只有在点火能量测试软件中对电容火花放电的起始点和终止点进行准确标定之后，才能计算出相应的火花持续时间，单纯的示波器波形并不能够完全准确地显示出不同大小电容器火花放电时间的差别。

环境温度 17.7 ℃、湿度 26%、放电间隙 1 mm、采样电阻 0.1 Ω 的条件下测量电容分别为 0.1 μF、0.2 μF、0.3 μF、0.4 μF 的电容器放电情况，结果见表 7－1。

表 7－1　不同电容放电参数（1）

电容/μF	电压/V	放电时间/μs	$0.5CU^2$ /mJ	$\int UI\mathrm{d}t$ /mJ	能量利用率/%
0.1	100	0.710	0.5	0.12	24.0
0.1	200	0.581	2	0.7	35.0
0.1	300	0.683	4.5	2.1	46.7
0.1	400	0.709	8	4.2	52.5

续表

电容/μF	电压/V	放电时间/μs	$0.5CU^2$ /mJ	$\int UI\mathrm{d}t$ /mJ	能量利用率/%
0.1	500	0.605	12.5	6.8	54.4
0.2	100	1.740	1	0.1	10.0
0.2	200	1.057	4	1.5	37.5
0.2	300	1.083	9	3.6	40.0
0.2	400	1.620	16	12	75.0
0.3	100	2.971	1.5	0.8	53.3
0.3	200	2.384	6	1.3	21.7
0.3	300	2.693	13.5	4	29.6
0.3	400	2.458	24	6.1	25.4
0.4	100	4.355	2	0.4	20.0
0.4	200	4.563	8	2	25.0
0.4	300	4.091	18	7	38.9
0.4	400	4.431	32	17	53.1
0.4	500	4.260	50	25	50.0
0.4	600	4.421	72	39	54.2
0.4	700	4.199	98	58	59.2

一般情况下，在储能电容所加电压值较低时，储存能量较小，但其能量利用率较高；在所加电压较高时，储存能量较大，其能量利用率反而较低。总体来说，储能电容的能量利用效率呈现出随着其上所加电压的升高而降低的趋势。

电极间隙对于点火能量也有较大的影响。电极间隙较大时，击穿电极需要消耗很多的能量，并且击穿之后能量分布不集中，使得火花点火能力变弱，从而造成点火能量数值偏高；电极间隙较小时，由电极热传导而损失的能量急剧增加，由火花点火初始引发的反应区域释放的能量不足以维持火焰的稳定传播，因此，要成功点火，就需要更大的点火能量，造成点火能量数值偏高。因此，在火花放电点火装置中，应当设置电极间距等于预混合气体的猝熄距离，这样才能使得火花各项能量损失最小，更加精确地研究点火能量特性。

第二节　爆炸压力测试

对于气体爆炸，国内外已有大量的研究成果。化学当量浓度附近的等容爆炸强度最大，但事故案例表明，密闭空间内很多爆炸事故不是发生在化学当量浓度条件下。本章主要介绍预混合气体爆炸参数的测试方法和气体爆炸参数随浓度等因素的变化规律。

1. 压力和温度测试系统

实验选用 Kistler-211 M 型石英晶体压电式压力传感器。此压力传感器测量范围为 0～1 000 psi，即 0～6.895 MPa；频响为 200 kHz；灵敏度为 5.457 mV/psi，即 0.007 9 mV/Pa。

使用的 K 型热电偶采用直径为 0.04 mm 的镍铬－镍硅热电偶丝，为了保证其具有足够小的热惯性及温度响应时间，利用电容冲击电弧焊焊接热节点。热电偶的冷端用玻璃纤维包裹，外层用环氧树脂密封，并加装金属螺丝帽，热电偶与螺丝帽之间也用环氧树脂密封胶进行密封连接。这样既可以保证在测试过程中热电偶的冷端温度不受密闭容器内瞬时温度场的影响，提高测量精度，又可以保证爆炸装置整体的密封性。

每只热电偶均采用比较法进行标定。对热电偶节点的理论分析及实验测量说明，热电偶的频响和精度完全可以满足密闭容器内瞬态流场测试的要求。

使用的数据采集系统是基于虚拟仪器技术搭建的。虚拟仪器技术充分利用计算机的软硬件资源，以软件技术为核心，使计算机成为具有数据采集、控制及分析功能的处理中心。

实验测试系统中所选用的 NI PXI－5922 高速数字化仪具有 24 bit（500 kS/s）～16 bit（15 MS/s）的分辨率、8 MB/channel 的存储深度，以及多通道同步采集的能力，完全能够满足测试要求。

选择的 NI PXI－1042Q 机箱，具有 8 插槽，内置 10 MHz 参考时钟，符合 PXI 和 Compact PCI 规范[13]。

NI PXI－8106 是一款性能最高的 PXI 嵌入式控制器。该控制器具有：2.16 GHz Intel Core 2 Duo T7400 双核处理器，10/100/1 000 BaseTX（千兆）以太网，ExpressCard/34 插槽，4 个高速 USB 端口集成的硬盘，GPIB 串口及其他外围 I/O。

数据采集系统实物如图 7－4 所示。

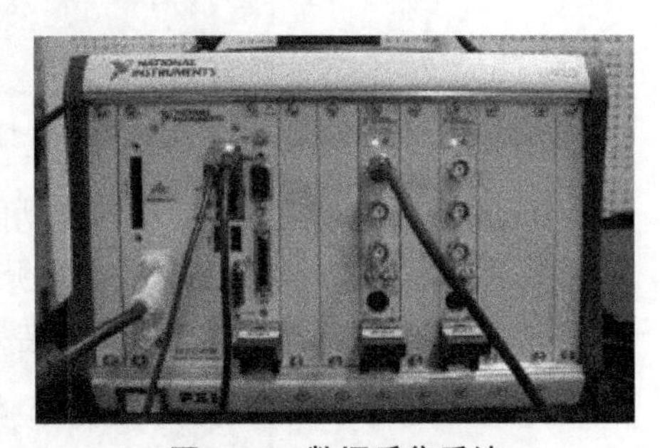

图 7－4　数据采集系统

在气体爆炸参数测试过程中，由热电偶、压力传感器等传感器所产生的信号均为模拟信号，经过滤波、放大等处理并由数据采集卡进行 A/D 转换后仍为电压信号。因此，还需要通过软件分别对压力传感器和热电偶的输出信号进行相应的运算，并将采集卡采集到的经过处理后的信号在显示之前还原为传感器所采集到的真实信号，这样才能得到实际的压力及温度变化曲线，这也是虚拟仪器相对于传统仪器最大的优势之一。

LabVIEW 软件具有良好的人机交互界面，可以设计与普通测试仪器一样的前面板。本书中所采用的爆炸参数测试软件前面板由“参数设置”“数据采集”“数据回放”三部分组成，可以分别实现不同的功能。

第一部分“参数设置”中可以选择采集卡，设置采集卡个数、采集通道、采样率、采样数、触发温度、补偿温度、触发类型、触发等待时间及传感器类型、灵敏度、放大系数等参数，其界面如图 7－5 所示。其中触发方式有边缘触发和立即触发两种，可以根据不同的实验要求进行选择。实验中选用采集卡的两个通道同时对爆炸压力、爆炸温度信号进行采集，设置采样频率为 500 kS/s，采样数为 1 MB/channel。根据不同的实验环境设置热电偶冷端补偿温度和触发温度。

第二部分“数据采集”中可以显示经过测试程序转换过的爆炸压力及爆炸温度变化曲线，以及最大超压、最高温度的数值，并且能够保存数据文件，其界面如图 7－6 所示。软件中同时测量爆炸压力和爆炸温度，可以更直观地展现密闭容器内预混合气体的爆炸发展过程。

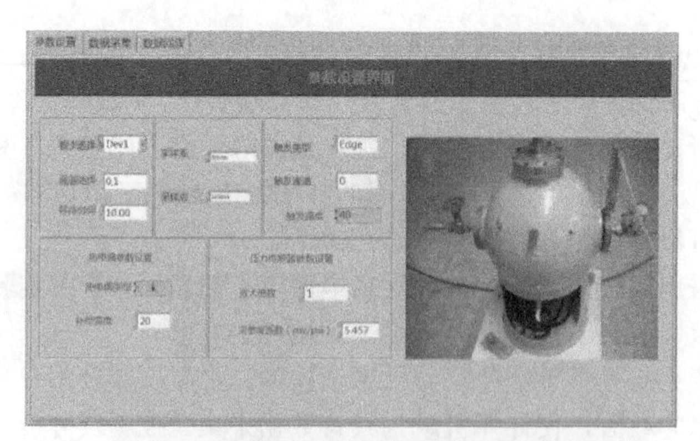

图 7-5　爆炸参数测试程序参数设置界面

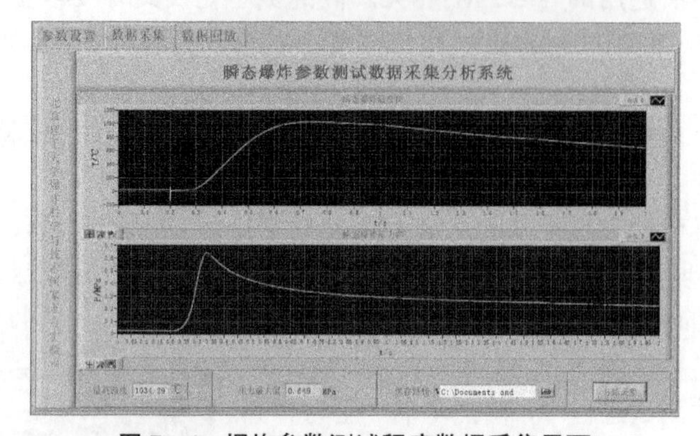

图 7-6　爆炸参数测试程序数据采集界面

第三部分“数据回放”的主要功能为回放数据，即读取已经保存的测试结果，显示爆炸压力或温度曲线，其界面如图 7-7 所示。在一组实验完成之后，可以在此部分中读取不同的爆炸压力、爆炸温度曲线，对实验结果进行对比分析。

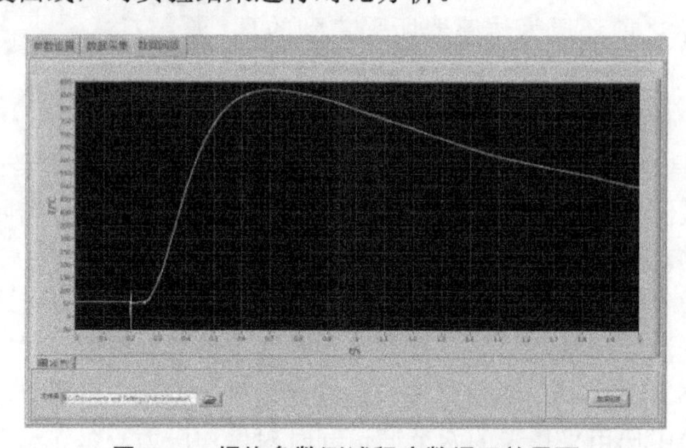

图 7-7　爆炸参数测试程序数据回放界面

作为电测设备，数据采集系统所能接受的只能是电压信号，因此需要通过传感器将被测物理量转换为电压信号。本书中同时对爆炸过程的压力及温度变化过程进行测量，而两种传感器的信号转换并不相同，需要对两者分别进行分析。

压力测试信号的转换相对简单，爆炸过程中所产生的压力信号通过压电式压力传感器进行采集，经过与压力传感器适配器的配合可以将调理后的电压信号直接传输给数据采集卡。

压电式压力传感器的输入/输出关系线性度较好，因此，在信号处理中一般只涉及降噪、滤波，在软件中根据传感器的灵敏度进行简单的计算即可得出相应的压力变化曲线。

温度信号的转换由于涉及冷端补偿的问题而变得比较复杂。温度信号测试中所使用的传感器为K型热电偶，根据热电偶的工作原理可知，热电偶输出的热电势是冷、热两端节点温度的函数，只有当冷端温度恒定时，输出电势才能真实反映热端温度的变化过程，并且需要对热电偶的测试信号进行冷端补偿。本书中所使用的瞬态爆炸参数测试软件中针对热电偶信号的冷端补偿设计专门模块，采用软件补偿的原理、叠加补偿的方法对热电偶进行冷端补偿，即把实际的热电偶输出信号与软件中所产生的冷端补偿电压信号相加，从而得到热电偶测量中所得的真实电压信号。

2. 实验装置

气体爆炸常用的实验装置有20 L球形罐体、1立方球形罐体和管道等。

容积为20 L的爆炸装置为国际通用的标准装置，内径为336 mm，壁厚10 mm，如图7－8所示。该装置配有分压进气系统、爆炸泄压系统和排气系统，壁面上分布有6个传感器接口用以连接不同类型的传感器，可以用于测量室温条件下可燃性气体的爆炸参数和最小点火能量。20 L爆炸装置测试系统示意图如图7－9所示。

由于此爆炸装置为球形，传感器测试口均匀地分布于爆炸装置的壁面上。

放电电极位于装置的几何中心处。

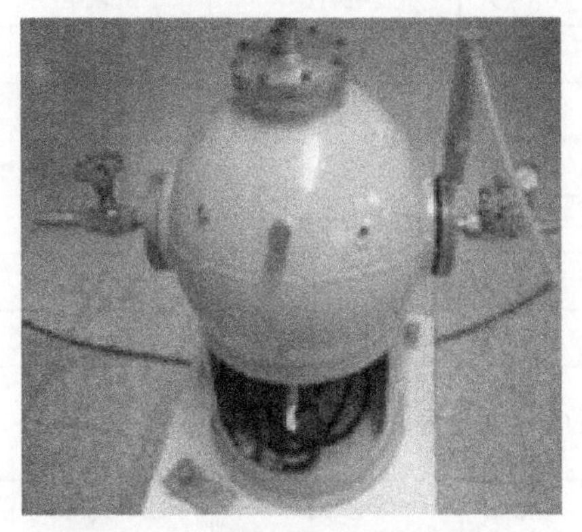

图7－8　容积为20 L的爆炸装置

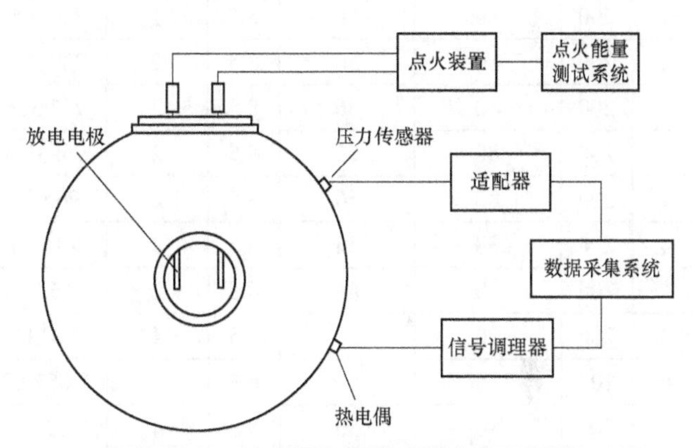

图7－9　20 L爆炸装置测试系统示意图

为能准确测试预混合气体的爆炸特性参数，每次实验之前均要对装置进行气密性测试，具体方法是：用真空泵对爆炸装置抽真空，使其真空度达到－0.09 MPa，然后静置20 min，真空表无明显变化则说明装置气密性良好。

3. 甲烷爆炸参数测试

实验是在容积为20 L的爆炸装置中进行的，实验环境为：温度20.5 ℃、相对湿度20%，放电间隙1 mm，预混合气体中甲烷浓度为8.5%。

点火装置采用自制的火花放电点火装置，为保证每次都能成功点火，选用容量为4 μF的电容器作为储能电容，其上所加电压为200 V，通过点火能量测试系统所测得的点火能量为56 mJ。

使用不同长度的热电偶，使其节点位置与爆炸装置内壁面之间的距离分别为0 cm、1 cm、2 cm、4 cm和6.5 cm，并对每只热电偶进行标定。

在与壁面距离不同的各点处都进行多次实验，以避免偶然误差的影响。每次实验之后，通过排气系统将容器内的爆炸产物气体排出，并用压缩空气吹洗爆炸装置。

20 L 爆炸装置甲烷/空气的爆炸参数实验结果见表 7－2。

表 7－2　甲烷/空气的爆炸参数

电容/μF	电压/V	$0.5CU^2$/mJ	$\int UI\mathrm{d}t$ /mJ	浓度/%	与壁面距离/cm	最高温度/℃	最大超压/MPa	$\left(\frac{\mathrm{d}p}{\mathrm{d}t}\right)_{max}$/($10^5$ Pa·s^{-1})	$\left(\frac{\mathrm{d}T}{\mathrm{d}t}\right)_{max}$/(℃·$s^{-1}$)
4	200	80	56	8.5	0	302.32	0.703	59.81	945.873
4	200	80	56	8.5	0	314.281	0.712	62.28	1 016.071
4	200	80	56	8.5	0	313.483	0.712	57.23	977.283
4	200	80	56	8.5	0	293.598	0.648	44.15	931.945
4	200	80	56	8.5	0	301.429	0.707	59.55	925.537
4	200	80	56	8.5	1	668.427	0.656	51.86	1 167.884
4	200	80	56	8.5	1	741.8	0.694	59.77	1 108.267
4	200	80	56	8.5	1	698.993	0.656	51.68	1 217.173
4	200	80	56	8.5	1	682.859	0.655	48.59	1 492.653
4	200	80	56	8.5	1	715.279	0.651	49.04	1 643.98
4	200	80	56	8.5	1	655.65	0.649	49.16	1 324.463
4	200	80	56	8.5	2	947.366	0.708	53.39	1 984.744
4	200	80	56	8.5	2	957.336	0.682	51.16	2 101.862
4	200	80	56	8.5	2	955.015	0.692	52.01	2 032.812
4	200	80	56	8.5	2	965.91	0.671	47.99	1 758.342
4	200	80	56	8.5	2	894.94	0.656	52.36	1 941.419
4	200	80	56	8.5	2	915.813	0.652	53.78	1 892.582
4	200	80	56	8.5	4	1 033.2	0.666	48.06	1 974.993
4	200	80	56	8.5	4	1 057.02	0.633	44.61	2 168.464
4	200	80	56	8.5	4	1 027.58	0.64	45.55	2 008.09
4	200	80	56	8.5	4	1 034.29	0.649	48.56	2 354.628
4	200	80	56	8.5	4	1 066.88	0.643	48.17	2 306.355
4	200	80	56	8.5	6.5	1 078.09	0.701	55.41	2 225.665
4	200	80	56	8.5	6.5	1 114.5	0.687	55.58	2 293.314
4	200	80	56	8.5	6.5	1 145.47	0.680	62.24	2 314.38
4	200	80	56	8.5	6.5	1 079.78	0.674	58.46	2 357.145
4	200	80	56	8.5	6.5	1 075.89	0.660	59.22	1 899.255
4	200	80	56	8.5	6.5	1 122.82	0.666	49.79	2 416.964
4	200	80	56	8.5	6.5	1 092.78	0.681	54.45	2 277.583
4	200	80	56	8.5	6.5	1 114.29	0.693	66.01	2 414.297
4	200	80	56	8.5	6.5	1 068.11	0.687	64.53	2 033.79
4	200	80	56	8.5	6.5	1 149.19	0.680	53.86	2 469.889

部分测试爆炸曲线如图 7-10～图 7-14 所示。

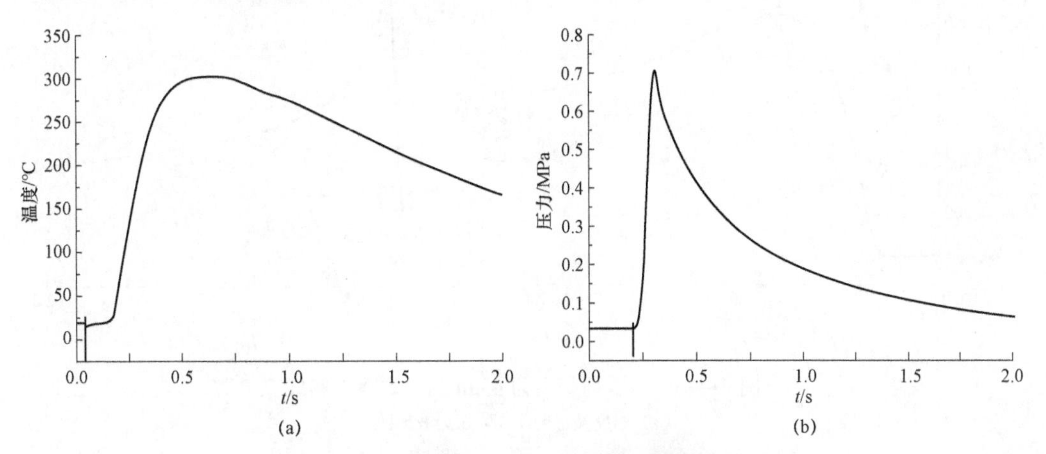

图 7-10　与壁面距离为 0 cm 测点的爆炸曲线

（a）温度波形图；（b）压力波形图

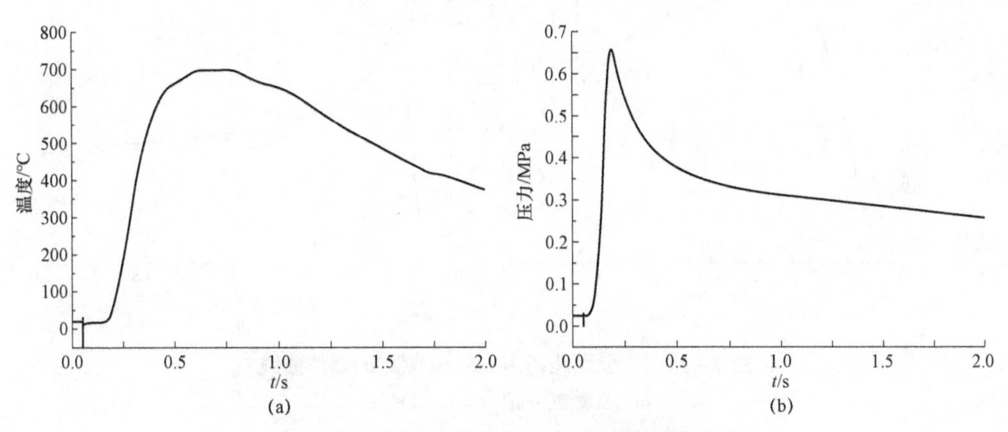

图 7-11　与壁面距离为 1 cm 测点的爆炸曲线

（a）温度波形图；（b）压力波形图

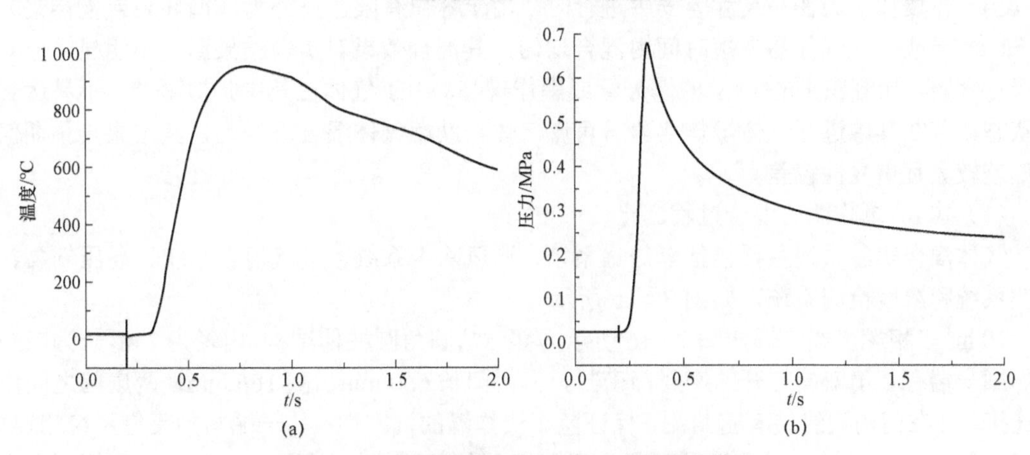

图 7-12　与壁面距离为 2 cm 测点的爆炸曲线

（a）温度波形图；（b）压力波形图

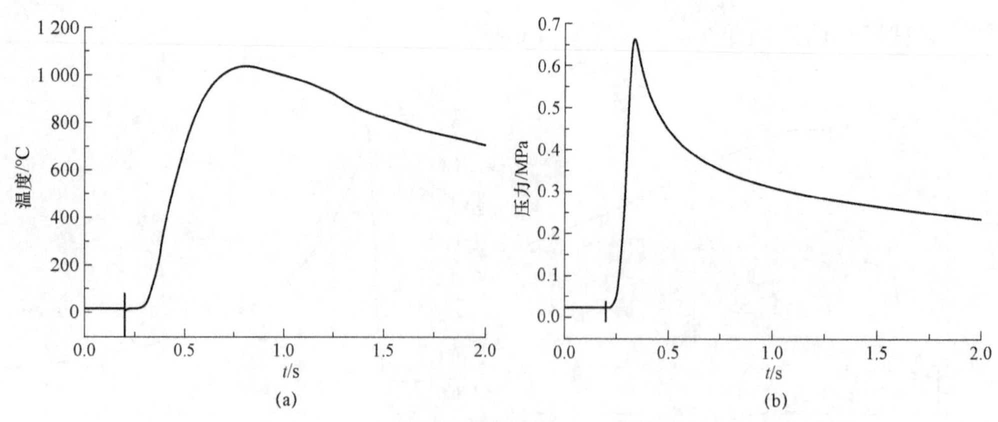

图 7-13　与壁面距离为 4 cm 测点的爆炸曲线

（a）温度波形图；（b）压力波形图

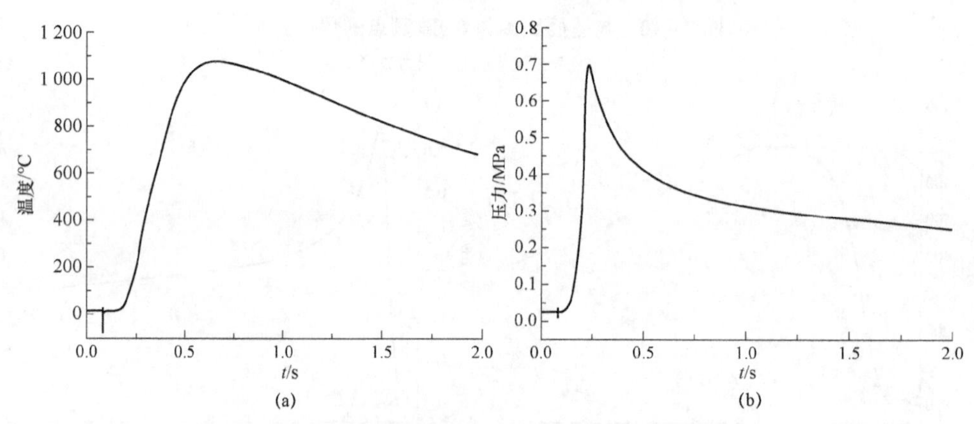

图 7-14　与壁面距离为 6.5 cm 测点的爆炸曲线

（a）温度波形图；（b）压力波形图

4. 大尺寸密闭容器条件下气体爆炸实验[28]

当气体爆炸实验在小尺寸容器中进行时，由于容积有限，在外力（循环泵或搅拌桨）驱动下，二元或多元气体易在短时间内混合均匀，其混合效果对实验结果影响不明显。但对于大尺寸容器，如容积 1 m^3 以上的爆轰管或爆炸罐等，由于气体在其中扩散缓慢，不易达到均匀状态，若在其中进行气体爆炸实验，可燃气体与助燃气体混合不均匀，其结果与预期值往往偏差较大且重复性较差。

（1）10 m^3 爆炸罐内混合过程。

气体混合实验系统主要包括爆炸罐系统、通风除尘系统、进气混合系统、高压气泵、抽真空系统和浓度检测系统，如图 7-15 所示。

10 m^3 多相燃烧爆炸罐如图 7-16 所示，为卧式、圆角圆柱体结构，内径为 2 m，长为 3.5 m。爆炸罐一端有 2 扇双向打开的密封门密封，密封门长 660 mm，高 106 mm，两扇门之间由螺杆连接，并在门的边缘装有密封圈，保证整个爆炸罐的气密性；另一端与抽真空系统相连接，抽真空孔径为 45 mm。爆炸罐共有四个观察窗，中间观察窗内径为 300 mm，两侧观察窗内径为 200 mm，观察窗中心距离为 750 mm，背面观察窗与中间观察窗相对应，各观察窗向爆炸罐内纵深为 70 mm。在爆炸罐两侧均匀装有 10 套喷粉扬尘系统，喷粉孔径为 80 mm。为了保证粉尘在爆炸罐中均匀抛撒，在爆炸罐上半部和下半部分别均匀布置了 3 套和 2 套喷粉扬尘系统，喷粉扬尘系统的间距为 800 mm。在爆炸罐的周围布置有 20 个测试孔，侧面测试孔间距为 800 mm，前后两个壁面测试孔间距为 700 mm，上下壁面测试孔间距为 400 mm。爆炸罐上方与通风除尘系统相连，也可以与其他容器连接向罐内输送气体。

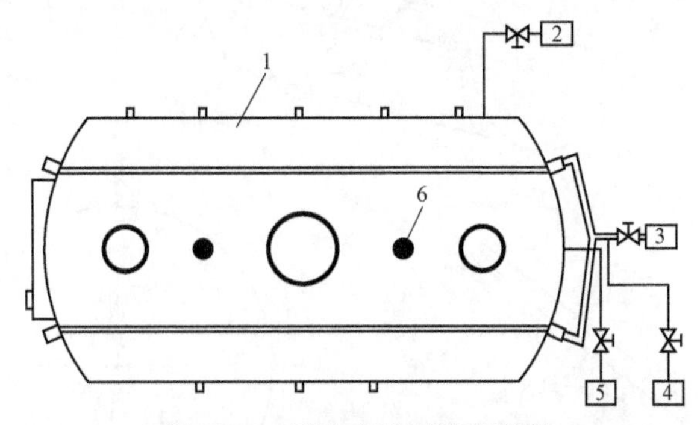

图 7－15　混合实验系统示意图

1—爆炸罐系统；2—通风除尘系统；3—进气混合系统；4—高压气泵；5—抽真空系统；6—浓度检测系统

图 7－16　10 m³ 多相燃烧爆炸罐

10 m³ 爆炸罐内均匀布置 4 根贯穿罐体长轴细管路，并通过管路上的均匀开孔进行进气，设计示意图如图 7－17 所示。圆弧壁面与爆炸罐门有相互对应的四个测试孔，且四个测试孔在圆弧壁面以圆弧中心呈中心对称分布，利用圆弧壁面四个测试孔为进气口向进气设备充入气体，通过在进气管道上布设不同间距、不同孔径的小孔向爆炸罐内充入气体。测试孔孔间距为 70 mm，孔径 12 mm，进气管道长 3.3 m，进气管道上采取 90° 旋转开孔方式，布设不同开孔孔径、开孔间距进气孔，使气体由进气管道通过进气孔进入爆炸罐。

将 10 m³ 爆炸罐均匀等分为 27 个子空间，通过进气装置的结构设计，使得进气时每个子空间的进气量相同，以保证每个子空间的气体即时混合效果，最终当考虑整个爆炸罐的内部空间时，将各个子空间内的混合效果进行体积叠加，即保证整个爆炸罐内的气体混合达到均匀。

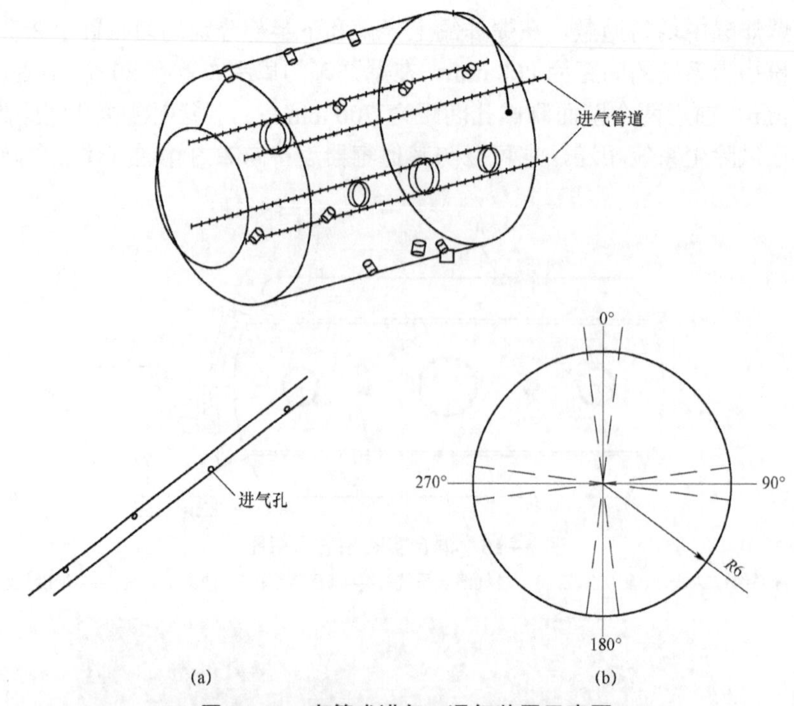

图 7－17　直管式进气－混气装置示意图

（a）直管模型中开孔图；（b）进气孔 90° 开孔图例

通过定点气体采样设备进行各采样点气体样品的采样工作，其连接部件的工作原理如图 7－18 所示。对爆炸罐内气体进行采样时，注射器前端铜管直接固定于 27 个采样点位置，通过注射器的吸力抽取既定体积的气体混合物，吸取后直接将注射器端头密封，保证样品气体不再与外界空气发生扩散。当采样点采样过程结束后，立即送往检测单位进行浓度检测。

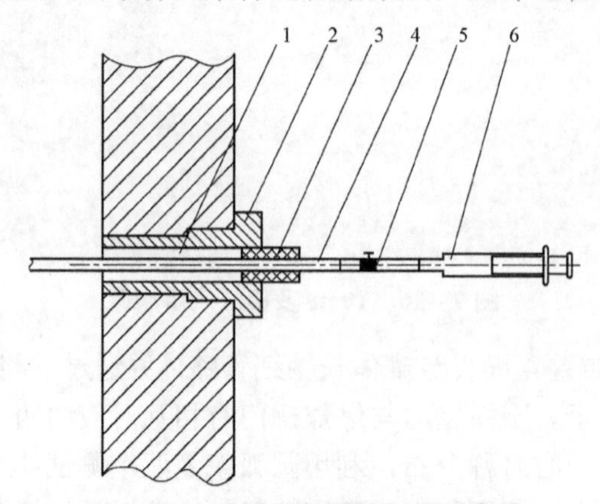

图 7－18　采样设备连接部件组成图

1—爆炸罐壁；2—转接头；3—橡胶塞；4—铜管；5—橡胶软管；6—注射器

检测采用的稀释法，由于催化燃烧式传感器的测量范围为 100% LEL，即可燃气体下限的 100%，以甲烷气体为例，其测量范围为 0～5%（爆炸下限），而进行实验时，关注的是气体浓度为其爆炸极限范围及向外拓展 50%的浓度，对甲烷气体来说，其爆炸极限为 5%～15.4%，我们实际关注的浓度为 5% × 50%～15.4% × 150%，即 2.5%～23.1%。就选用的催化燃烧式传感器而言，5%～23.1%的浓度范围是无法测量的，此时，可通过浓度稀释的方法，即通过采样获得实际浓度的气体，使用空气对原采样气体进行稀释，将其浓度降至原浓度的 10%（稀释系数，可改变），此时用催化燃烧传感器检测其浓度，得到的浓度值再除以稀释系数，可反推至原采样气体的浓度。如果甲烷的浓度为 9%，通过采样获得 10 mL 9%浓度的甲烷空气混合物，通过注入 90 mL 的空气，此时样品中甲烷的浓度降为 0.9%，此时已在催化燃烧传感器测量范围之内，如果实测值为 0.9%，反推可知，原采样气体中甲烷气体的浓度为 9%。由于催化燃烧传感器在 0～1%的测量浓度下精度较高，故稀释时尽量将稀释后的浓度控制在 0～1%之内。

可燃气体浓度检测过程是复杂的实时动态测量过程，整个过程中需保证罐体内部流场的稳定性。具体流程如下：

① 实验前需进行罐体内温度、湿度的测量，获取实际条件参数。

② 抽真空，控制真空度超过欲混合气体浓度的 100%（由罐体的气密性决定），即若混合成 9%的甲烷－空气混合物，需抽取罐体内 18%（体积比）的空气，再进气。

③ 使用注射器（50 mL 或 100 mL）从各监测位置抽取可燃气体－空气混合物 10 mL，根据实际浓度情况进行稀释。

④ 将稀释后的可燃气体－空气混合物通入催化燃烧传感器进行浓度检测，通过反推得到浓度数据。

⑤ 实际检测间隔时间设定为 3～5 min，整个检测过程至少获得 7 个可靠的浓度点，以便绘制浓度－时间曲线。

⑥ 混合气实验的流程图如图 7－19 所示。首先，在 10 m^3 爆炸罐内安装设计好的进气－混气装置；安装完毕后，关闭罐体门及其他相关阀门，开启真空泵，对罐体进行抽真空处理，到达设定的罐体初始真空度为止；然后，开启可燃气瓶阀门，进可燃气体，通过流量计控制可燃气体体积，达到既定气体量后，关闭气瓶阀门，开启空压机，通过进气－混气管路想罐体内补偿空气，直至罐体内部恢复常压状态。从进可燃气体开始，使用采样设备从设置好的采样点进行气体采集，并送交检验仪器检验得到该点的浓度值，记录不同时刻的气体浓度，最后汇总为该采样点处可燃气体浓度随时间变化的曲线。采样过程结束后，开启排风装置，抽空并循环稀释排放罐体内的可燃气体，直至可燃气体浓度<0.1%，结束整个流程。通过数值统计和分析的手段，得到罐体内的气体浓度变化趋势及浓度分布情况。

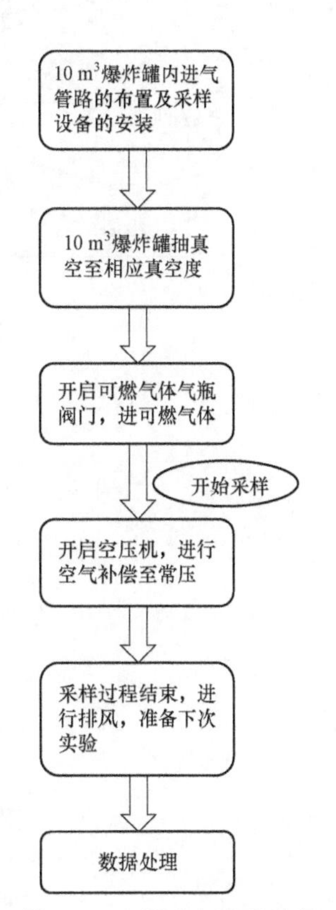

图 7－19　混合气实验流程

从进气装置尺寸（开孔孔径和间距）和进气技术（预留真空度和进气速率）两方面入手，通过实验系统研究了各因素的影响规律，确定进气装置的最佳尺寸并获得最佳的预留真空度及进气速率。

实验时温度为 298 K，压力为 1 atm。实验中选取 8 个监测点来获取此监测点周边甲烷的浓度，最终通过对比分析得到整个爆炸罐内气体的混合效果。这 8 个点主要分布在罐体的周边和正中心位置，可以较好地反映该位置处气体的混合情况。

根据直管式进气装置的结构特点，改变其结构参数，包括开孔直径和开孔间距，达到优化其进气效果的目的。为便于加工和确定数据，装置的结构参数都默认均匀，即同一组实验中，开孔直径相同、开孔间距一致。实验中，根据实际管体尺寸，开孔直径选取 1.5～3.5 mm，0.5 mm 为步长；开孔间距选取 50～250 mm，50 mm 为步长。实验中研究开孔孔径时，选取最优孔间距 10 cm，不预留真空度，进气速率控制在 8 m^3/h；研究开孔间距时，同样依据该文献的结果，结合开孔孔径的实验验证，选取最优孔径下进行，不预留真空度，进气速率控制在 8 m^3/h。

按照 5%的浓度量进气。进气后，各监测点处的浓度随时间变化如图 7－20 所示。

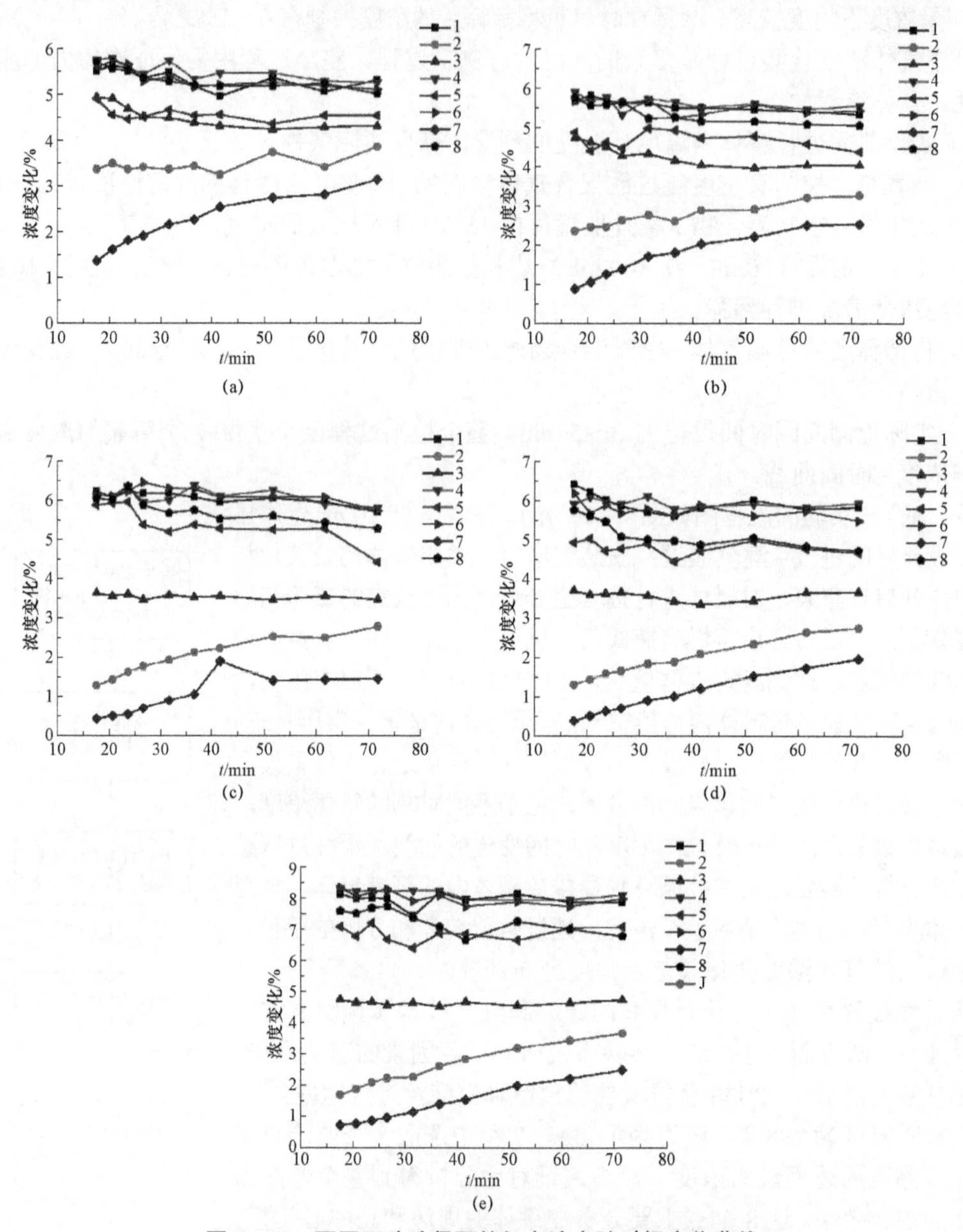

图 7－20　不同开孔孔径下特征点浓度随时间变化曲线

（a）开孔孔径 1.5 mm 时浓度变化曲线；（b）开孔孔径 2 mm 时浓度变化曲线；
（c）开孔孔径 2.5 mm 时浓度变化曲线；（d）开孔孔径 3 mm 时浓度变化曲线；
（e）开孔孔径 3.5 mm 时浓度变化曲线

可以看出，经过一定时间，各监测点浓度值均不再变化，爆炸罐内甲烷达到平衡状态，不同开孔孔径下各监测点达到浓度平衡所需时间大致相同，基本在 60 min 内甲烷浓度趋于平衡。这是因为气体间的混合主要是湍流混合模式，甲烷刚充入爆炸罐时有一定速度，将甲烷气体逐渐带到爆炸罐各处，监测点测得甲烷浓度不断上升；充气过程完成后，甲烷速度逐渐减小直至为零，进入监测点区域的甲烷不再剧烈变化，主要靠气体扩散完成混合。由于爆炸罐内初始压力、进气速率相同，整个进气过程所需时间大致相同，因此甲烷达到浓度平衡所需时间大致相同。但由于监测点位置不同，甲烷进入各监测点监测区域时间不同，不同监测点甲烷平衡所需时间略微有所差别。

甲烷浓度达到平衡状态时，不同监测点监测到甲烷浓度值不同，开孔较小时，各监测点平衡时甲烷浓度较为集中，开孔较大时，各监测点甲烷平衡时浓度较为分散。如：开孔孔径为 1.5 mm 时，甲烷浓度在 2.8%～5.5%范围内；开孔孔径为 2.5 mm 时，甲烷浓度在 2.6%～6.3%范围内；开孔孔径为 3.5 mm 时，甲烷浓度在 2.0%～7.0%范围内。这是因为在通过射流进行混合过程中，射流速度起重要作用，进入爆炸罐甲烷气体速度大，与空气间的速度梯度较大，有利于通过射流的卷吸作用实现二者动量与质量的交换，达到混合的目的。在进气速率相同情况下，进气孔越小，甲烷进入爆炸罐内速度越大，越有利于气体的混合，因此混合效果越好，各监测点监测到的浓度分布相对集中。

爆炸罐上半部分监测点的浓度值比下半部分监测点的浓度值高。由于甲烷相对密度比空气的小，在理想状态下，二者混合时更容易处于上层。各监测点浓度随时间变化曲线均呈现随着时间的增大而逐渐升高，直至稳定在某一浓度值附近的趋势。综合分析不同开孔条件下的混合气效果图，可得相同监测点不同开孔孔径条件下的混合气效果图，如图 7－21 所示。

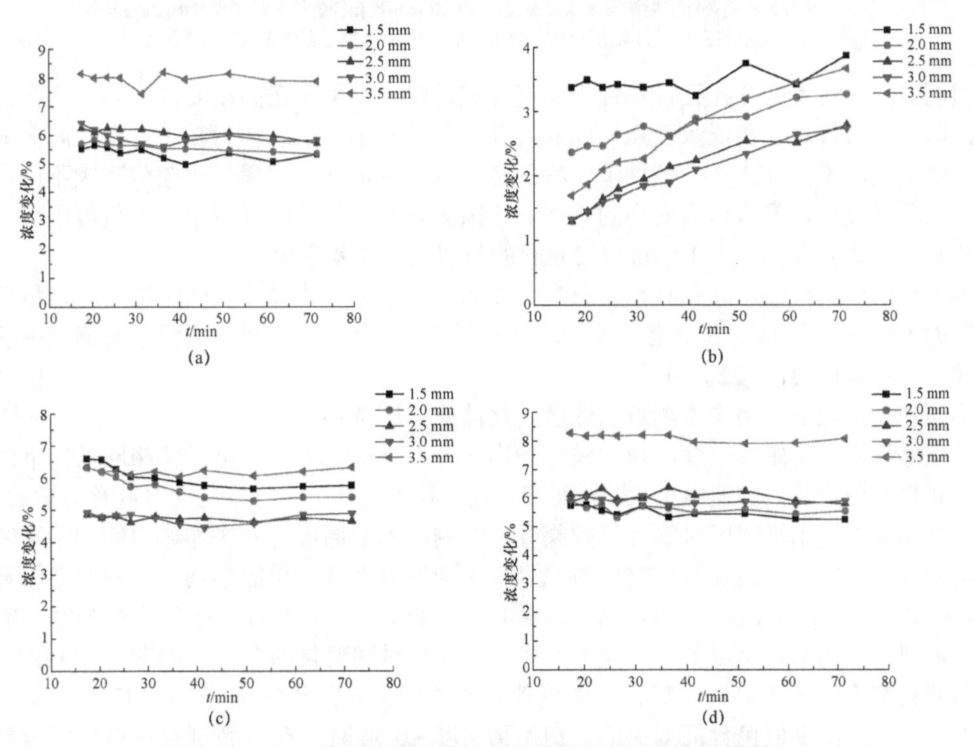

图 7－21　相同监测点不同开孔孔径条件下混合气效果

（a）不同开孔孔径条件下监测点 1 浓度曲线；（b）不同开孔孔径条件下监测点 2 浓度曲线；（c）不同开孔孔径条件下监测点 3 浓度曲线；（d）不同开孔孔径条件下监测点 4 浓度曲线

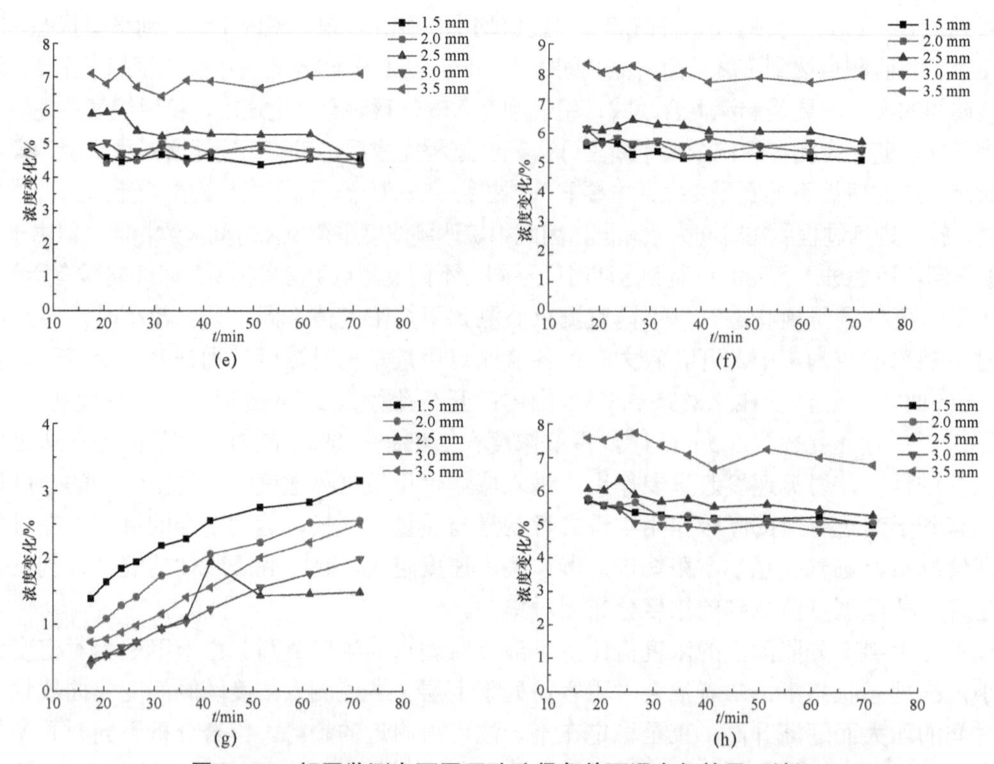

图 7-21 相同监测点不同开孔孔径条件下混合气效果（续）

(e) 不同开孔孔径条件下监测点 5 浓度曲线；(f) 不同开孔孔径条件下监测点 6 浓度曲线；
(g) 不同开孔孔径条件下监测点 7 浓度曲线；(h) 不同开孔孔径条件下监测点 8 浓度曲线

相同监测点在不同开孔孔径条件下浓度值相差较大，呈现在高浓度点，随着开孔孔径的增大，浓度相对较高。在低浓度点，随着开孔孔径的减小，浓度相对较小。在中间区域呈现不同规则变化。不同开孔孔径条件下，特征点浓度值中最高点与最低点差值范围不同，呈现随着开孔孔径减小，差值范围变小的规律。但随着开孔孔径的继续减小，差值范围变小，幅度逐渐减小，如开孔孔径为 1.5 mm、2 mm 的差值范围相差不大。

由实验的结果可知，开孔孔径设置为 1.5 mm 最合适，研究开孔间距影响时，将开孔孔径设置为 1.5 mm，不预留真空度，进气速率控制在 8 m^3/h。不同开孔间距下监测点甲烷浓度随时间变化曲线如图 7-22 所示。

不同开孔间距下，相同监测点的浓度变化曲线如图 7-23 所示。

改变爆炸罐内初始真空度，加大爆炸罐内与外界环境压力差，可以使相同条件下甲烷通过进气孔进入爆炸罐内的速度增大，从而增大速度梯度，增强甲烷与空气质量及动量的交换，因此，爆炸罐内初始真空度对混合气效果会有影响。本节通过改变爆炸罐内的初始真空度，运用实验方法研究爆炸罐初始真空度对混合气时间及混合气效果的影响。分别取初始真空度为 -0.06 MPa、-0.05 MPa、-0.04 MPa、-0.03 MPa、-0.02 MPa，研究甲烷与空气的混合效果，得到不同初始真空度条件下监测点甲烷浓度随时间变化的曲线，如图 7-24 所示。

不同真空度条件下，8 个特征点浓度值范围不同，初始真空度 -0.06 MPa、-0.05 MPa 条件下，特征点浓度值包含范围更广，初始真空度 -0.04 MPa 时，特征点浓度值较为集中，说明平衡时浓度值更为接近，气体混合效果较好。最终混合气时间不同，从图中可以看出初始真空度 -0.06 MPa 时，最终混合气时间为 28 min；初始真空度 -0.05 MPa 时，最终混合气时间为 35 min；初始真空度 – 0.04 MPa 时，最终混合气时间为 25 min；初始真空度 – 0.03 MPa 时，最终混合气时间为 35 min；初始真空度 – 0.02 MPa 时，最终混合气时间为 40 min；初始真空度 – 0.04 MPa 时，在最短时间内甲烷浓度达到平衡。这是因为，甲烷与空气混合效果已经达到一定程度，随着爆炸罐内初始压力变为负压，甲烷气体充入爆炸罐时速度会更快，加大了甲烷与空气边界层速度梯度，使动量和能量交换加快，促进混合过程的进行，二者混合更加均匀。但由于充入爆炸罐内的甲烷不能完全使爆炸罐恢复常压，还需要补充一定空气，当空气通过进气管路进入爆炸罐时，会产生一定的空气射流，一方面能够加速与原有气体的混合，另一方面，又可能使已达到平衡浓度的区域由于空气的进入而变得不平衡，因此需要选取合适的初始真空度。

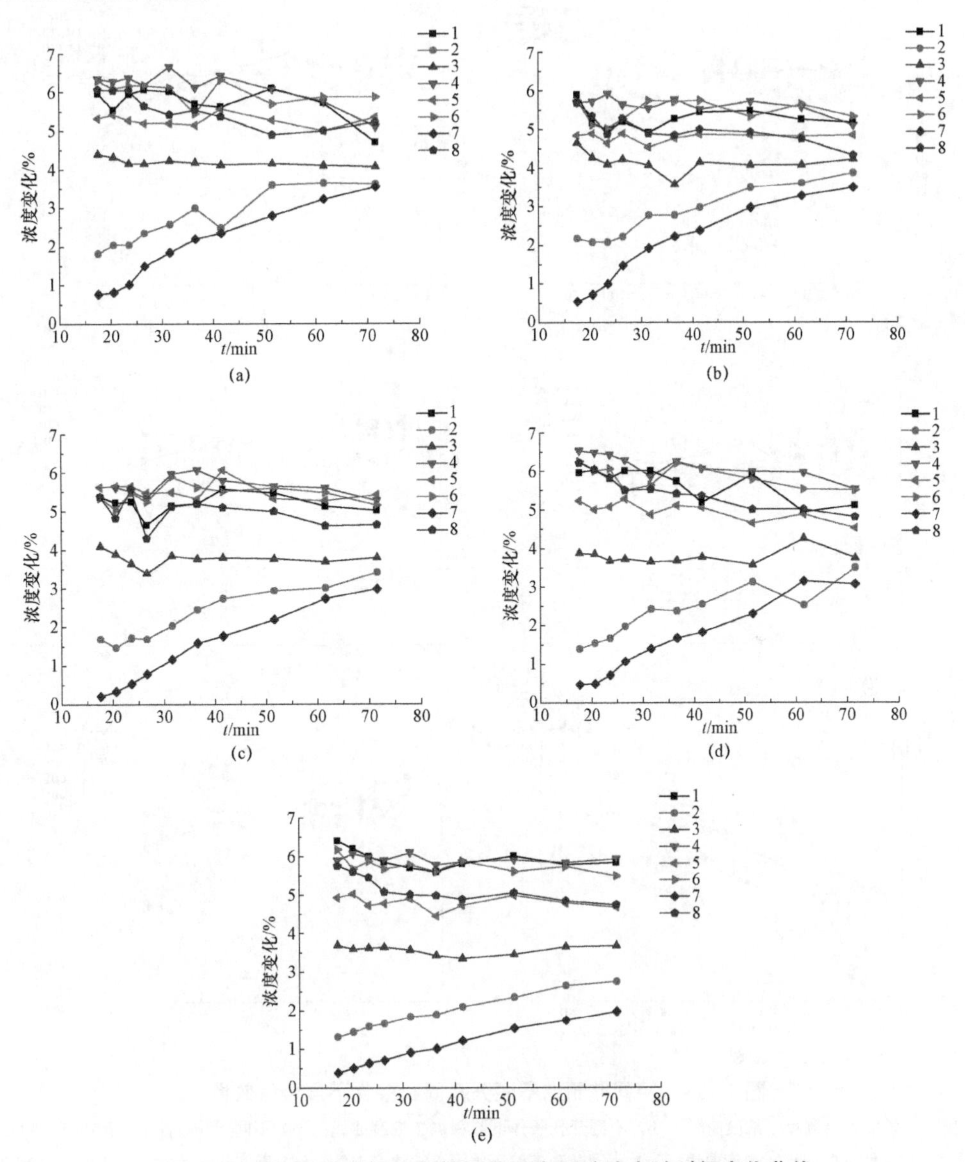

图 7 – 22　不同开孔间距条件下监测点甲烷浓度随时间变化曲线

（a）开孔间距 5 cm 时浓度变化曲线；（b）开孔间距 10 cm 时浓度变化曲线；（c）开孔间距 15 cm 时浓度变化曲线；（d）开孔间距 20 cm 时浓度变化曲线；（e）开孔间距 25 cm 时浓度变化曲线

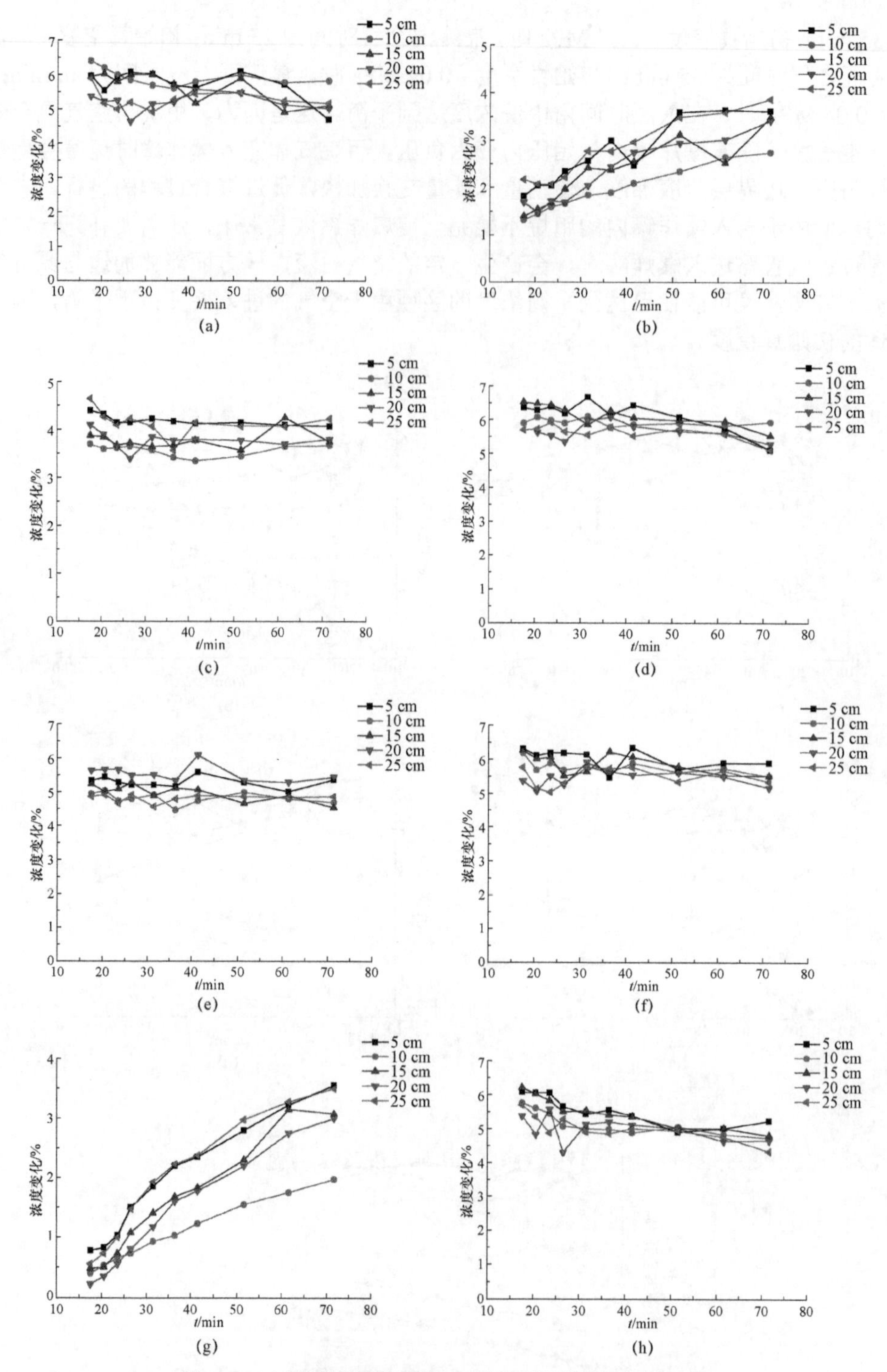

图 7-23　相同监测点不同开孔间距条件下混合气效果

（a）不同开孔条件下监测点 1 浓度曲线；（b）不同开孔条件下监测点 2 浓度曲线；（c）不同开孔条件下监测点 3 浓度曲线；（d）不同开孔条件下监测点 4 浓度曲线；（e）不同开孔条件下监测点 5 浓度曲线；（f）不同开孔条件下监测点 6 浓度曲线；（g）不同开孔条件下监测点 7 浓度曲线；（h）不同开孔条件下监测点 8 浓度曲线

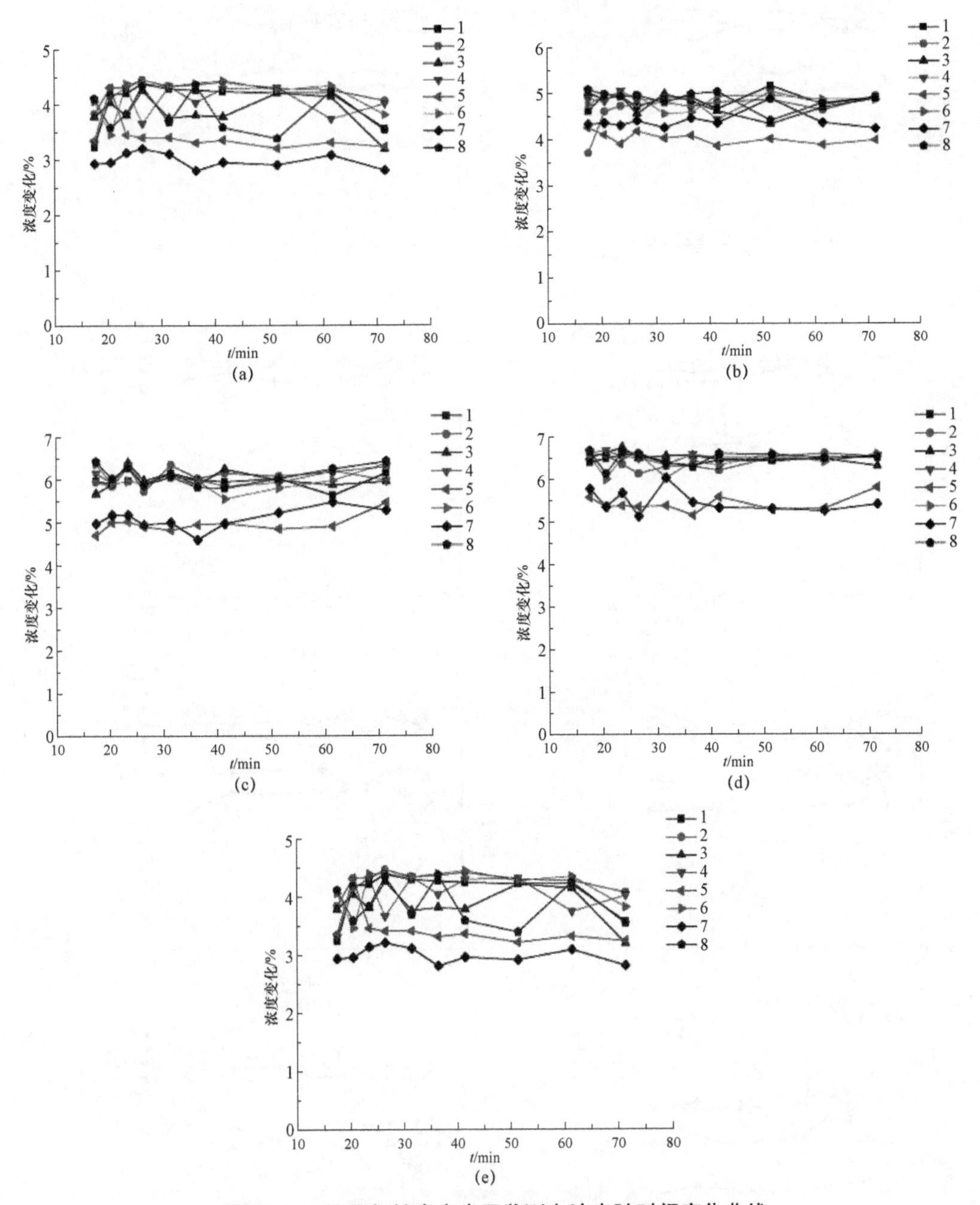

图 7－24　不同初始真空度下监测点浓度随时间变化曲线

（a）初始真空度－0.06 MPa 浓度变化曲线；（b）初始真空度－0.05 MPa 浓度变化曲线；

（c）初始真空度－0.04 MPa 浓度变化曲线；（d）初始真空度－0.03 MPa 浓度变化曲线；

（e）初始真空度－0.02 MPa 浓度变化曲线

根据计算的不同初始真空度条件下各监测点浓度变化情况，将不同初始真空度下，相同监测点的浓度变化曲线绘制如图 7－25 所示。

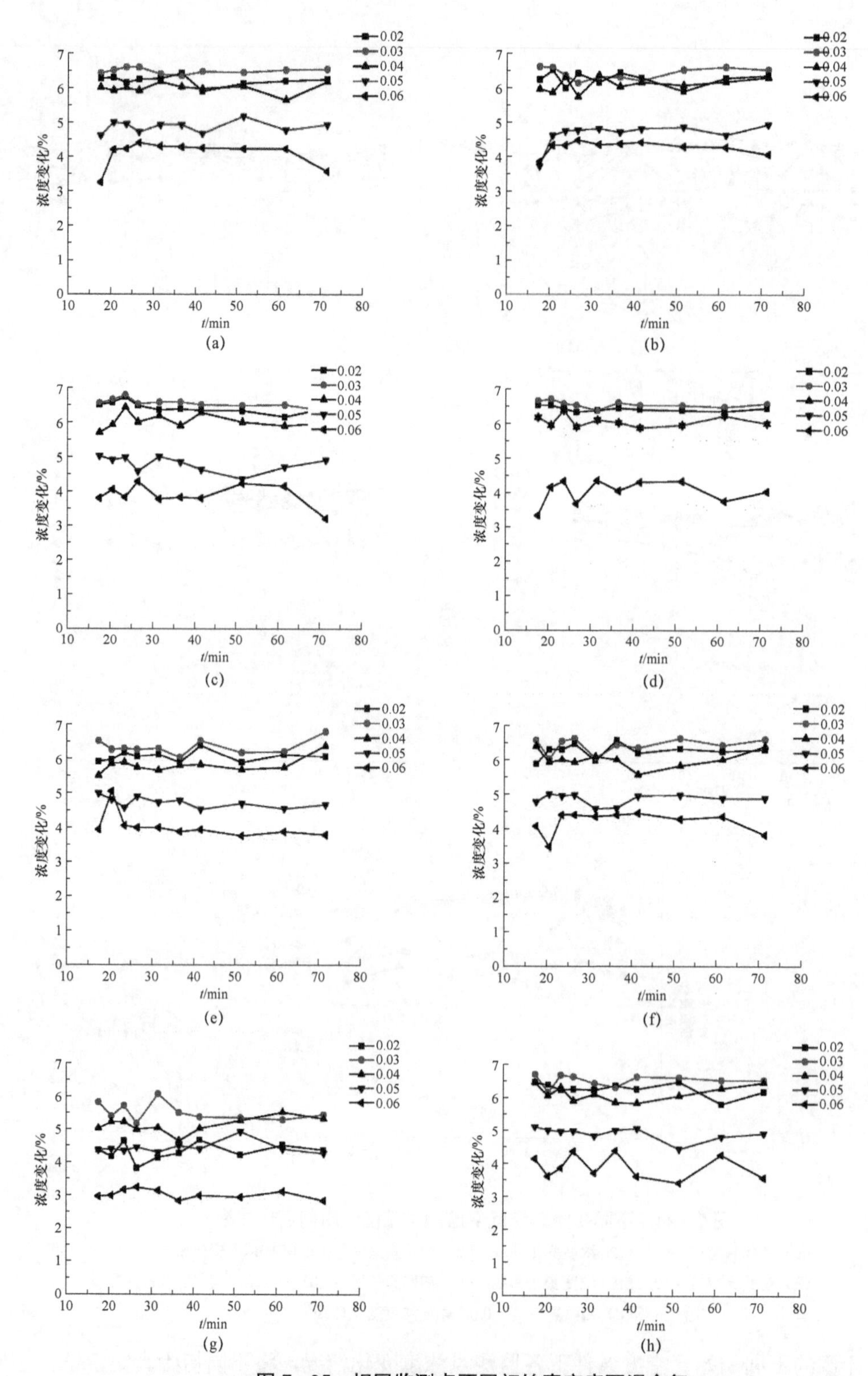

图 7-25　相同监测点不同初始真空度下混合气

(a) 不同初始真空度下监测点 1 浓度实时曲线；(b) 不同初始真空度下监测点 2 浓度实时曲线；(c) 不同初始真空度下监测点 3 浓度实时曲线；(d) 不同初始真空度下监测点 4 浓度实时曲线；(e) 不同初始真空度下监测点 5 浓度实时曲线；(f) 不同初始真空度下监测点 6 浓度实时曲线；(g) 不同初始真空度下监测点 7 浓度实时曲线；(h) 不同初始真空度下监测点 8 浓度实时曲线

设定进气速率为 2 m^3/h、4 m^3/h、6 m^3/h、8 m^3/h、10 m^3/h 时，开孔孔径 1.5 mm，开孔间距 0.1 m，初始真空度 -0.04 MPa。

不同进气速率条件下浓度曲线如图 7-26 所示。

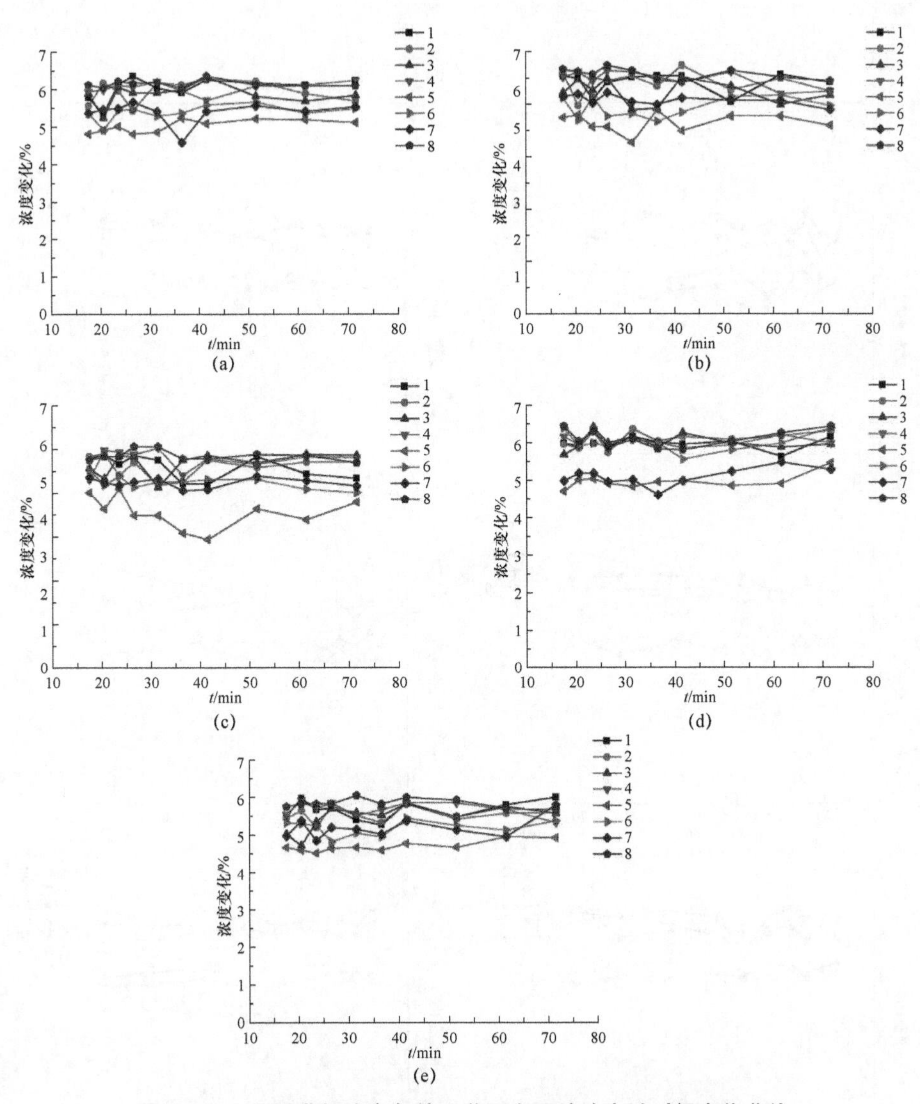

图 7-26　不同进气速率条件下监测点甲烷浓度随时间变化曲线

（a）进气速率 2 m^3/h 时浓度变化曲线；（b）进气速率 4 m^3/h 时浓度变化曲线；
（c）进气速率 6 m^3/h 时浓度变化曲线；（d）进气速率 8 m^3/h 时浓度变化曲线；
（e）进气速率 10 m^3/h 时浓度变化曲线

不同初始真空度下各监测点浓度变化情况如图 7-27 所示。

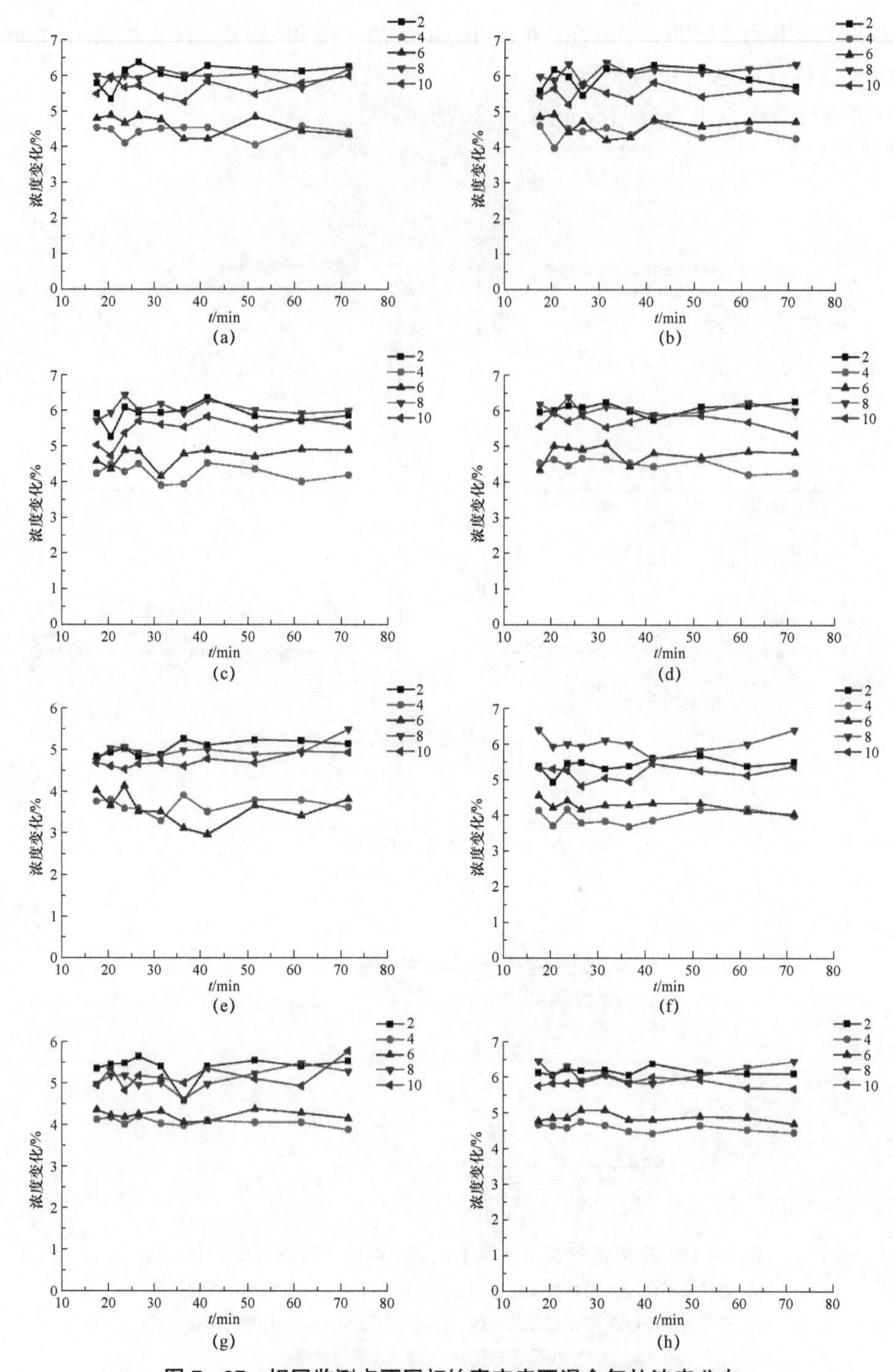

图 7-27 相同监测点不同初始真空度下混合气的浓度分布

（a）不同进气速率下监测点 1 浓度实时曲线；（b）不同进气速率下监测点 2 浓度实时曲线；
（c）不同进气速率下监测点 3 浓度实时曲线；（d）不同进气速率下监测点 4 浓度实时曲线；
（e）不同进气速率下监测点 5 浓度实时曲线；（f）不同进气速率下监测点 6 浓度实时曲线；
（g）不同进气速率下监测点 7 浓度实时曲线；（h）不同进气速率下监测点 8 浓度实时曲线

随着进气速率的增加，各特征点平衡时浓度值趋于一致，且当进气速率为 8 m^3/h 时，各特征点浓度值基本位于接近于 5%的直线上。

（2）气体爆炸实验。

实验系统是在混合气实验系统的基础上增加了点火系统、电测系统和光测系统等。实验系统如图 7－28 所示。

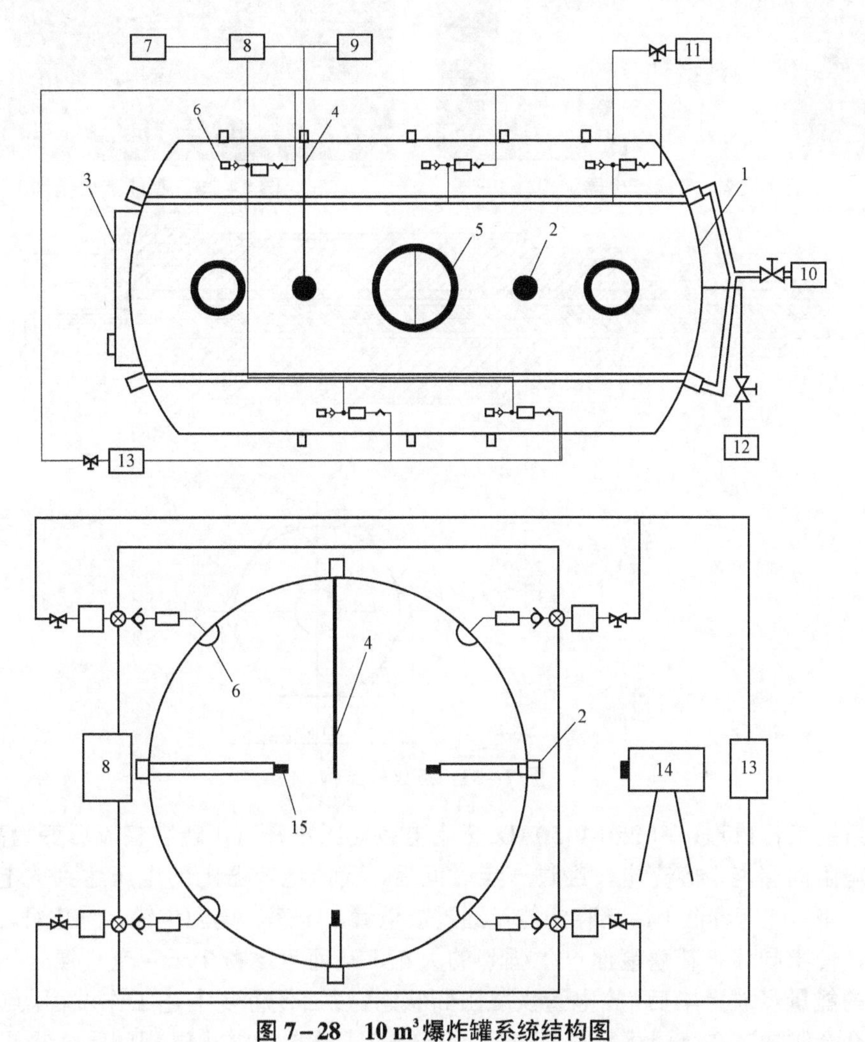

图 7－28　10 m^3爆炸罐系统结构图

1—爆炸罐；2—测试孔；3—罐门；4—压力测试系统；5—光侧窗口；6—喷粉系统；7，8，9—控制系统；
10—进气混合系统；11—通风除尘系统；12—抽真空系统；
13—高压气泵；14—光测系统；15—点火系统

点火系统采用 DX 高能点火系统，发火电压约 2 000 V，单次储能 40 J。高能点火系统由高能点火器、耐高压高温电缆、高能点火枪和电源电缆组成，如图 7－29 和图 7－30 所示。其中点火枪伸进爆炸罐内 1 m，由 2 个不锈钢电极组成：一个为圆柱形，另一个为管状，2 个电极为同轴并且中间有 2 mm 间隙用陶瓷管隔开。为使实验能够实现在爆炸罐内中心点火，点火杆如图 7－31 所示，可通过罐体上的测试孔伸进爆炸罐内。

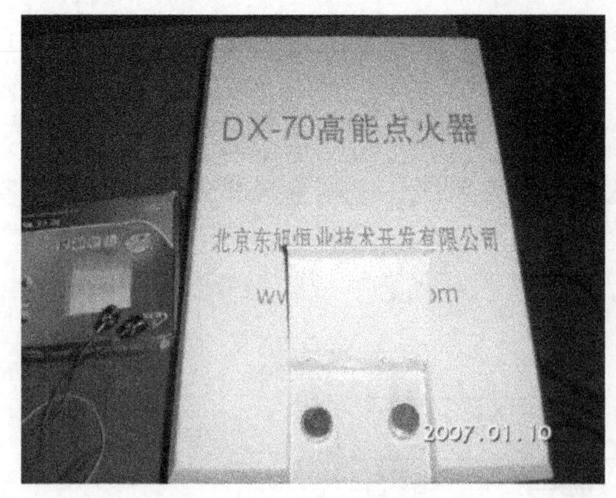

图 7-29　高能点火器

图 7-30　高能点火枪

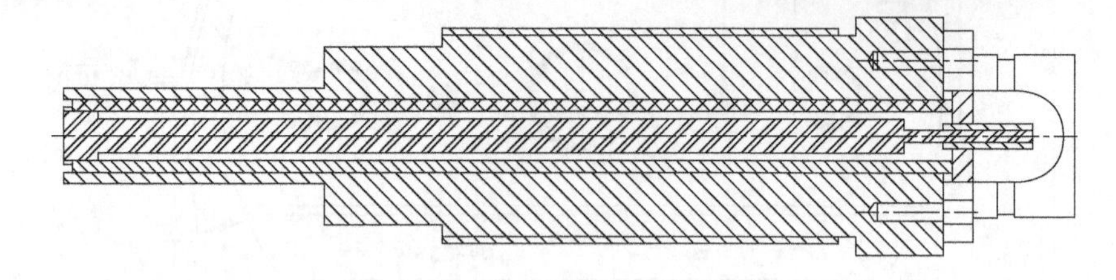

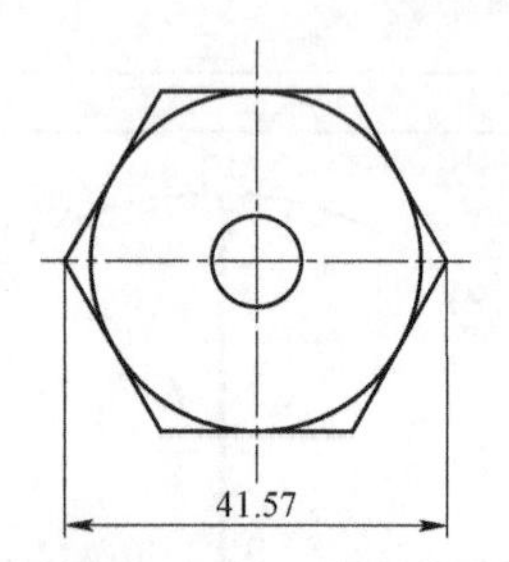

图 7-31　点火杆结构

点火系统工作原理：由 220 V/50 Hz 交流电经变压器升压，硅堆整流后变为高压直流，经过限流电阻向储能电容充电，经过一定时间后，储能电容器上的电压达到放电管击穿电压而放电，使储能电容器上所储存的能量通过放电管、电感、电源电缆、导电杆加到半导体火花塞上，使半导体火花塞端面产生强烈的火花，从而点燃粉尘云－空气混合物。当储能电容器上的能量释放完毕后，放电管恢复阻断状态，以后便重复上述工作过程。点火棒（枪）采用高温合金制成，在高温下可长期使用。高能点火器单次发火过程的高速摄影照片如图 7-32 所示。从图中可以看出，单次发火时间为 200～300 μs。

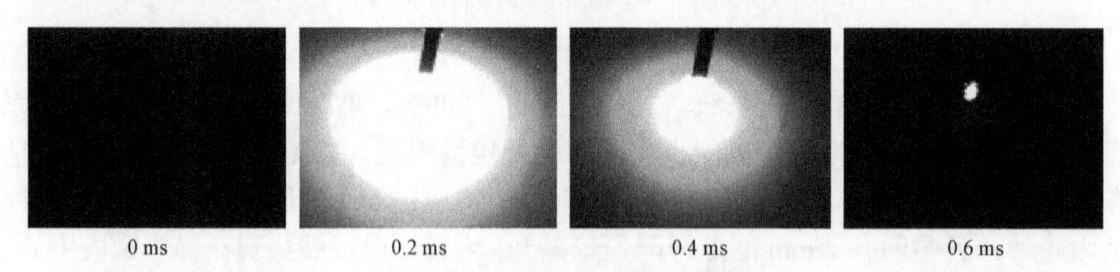

0 ms　　0.2 ms　　0.4 ms　　0.6 ms

图 7-32　高能点火器发火过程

电测系统主要包括压电式压力传感器、信号调理器、数据采集系统、信号线等，如图 7－33～图 7－36 所示。压力传感器为 Kistler 公司的压电石英低阻传感器，211 B3 型；适配器为 PCB 公司的信号调理器；数据采集器为南汇科技虚拟仪器系统。实验时，由控制系统输出电压信号，触发数据采集系统开始记录。在实验过程中，当爆炸波传至压电传感器时，传感器将压力信号转换成电荷信号，再经过适配器转换为相应的电压信号，最后经数据采集系统采集存储，并通过计算机对数据进行分析处理，得到相应的压力－时间历史曲线。

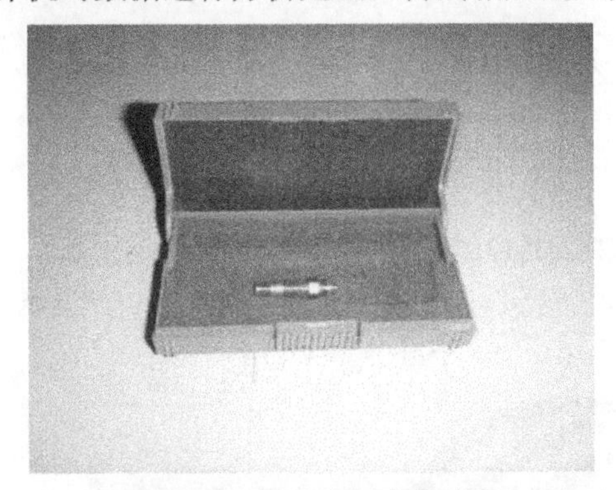

图 7－33　压电式压力传感器

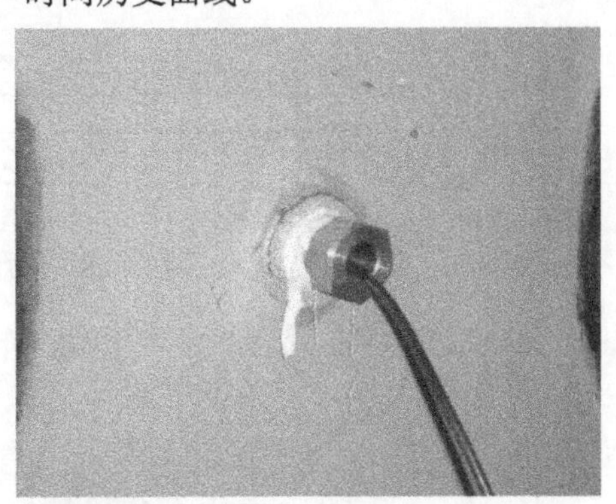

图 7－34　传感器在爆炸罐上的装配图

图 7－35　数据采集器

图 7－36　适配器

传感器与爆炸罐壁连接件如图 7－37 和图 7－38 所示。

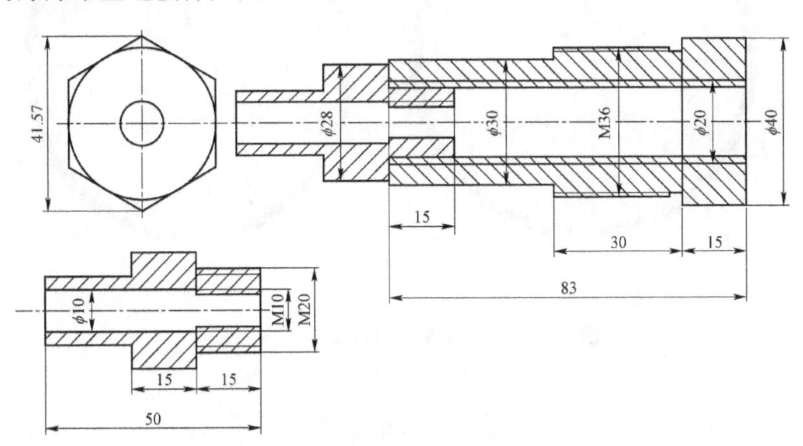

图 7－37　爆炸罐壁处连接件结构

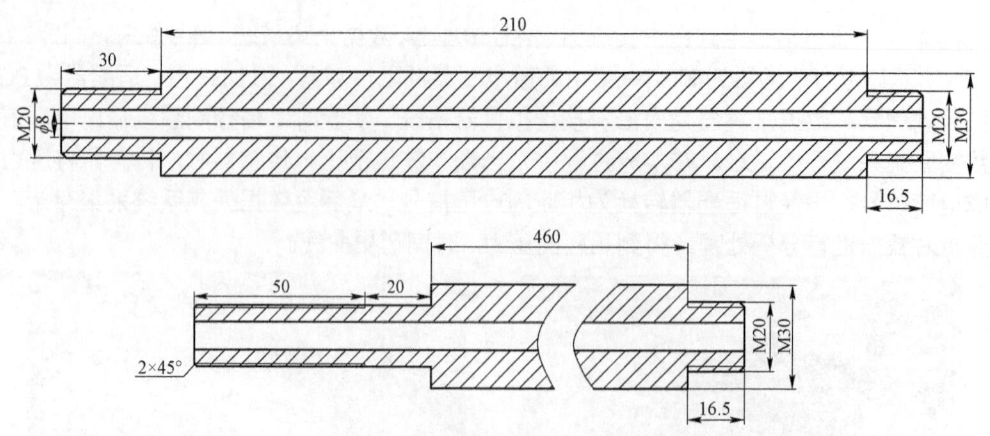

图 7－38　爆炸罐内连接件结构

在 10 m^3 爆炸罐内布置有 7 个传感器，布置方式如图 7－39 和图 7－40 所示。

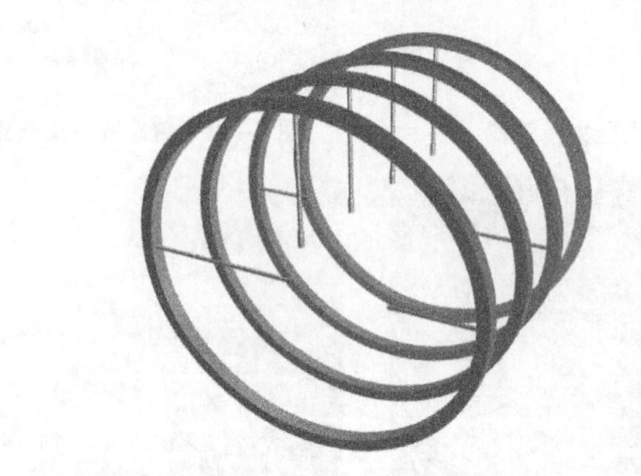

图 7－39　压力传感器布置示意图

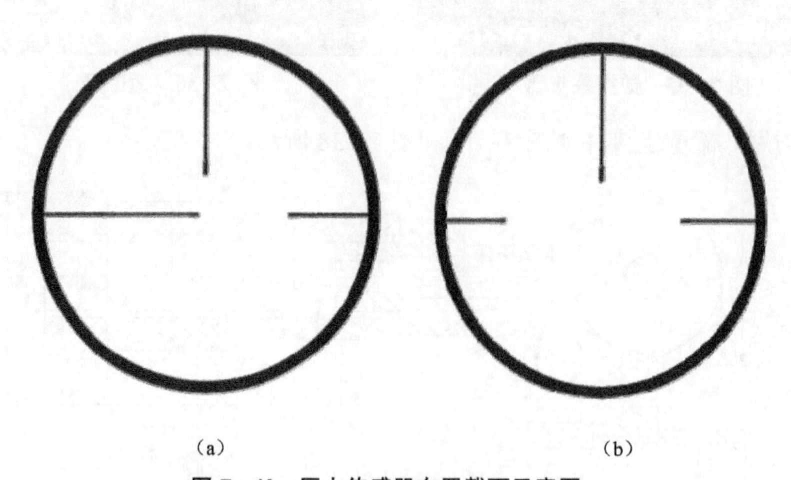

图 7－40　压力传感器布置截面示意图

(a) 截面一；(b) 截面二

将传感器分别命名为 1～7 号，如图 7－39 和图 7－40 所示。其中 3～6 号传感器为轴线传感器，间隔 40 cm；3 号传感器与点火杆在同一截面上。传感器距点火中心的距离见表 7－3。

表 7-3　压力传感器距点火中心的直线距离

传感器序号	距点火中心直线距离/m	位置详述
1	0.40	截面一最右边
2	1.26	截面二最右边
3	0.15	轴线第一个，截面一上面
4	0.43	轴线第二个
5	0.81	轴线第三个
6	1.21	轴线第四个，截面二上面
7	1.40	截面二最左边

光测系统主要由 MotionXtra HG-100K 高速摄像仪、镜头、三脚架、电脑等组成，实验中使用的高速摄像仪是美国 RedLake 公司的产品，通过爆炸罐的光测窗口来拍摄爆炸火焰。如图 7-41 所示，最高拍摄速度可达 100 000 fps，最大分辨率为 1 504×1 128 像素。全幅 1 024×768 像素的拍摄速度可达 2 000 fps。

图 7-41　高速摄像系统

选定甲烷浓度 6% 进行实验，压力传感器均有压力信号输出，发生爆燃；随后选取甲烷浓度为 5% 进行实验，压力传感器无压力信号，高速摄像系统也没有捕捉到火焰，故未发生燃烧；选取甲烷浓度 5.8%、5.7% 压力传感器均有压力信号输出，认为其发生爆燃；选取甲烷浓度为 5.6% 时，三发实验中，有一发在最贴近点火点的压力传感器（即 3 号传感器，如图 7-42 所示）有信号输出，其余传感器没有信号输出，判定其发生燃烧但未传播。甲烷浓度为 5.5%时，五发实验均没有压力信号输出，也没有火焰发生，故判定

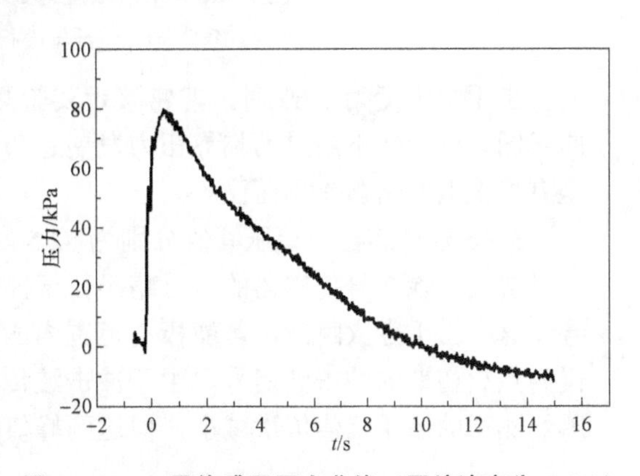

图 7-42　3 号传感器压力曲线（甲烷浓度为 5.6%）

其没有发生燃烧。

由图 7－42 可以看出，由于点火点处浓度低，在能量刺激下化学反应速率慢，所以点火后典型的冲击波压力曲线不像传统冲击波曲线那样达到微秒级别，一般为毫秒或秒级。这说明此时发生的仅仅是缓慢的燃烧反应，只是最初时刻有个压力的突跃而已。

以 10 m^3 爆炸罐为研究对象，对其中轴线上的 4 个压力传感器（3～6 号）的压力数据进行分析，其典型结果如图 7－43～图 7－45 所示。

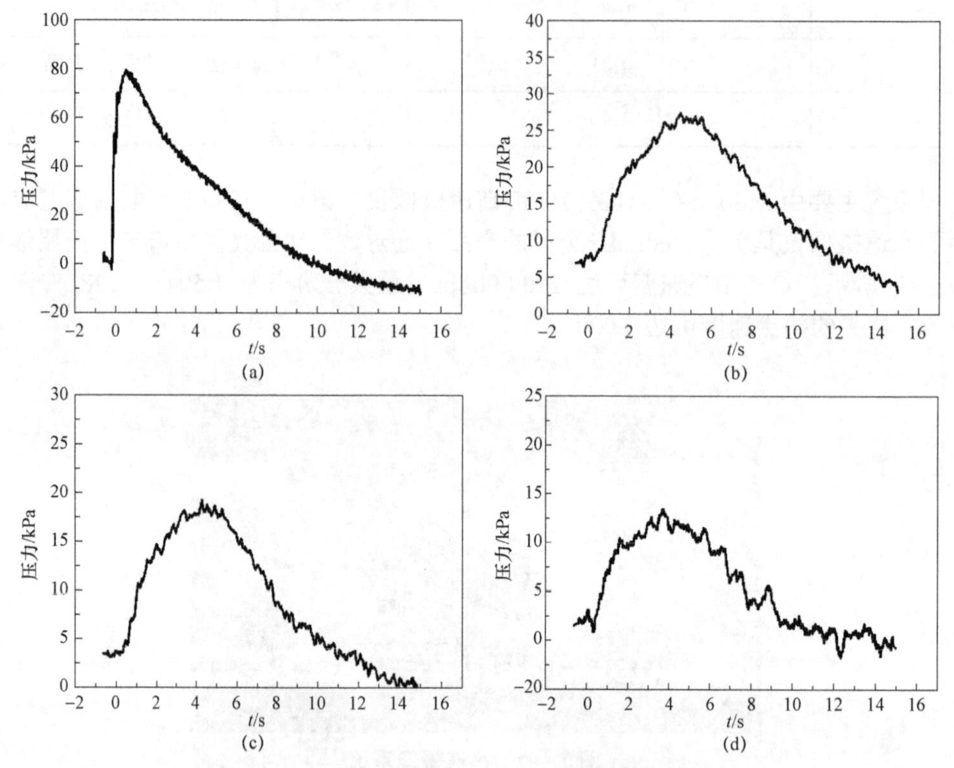

图 7－43　甲烷浓度为 5.6%时轴线传感器爆炸超压曲线

（a）3 号传感器；（b）4 号传感器；（c）5 号传感器；（d）6 号传感器

当甲烷浓度为 5.6%时，非常接近实验测得的爆炸下限（5.5%），因此，此爆炸超压发展曲线图为近爆炸下限时的临界压力发展趋势图，同样的曲线在甲烷浓度为 15.4%时获得，只是有数值上的略微差异而已。

3～6 号传感器的超压峰值分别为 82.5 kPa、32.9 kPa、23.4 kPa 和 15.1 kPa。从图中曲线不难看出，除 3 号传感器的信号略类似于冲击波信号外，其他三个传感器信号接近燃烧波信号。这是由于点火瞬间，可能极小范围内的气体被点燃，且燃烧未继续传播，使得压力信号仅为点火初期的冲击波信号。由于冲击波传播较快，且随着距离推移，发生了衰减，所以传感器测得的超压峰值依次减小，但达到峰值时间相近。

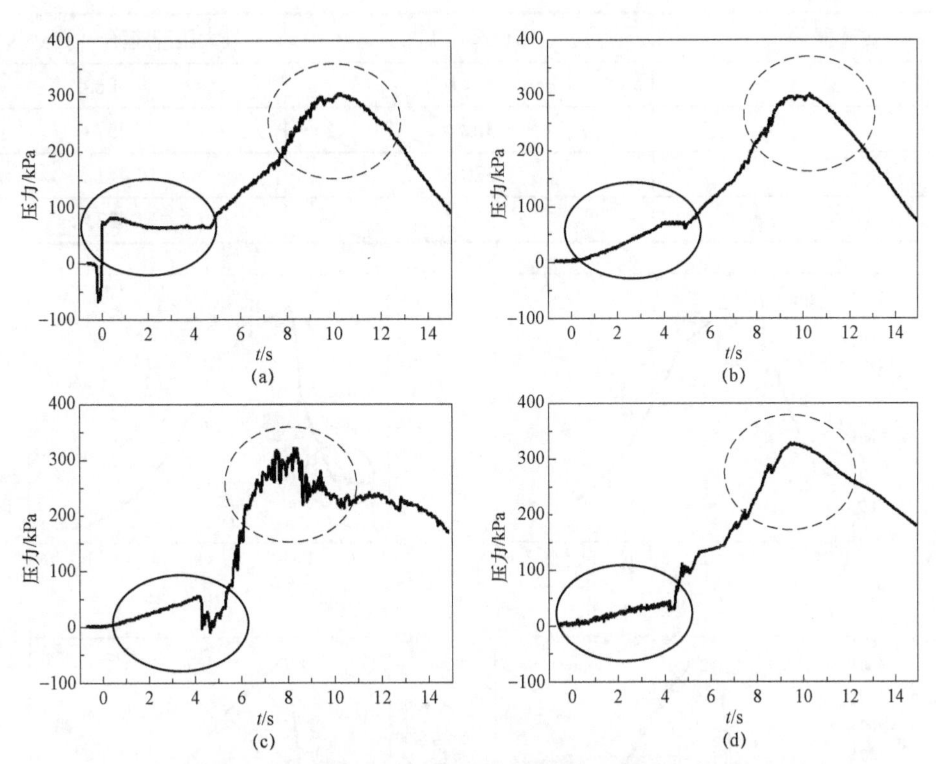

图 7−44　甲烷浓度为 5.8%时轴线传感器爆炸超压曲线

（a）3 号传感器；（b）4 号传感器；（c）5 号传感器；（d）6 号传感器

当甲烷浓度略微提升（5.8%），比下限值 5.5%高 0.3%左右后，所测得压力波形及发展趋势与浓度为 5.6%时的完全不同。在不同测点的压力与时间曲线上明显可以看出两个峰值：一个是如实心圈标明的（高压放电点火源）的压力信号，另一个是如虚线圈标明的甲烷气体燃烧波信号。在此浓度下，3～6 号测点所记录的压力波形中，与燃烧波的时间间隔值是比较接近的，均为 4.5 s。甲烷浓度为 5.8%时，点火瞬间便有压力突跃，由于可燃气体的燃烧放热，此压力信号维持在一定压力值，继而发展成燃烧波信号。对此现象，可以从两方面进行分析：一是分析峰值压力及超压上升速率等参数，得到点火初期激波发展状态；二是从燃烧波超压峰值入手，得到罐体内气体爆炸后的压力状态及发展情况。前导压力波参数见表 7−4；后续燃烧波参数见表 7−5。

表 7−4　前导压力波参数（甲烷浓度为 5.8%）

传感器号	峰值超压/kPa	最大压升速率/（kPa・s^{-1}）
3	115.1	4 103.1
4	76.3	134.5
5	56.7	147.1
6	45.7	150.2

表 7-5　后续燃烧波参数（甲烷浓度为 5.8%）

传感器号	峰值超压/kPa	最大压升速率/（kPa·s^{-1}）
3	304.0	386.4
4	302.4	457.6
5	320.5	441.2
6	326.3	433.4

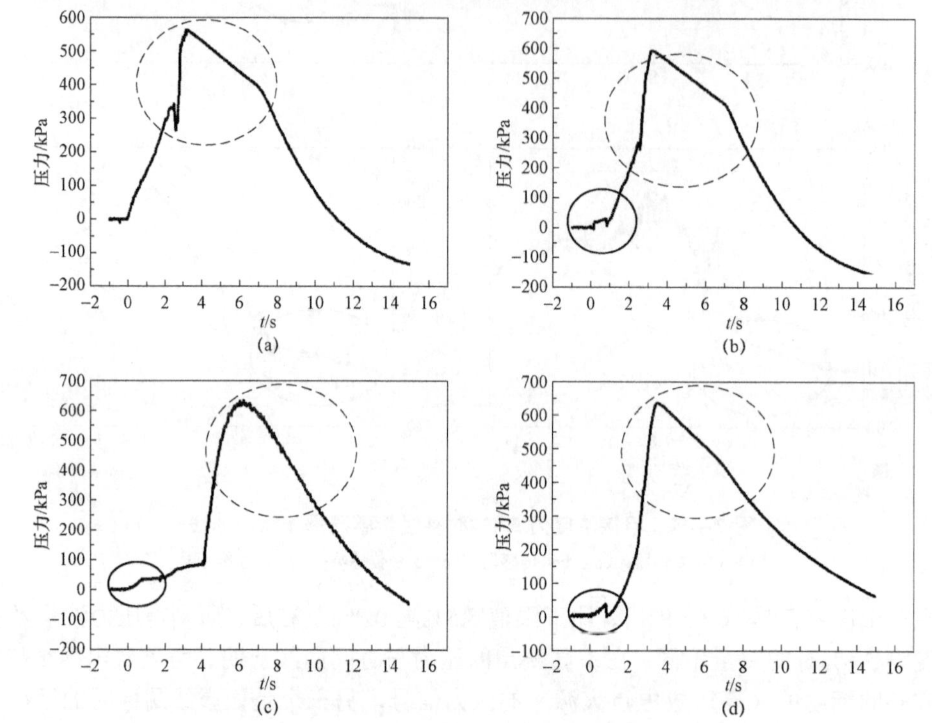

图 7-45　甲烷浓度为 6.5%时轴线传感器爆炸超压曲线

（a）3 号传感器；（b）4 号传感器；（c）5 号传感器；（d）6 号传感器

由图 7-45 可以看出，当甲烷浓度进一步升高时，从 3 号传感器开始，已与后续燃烧波叠加，不再处于分离状态，即从图 7-45（a）中只能看到燃烧波的波形图，而无法分辨波形。由于甲烷浓度仍然贴近下限，爆燃过程不是非常剧烈，所以 4～6 号传感器仍能看出状态，此时 4 号传感器的超压趋势已和图 7-45（a）中 4 号传感器的超压趋势相类似。前导压力波参数见表 7-6；后续燃烧波参数见表 7-7。

表 7-6　前导压力波参数（甲烷浓度为 6.5%）

传感器号	峰值超压/kPa	最大压升速率/（kPa·s^{-1}）
3	—	—
4	42.6	749
5	33.8	147
6	35.4	300

表 7-7　后续燃烧波参数（甲烷浓度 6.5%）

传感器号	峰值超压/kPa	最大压升速率/（kPa·s^{-1}）
3	563.5	2 847
4	592.0	1 331
5	633.2	1 213
6	636.3	751

参考文献

[1] Takao Y，Shinichi K，Mitsuhiro T，et al. Effects of energy deposition schedule on minimum ignition energy in spark ignition of methane/air mixtures [J]. Proceedings of the Combustion Institute，2002，29（1）：743－750.

[2] Schmalz F. Suppression of gas and dust explosions [J]. Fire Prevention，1985（178）：23－27.

[3] Randeberg E，Olsen W，Eckhoff R K. A new method for generation of synchronised capacitive sparks of low energy [J]. Journal of Electrostatics，2006（64）：263－272.

[4] Egolfopoulos F N，Campbell C S，Gurhan A. Hot particle ignition of methane flames [J]. Proceedings of the Combustion Institute，2002，29（2）：1605－1612.

[5] Ptasinski L，Zeglen T. Ignition investigation of methane－air mixtures by multiple capacitor discharges [J]. Journal of Electrostatics，2001（51）：395－401.

[6] Ahmed S F，Balachandran R，Mastorakos E. Measurements of ignition probability in turbulent non－premixed counterflow flames [J]. Proceedings of the Combustion Institute，2007（31）：1507－1513.

[7] Shinji N，Kazuo H，Mitsuhiro T，et al. A numerical study on the effect of the equivalence ratio of hydrogen/air or methane/air mixtures on minimum ignition energy in spark ignition process [J]. Transactions of the Japan Society of Mechanical Engineers，2006，72（3）：818－824.

[8] Shinji N，Kazuo H，Mitsuhiro T，et al. A numerical study on early stage of flame kernel development in spark ignition process for methane/air combustible mixtures [J]. Transactions of the Japan Society of Mechanical Engineers，2007，73（8）：1745－1752.

[9] Jilin H，Hiroshi Y，Naoki H. Numerical study on the spark ignition characteristics of a methane－air mixture using detailed chemical kinetics. Effect of equivalence ratio，electrode gap distance，and electrode radius on MIE，quenching distance，and ignition delay [J]. Combustion and Flame，2010，157（7）：1414－1421.

[10] Ono R，Nifuku M，Fujiwara S，et al. Minimum ignition energy of hydrogen－air mixture: Effects of humidity and spark duration [J]. Journal of Electrostatics，2007，65（2）：87－93.

[11] Ono R，Oda T. Spark ignition of hydrogen－air mixture [J]. Journal of Physics: Conference Series，2008（142）.

[12] 谭迎新，张景林，张小春. 蒸气爆炸最小点火能测定敏感条件的确定 [J]. 太原机械学院学报，1994，15（2）：120－125.

[13] 张增亮，张景林，蔡康旭. 最小点火能的影响因素及计算误差分析研究 [J]. 中国安全科学学报，2004，14（5）：88-91.

[14] 张金峰，孙忠强，王超，等. 点火能量对管道内甲烷预混合气体爆炸影响规律的实验研究 [C]. 国际安全科学与技术学术讨论会论文集，2008：522-525.

[15] Litvinov E A，Nemirovskii A Z. Model of the explosive-emission center ignition on a cathode surface [J]. International Symposium on Discharges and Electrical Insulation in Vacuum，2002，158-161.

[16] Thiele M，Warnatz J，Maas U. Geometrical study of spark ignition in two dimensions [J]. Combustion，Theory and Modelling，2000，4（4）：413-434.

[17] Thiele M，Selle S，Riedel U，et al. Numerical simulation of spark ignition including ionization [J]. Proceedings of the Combustion Institute，2000（28）：1177-1185.

[18] Ishii K，Tsukamoto T，Ujiie Y，et al. Analysis of ignition mechanism of combustible mixtures by composite sparks. Combustion and Flame. 1992，91（2）：153-164.

[19] Kenichi N，Tatsuro T，Yasusige U，et al. Numerical simulation on formation process of flame kernels [J]. Transactions of the Japan Society of Mechanical Engineers，1988，54（501）：1189-1193.

[20] 张群，严传俊，范玮，蒋建军. 点火能量对两相爆轰波形成影响的数值研究 [J]. 火工品，2007（3）：6-10.

[21] 李牧，严传俊，王治武，等. 障碍物强化爆震起爆和传播的数值模拟与验证 [J]. 西北工业大学学报，2006，24（3）：299-303.

[22] Shy S S，Liu C C，Shih W T. Ignition transition in turbulent premixed combustion [J]. Combustion and Flame，2010（157）：341-350.

[23] Veynante D，Lacas F，Candel S M. Numerical simulation of the transient ignition regime of a turbulent diffusion flame [J]. AIAA Journal，1991，29（5）：848-851.

[24] Kenichi N，Tatsuro T，Yasushige U，et al. Mechanism of flame kernel growth and effect of spark electrode shapes in ignition process by short duration sparks [J]. Transactions of the Japan Society of Mechanical Engineers. 1989，55（511）：878-881.

[25] 李伟.密闭容器内气体燃爆特性及规律研究 [D]. 北京理工大学，2010.

[26] 段云，张奇. 瞬态点火装置及其测试系统设计 [J]. 火炸药学报，31，5（2008）43-45.

[27] 常艳. 烟花爆竹燃爆参数测试及实验研究 [D]. 北京理工大学，2011.

[28] Chunhua Bai，Baolong Fan，Bin Li. Improvement of a gas intake device and a gas mxing study in alarge-scale vessel [J]. Chemical Engineering and Technology，10（2014）1-7.

思考题

1. 比较甲烷爆炸超压随浓度变化的实验结果与数值预测结果。
2. 分析气体爆炸近罐体内壁面温度观测值较低的原因。
3. 分析爆炸参数与罐体体积有关的物理本质。

第八章
管道内气体爆炸实验

近年来，国内外学者利用各种实验管道（图 8-1、图 8-2）进行了大量与可燃气体相关的爆炸实验，包括火焰加速成长过程、障碍物对火焰的加速作用、外界条件（点火能量、温度、浓度等）对爆炸火焰传播特性的影响及爆炸冲击波的传播规律等。如 Starke、Faireweather 等人[1-3]通过管道实验和理论分析，证实了障碍物对火焰加速的影响。美国匹特斯堡研究中心研制出主动触发式抑爆装置，利用火焰的传播规律和压力增长，激发装置动作，抑制矿井瓦斯爆炸的传播[4]。

图 8-1　美国爆炸实验管道
（长 73 m、内径 105 cm）

图 8-2　北京理工大学爆炸实验管道
（长 75 m、内径 30 cm）

然而，综合国内外已有实验及研究成果来看，瓦斯爆炸的相关实验仍存在许多不足之处。首先，全尺寸管道的瓦斯爆炸实验虽然能够获得更加真实的爆炸参数，但由于其管道结构相对固定，尺寸单一，难以考察各种环境和结构参数对爆炸的影响。而模型管道实验虽然克服了这一不足，但是要面对瓦斯爆炸尺度效应的局限性。其次，绝大多数实验都采用直管道，对转弯、分叉等复杂结构的实验研究很少。再次，已有实验更多关注冲击波超压、火焰传播、点火能量等参数的测量，由于实验成本、测试难度等多方面原因，一定程度上忽视了对瓦斯爆炸温度场的测量。

本章介绍复杂管道结构气体爆炸实验系统和实验方法。

第一节　实 验 系 统

实验系统主要包括实验管道、点火装置、传感器、数据采集系统及相应的如信号调理器等配套辅助装置，实验框图如图 8－3 所示。实验的简易流程如下：使用点火器对实验管道中的甲烷/空气预混合气体点火。气体爆炸产生的冲击波超压和温度随时间的数据通过传感器转换为电压信号，通过信号调理器进行放大、滤波等处理后进入数据采集系统。数据采集系统对采集到的电压信号做进一步处理（如温度补偿等），还原出超压和温度数据，并送往输出设备。

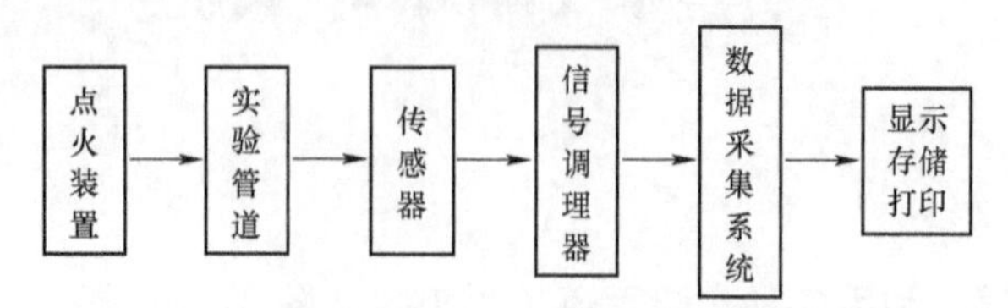

图 8－3　气体爆炸实验框图

采用 EPT－1 点火能量试验台作为点火装置。该试验台采用普通电容器高压放电击穿空气并产生火花，其工作原理是：输入 220 V 交流电压，经过变压器升压、整流器整流之后成为高压直流电，通过限流电阻对储能电容进行充电。当储能电容两端电压达到设定值之后，按下“点火”键即可使电容在电极两端放电，并产生电火花。EPT－1 点火试验台中包含两个储能电容，分别为 2 μF 和 14 μF；电压为 750～2 400 V，连续可调。该试验台电火花能量可以在 0.5～40 J 的范围内连续可调。通过电极线将试验台与放电电极相连。

选用 Kistler－211 M 型石英晶体压电式压力传感器（如图 8－4）进行爆炸冲击波超压的测量。该传感器测量范围为 0～100 psi（0～0.689 5 MPa），频响为 200 kHz，灵敏度为 5.457 mV/psi。

使用 K 型热电偶（图 8－5）测量爆炸温度。为保证该热电偶具有足够小的热惯性及温度响应时间，采用电容冲击电弧焊完成热节点的焊接。热电偶的冷端用玻璃纤维包裹，外层用环氧树脂密封，并加装金属螺丝帽，热电偶与螺丝帽之间也用环氧树脂密封胶进行密封连接。热电偶采用比较法进行标定。

图 8－4　压力传感器

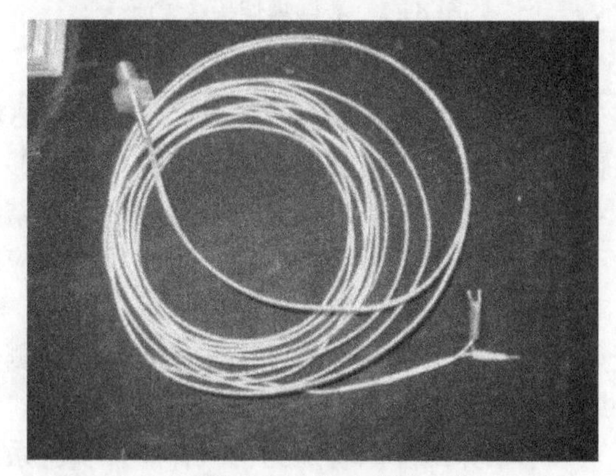

图 8－5　热电偶

实验中数据采集系统如图 8－6 所示。

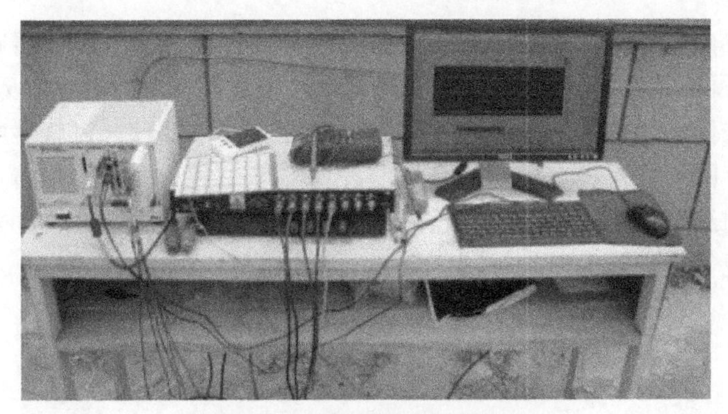

图 8-6 数据采集系统实物图

在气体爆炸参数测试系统中，压力和温度的模拟信号首先经过传感器及信号调理，再由数据采集卡进行 A/D 转换后获得电压信号。该电压信号还需要通过软件运算，还原为传感器采集到的真实压力及温度信号。采用的爆炸参数测试软件基于 LabVIEW 语言编写而成。LabVIEW 软件具有良好的人机交互界面，可以设计与普通测试仪器一样的前面板。测试软件的前面板包括“参数设置”“数据采集”“数据回放”三部分。利用“参数设置”可以完成对采集卡的相关设置（选择采集卡、采集通道，设置采样率、采样数、触发温度、补偿温度、触发类型、触发等待时间及传感器类型、灵敏度、放大系数等参数）。“数据采集”中可显示经过测试程序转换过的爆炸压力及爆炸温度变化曲线，以及最大超压、最高温度的数值，并且能完成数据文件的保存。“数据回放”的主要功能为回放数据，即读取已经保存的测试结果，显示和分析爆炸压力或温度曲线。图 8-7 给出了爆炸参数测试软件的温度数据采集和回放界面。

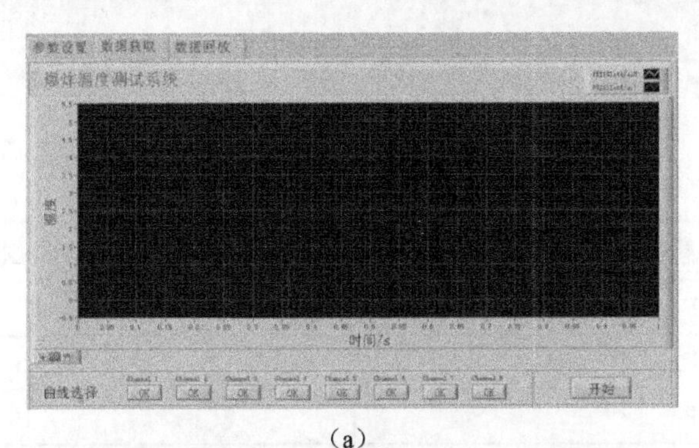

（a）

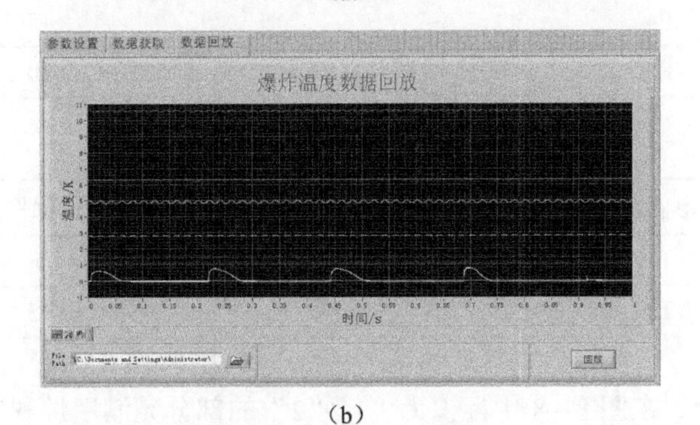

（b）

图 8-7 温度数据采集（a）和回放（b）界面

作为电测设备，数据采集系统所能接受的只能是电压信号，因此需要通过传感器将被测物理量转换为电压信号。压力信号的转换相对简单。压电式压力传感器输入/输出关系的线性度较好，因此，在信号处理中一般只涉及降噪、滤波等简单处理，在软件中根据传感器的灵敏度进行简单计算即可获得相应的压力变化曲线。温度信号的转换由于涉及冷端补偿问题而相对复杂。本章的测试软件针对热电偶信号的冷端补偿设计了专门模块，采用软件补偿和叠加补偿的方法完成了热电偶的冷端补偿。

第二节　一端开口管道实验

一、直管道实验[4]

如图 8－8 所示，独头直管道由点火连接段（图中“1”号标识）和四段直管道连接段（图中“2”“3”“4”“5”号标识）依次连接而成，右端为封闭端，并设置点火源，左端敞口。点火连接段长 0.5 m（长径比 L/D 约 2.5，D 为管道断面直径）。每段直管道连接段长 1 m（长径比约 5）。五段连接后的总长约 4.5 m，最大长径比约 22.5。沿管道轴向布有五个压力传感器和两个热电偶，其编号和所在位置分别见表 8－1 和表 8－2。

图 8－8　直管道连接图

表 8－1　压力传感器编号及位置

压力传感器编号	与点火源的比例距离/直径
P1	1.25
P2	5
P3	10
P4	15
P5	20

表 8－2　热电偶编号及位置

热电偶编号	与点火源的比例距离/直径
T1	5
T2	15

管道内无障碍物。在图 8－8 中标识为“1”“2”的部分充满甲烷和空气的混合气体，利用聚乙烯薄膜将混合气体与左端空气隔开。点火能量设定为 1 J。实验中，理想甲烷浓度为最

佳浓度 10.1%。

图 8-9 给出了爆炸压力传感器测得的压力信号。甲烷爆炸后，在各测试点首先出现一个正向的超压峰值，之后由于“活塞式”作用，出现了较大的负压，最后表现出阻尼振荡式的衰减过程。

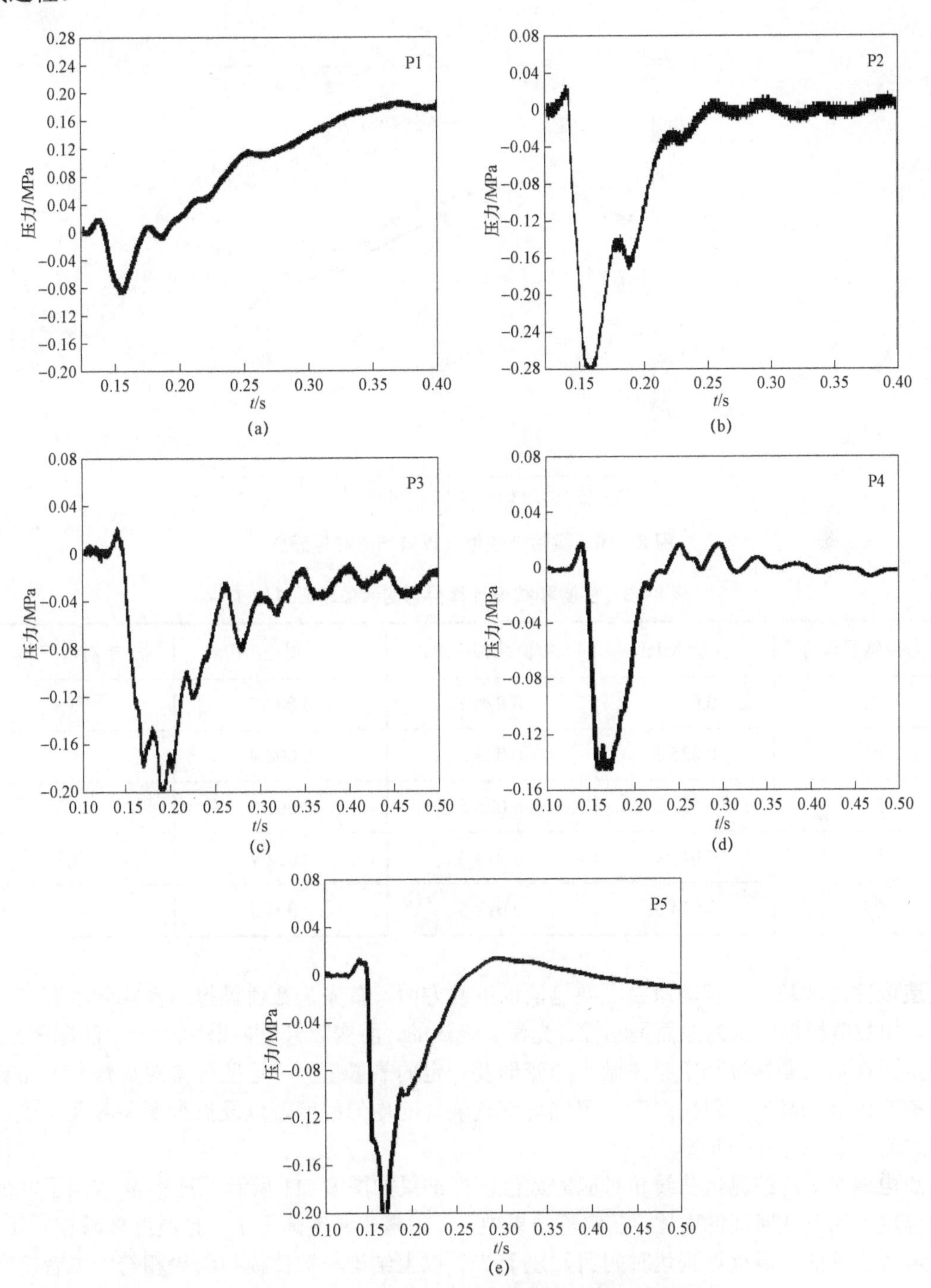

图 8-9　独头管道甲烷爆炸的冲击波超压波形

数值计算得到的峰值超压与实验结果的对比如图 8-10 所示，各测试点上的峰值超压误差见表 8-3。二者峰值超压随轴向距离的变化趋势非常接近，尽管数值上存在一定误差，但除了点火源附近和管道出口处相对误差略高以外，其余绝大部分区域的相对误差均小于 10%。

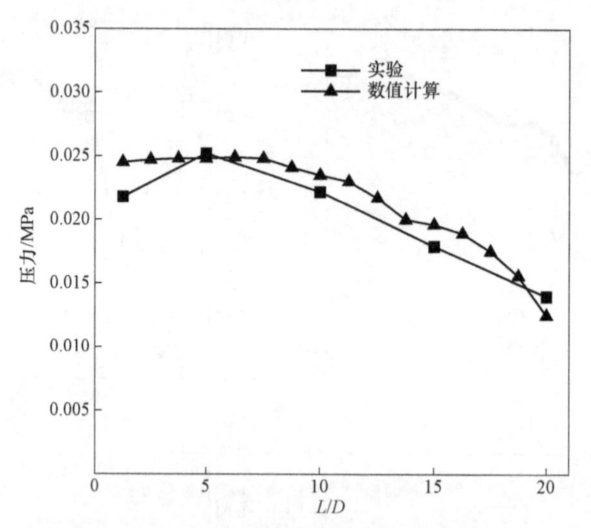

图 8-10　实验与数值计算得到的峰值超压

表 8-3　实验和数值计算得到的峰值超压对比

压力传感器编号	实验/MPa	数值模拟/MPa	绝对误差/MPa	相对误差/%
P1	0.021 8	0.024 5	0.002 7	11.0
P2	0.025 2	0.024 8	0.000 4	1.6
P3	0.022 2	0.023 5	0.001 3	5.5
P4	0.017 9	0.019 6	0.001 7	8.7
P5	0.014 0	0.012 5	0.001 5	12.0

造成冲击波超压误差的原因主要包括以下几方面。首先，数值模拟与真实环境存在一定差异，如数值模拟中认为壁面是刚性、光滑、绝热的，而实际管道内壁存在一定的摩擦系数，管道壁面在瓦斯爆炸过程中存在微小的变形及一定的热量损失，这些因素对火焰和冲击波的传播都有影响。其次，甲烷浓度、甲烷与空气混合的均匀程度，以及点火源参数及位置等因素对二者误差也存在一定影响。

热电偶 T_1、T_2 的测试曲线和对应的数值模拟结果如图 8-11 所示。表 8-4 给出了峰值温度和温度前沿到达时间的对比。在实验结果中，T_1 的峰值温度高于 T_2，且温度衰减相对缓慢。同时，T_1 位置的高温火焰到达时间明显短于 T_2。以上结论与数值模拟结果相符，二者仅在峰值温度和温度衰减上有差异。

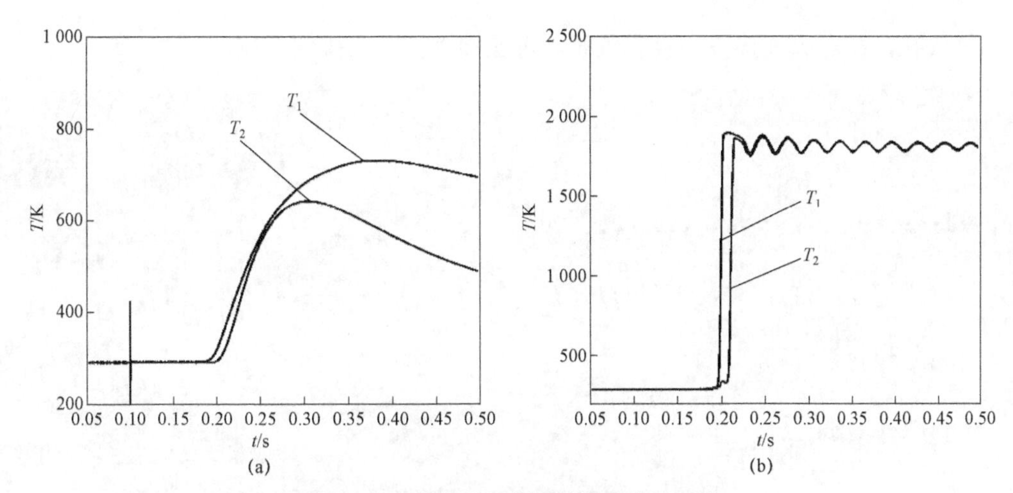

图 8-11 直管道瓦斯爆炸温度曲线对比

（a）实验；（b）数值模拟

表 8-4 峰值温度和温度前沿到达时间对比

热电偶编号	实验		数值模拟	
	峰值温度/K	温度前沿到达时间/s	峰值温度/K	温度前沿到达时间/s
T_1	724	0.194	1 904	0.195
T_2	643	0.202	1 871	0.206

用高速摄像机拍摄了实验中管道出口的火焰，如图 8-12 所示。通过火焰长度判断，整个火焰区长度约为瓦斯积聚区的 3.7 倍。

图 8-12 直管道出口的火焰分布

二、弯管道实验

该实验由多个分段结构及相应的配套组件构成，包括直管道连接段、转弯连接段（45°、90°、135°）、分叉三通连接段（45°或 135°、90°）、点火连接段、法兰和密封盘、垫圈、传感器孔塞、放电电极等。

各连接段如图 8-13 所示，均采用 45#无缝钢管切割、焊接而成，钢管内径 199 mm，外径 219 mm，壁厚 10 mm。将各连接段连接并密闭后，试压 3 MPa 无泄漏。通过法兰连接可组合成多种复杂结构管道，通过密闭端可调整管道的敞口和封闭状态。各连接段上设有传感器孔和排气孔，在点火连接段上设有气阀，可连接真空泵和排气系统。

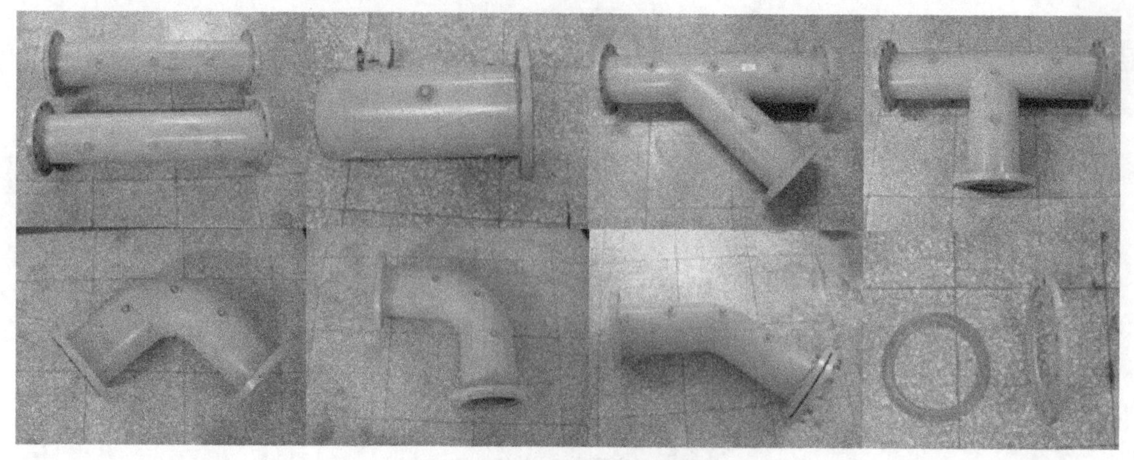

图 8-13 实验管道连接组件

利用直管道连接段、点火连接段、转弯连接段及其他辅助元器件搭建四套实验装置：0°直管道、45° 转弯管道、90° 转弯管道、135° 转弯管道，如图 8-14 所示。

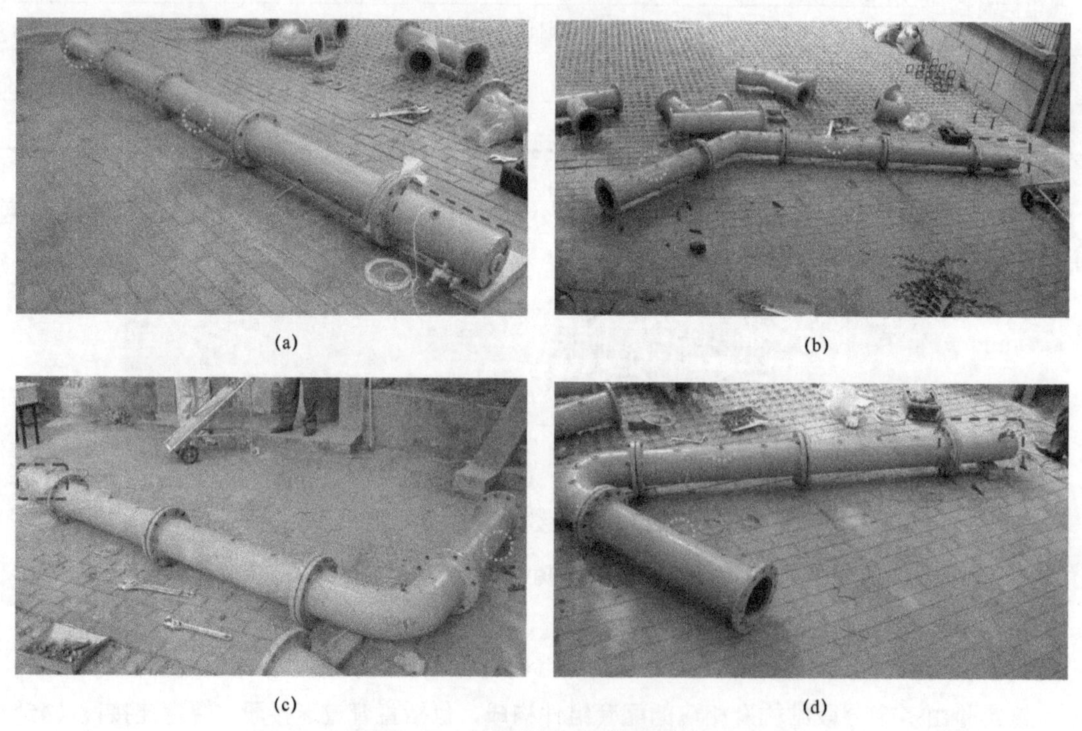

(a) (b)

(c) (d)

图 8-14 弯管道气体爆炸实验结构

(a) 0° 直管道；(b) 45° 转弯管道；(c) 90° 转弯管道；(d) 135° 转弯管道

四套实验装置的等效轴向长度均为 4.5 m（最大长径比为 22.5），且都仅在点火连接段填充瓦斯气体。对于三种角度的转弯管道，在转弯前和转弯后分别布置一个热电偶，并在直管道相应位置布置了两个热电偶。两个热电偶距管道转弯点的距离均为 5 倍管道断面直径。管道内无任何障碍物。在封闭端进行点火，点火能量均设定为 1 J。基于以上条件进行实验测试。

选择甲烷浓度与最佳浓度较为接近且实验结果合理的四组数据进行分析，这四组实验的甲烷浓度分别约为9.9%、10.3%、10.2%、10.1%。四组实验测得的温度曲线如图8-15所示，相应的峰值温度、与直管道相比的衰减量和衰减系数见表8-5和表8-6。

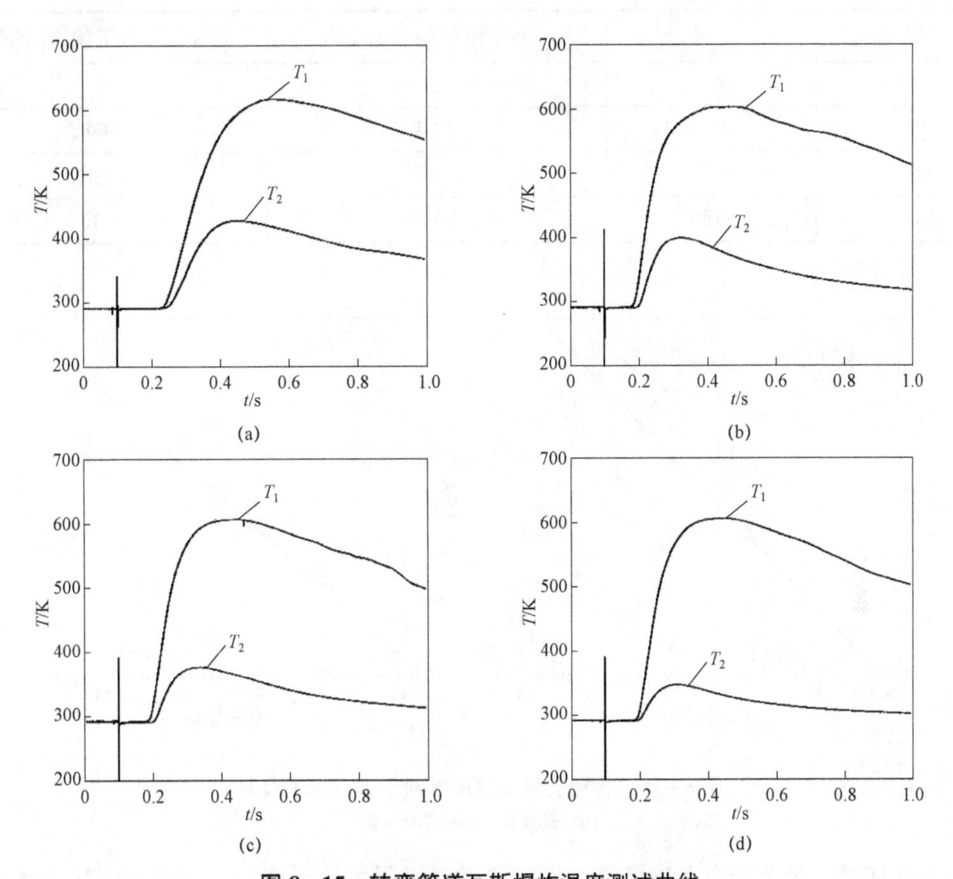

图8-15 转弯管道瓦斯爆炸温度测试曲线

（a）直管道；（b）45°转弯管道；（c）90°转弯管道；（d）135°转弯管道

根据表8-5，四组实验中 T_1 的峰值温度和温度衰减趋势非常接近，转弯前 T_1 的峰值温度与直管道相差最大约为2.2%，说明转弯前的温度场受转弯结构及转弯角度的影响很小。这是因为火焰或高温气流的速度相对较低，在转弯处不会形成过大的壁面反射和紊流，高温气流中热传递受到的影响很小。

表8-5 热电偶 T_1 的峰值温度及对比

转弯角度/（°）	T_1/K	衰减量 $T_1(0)-T_1(\theta)$/K	衰减系数 $T_1(0)/T_1(\theta)$/%
0	617.2	0	1
45	603.9	13.3	1.022 0
90	607.1	10.1	1.016 6
135	607.3	10.0	1.016 3

根据表 8－6，四组实验中 T_2 的峰值温度随转弯角度的增大而逐渐减小，且相对于直管道的衰减量和衰减系数随转弯角度呈近似线性分布，如图 8－16 所示。

表 8－6　热电偶 T_2 的峰值温度及对比

转弯角度/（°）	T_2/K	衰减量 $T_2(0)-T_2(\theta)$/K	衰减系数 $T_2(0)/T_2(\theta)$/%
0	429.0	0	1
45	401.6	27.4	1.068 2
90	377.5	51.5	1.136 4
135	348.2	80.8	1.232 1

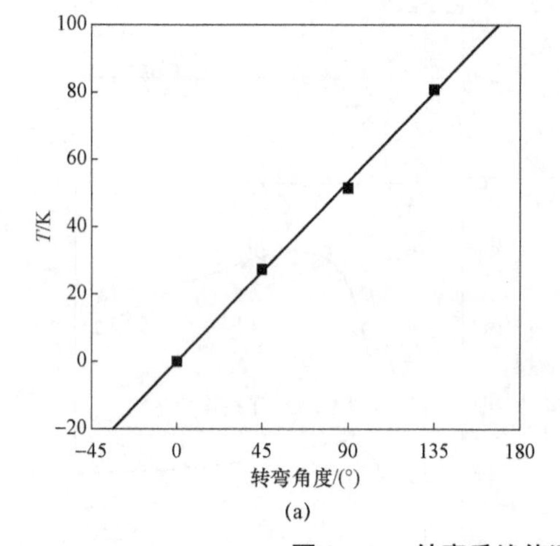

(a)

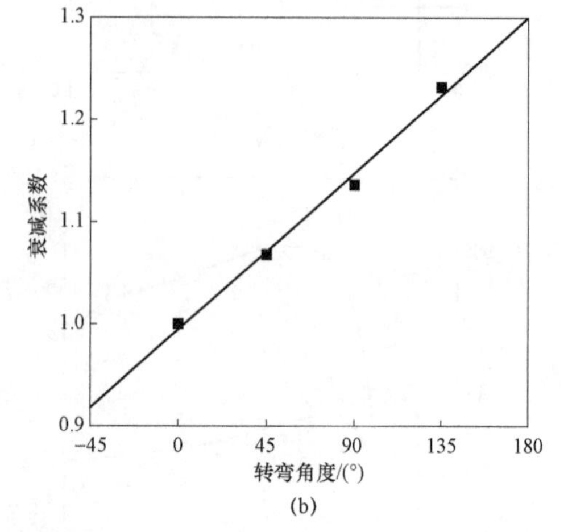

(b)

图 8－16　转弯后峰值温度相对于直管道的衰减

（a）衰减量；（b）衰减系数

而温度衰减系数随转弯角度的变化却存在明显差异。这说明，在高温气流转弯紊流区以后的区域，转弯角度越大，温度衰减越大，且峰值温度相对于直管道的衰减量随转弯角度呈线性分布规律。

第三节　局域预混氢气在密闭管道内爆炸[5]

实验装置如图 8－17 所示，管道由 10 段组成，其中第七段为透明管道。管道两端封闭，左端为点火端，点火点位于管端的中心位置。管道长 8.9 m，内径 108 mm，外径 120 mm，总长径比 L/D 约 89（其中 L 为距点火源的轴向距离，D 为管道内径）。沿管道轴向分布有压力传感器和温度传感器，共设 8 个压力传感器和 5 个温度传感器。管道内设置障碍物，如图 8－18 所示，障碍物为环形障碍物，共由 11 片障碍物组成，总长约 1 m，相邻两片障碍物相距约 97 mm，障碍物内径 80 mm，外径 108 mm，厚 2 mm，放置于 0.5～1.5 m 段管道内。实验所用的可燃预混合气为氢气－空气混合气，氢气浓度为 30%。管道内部分长度充入预混合气，分别充入 1.5 m、2.5 m、3.5 m、4.5 m 长预混合气。

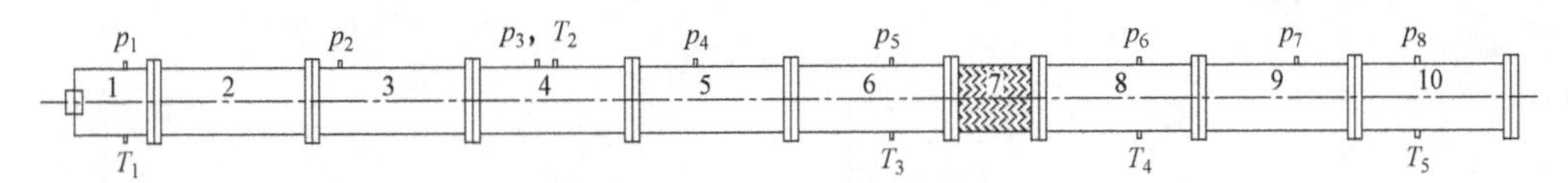

图 8-17　实验管道

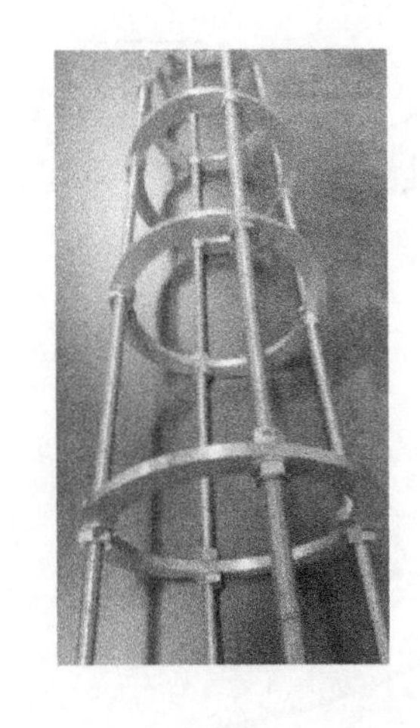
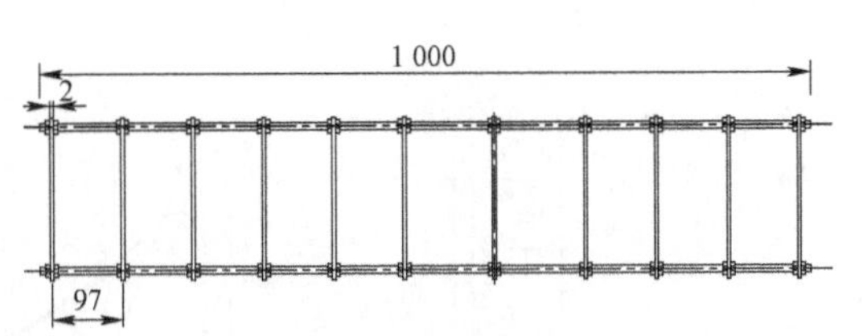

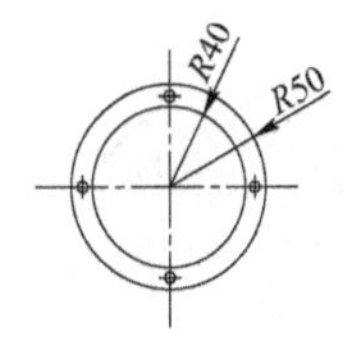

图 8-18　障碍物

实验中选用氢气为实验气体，用管道内填充的气体的长度改变并表示气体量，实验中分别选用四种氢气气体长度：1.5 m、2.5 m、3.5 m、4.5 m，分别进行爆炸实验，并对爆炸火焰传播、爆炸压力、温度进行观测。

由于实验所选的气体量不同，实验现象也各有不同。当气体长度为 1.5 m 时，爆炸现象不明显，在透明管道中没有出现火焰，说明气体长度为 1.5 m 时，在透明管道处没有预混合气体，预混合气体在透明管道前就已经反应完全，火焰长度很短。当气体长度为 2.5 m 时，在透明管道中出现较亮的火焰；当气体长度为 3.5 m 和 4.5 m 时，在透明管道处出现明亮的火焰。在 2.5 m、3.5 m、4.5 m 三种气体长度时，均出现火焰震荡回火现象，说明气体长度为大于 2.5 m 时，预混合气体在冲击波的作用下已经膨胀到透明管道处，并超过透明管道膨胀到后面的管道，火焰长度延长，预混合气体在冲击波的作用下，到达管道底端，并在封闭端法兰的作用下反弹回透明管道处，因此出现火焰反弹现象。由于气体量的不同，火焰持续时间也不同，2.5 m 长气体时，共持续 8 ms；3.5 m 长气体时，共持续 13 ms；4.5 m 长气体时，共持续 42 ms。研究发现，随着气体量的增加，爆炸现象越来越剧烈，火焰持续时间逐渐延长，会引发反复性震荡回火现象。

图 8-19 所示为气体长度分别为 1.5 m、2.5 m、3.5 m、4.5 m 时，各监测点处的温度-时间曲线。T_1～T_5 监测点的位置依次在 0.375 m、3.125 m、5.125 m、6.525 m、8.275 m 处。由于温度传感器位于管道壁面，所测温度为火焰与壁面接触位置的温度，所以测得温度较火焰内部温度偏低。由图 8-19 可以看出，随着气体量的增加，高温区域在逐渐延长。气体长度为 1.5 m 时，温度高于 700 K 的监测点只有 T_1（0.375 m 处）；气体长度为 2.5 m 时，温度高于 700 K 的监测点有 T_1、T_2（3.125 m 处）；当气体长度增加到 3.5 m 时，T_3（5.125 m）监测点的温度也达到了 700 K；气体长度为 4.5 m 时，T_1、T_2、T_3、T_4（6.525 m）均达到 700 K。由于火焰的延长，引起了高温区域的延长。因此，气体量增加使高温区域逐渐变长，与火焰传播规律一致。

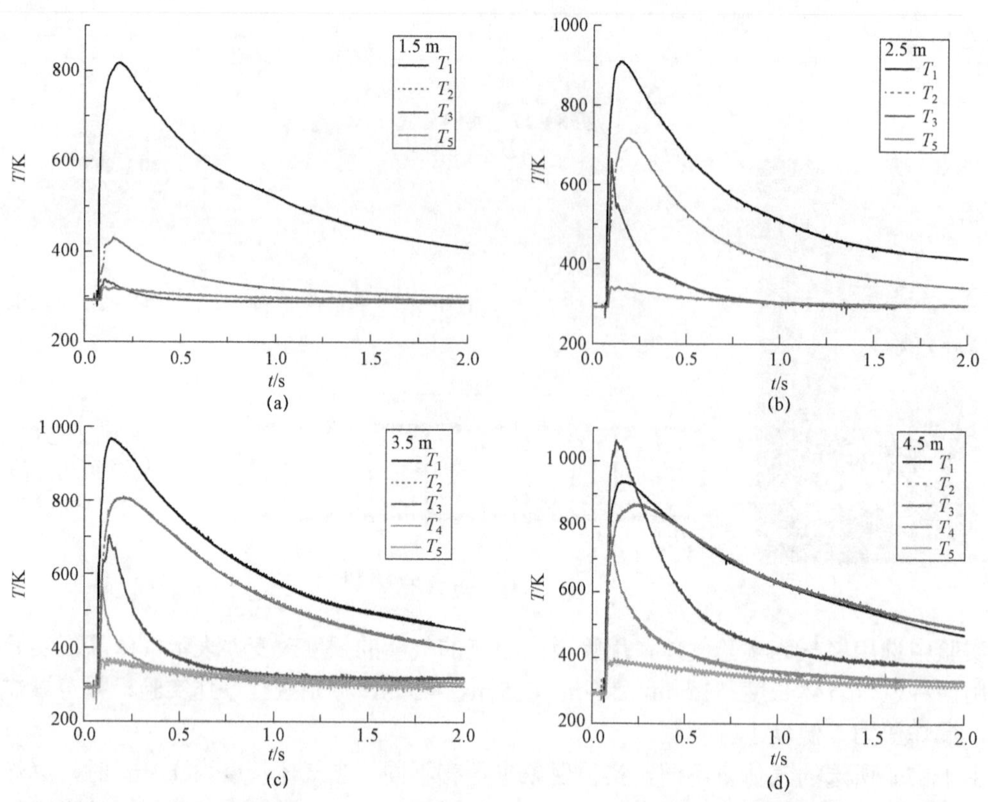

图 8-19　气体长度分别为 1.5 m、2.5 m、3.5 m、4.5 m 时，各监测点的温度-时间曲线

图 8-20 是管道内不同氢气量时，爆炸峰值超压变化趋势的对比。首先，对于整个爆炸流场，4.5 m 长气体时，对应的冲击波超压峰值最大，反应现象最剧烈；随着气体量的减少，冲击波峰值超压逐渐减小。说明气体爆炸峰值超压随气体量的增加逐渐增大。

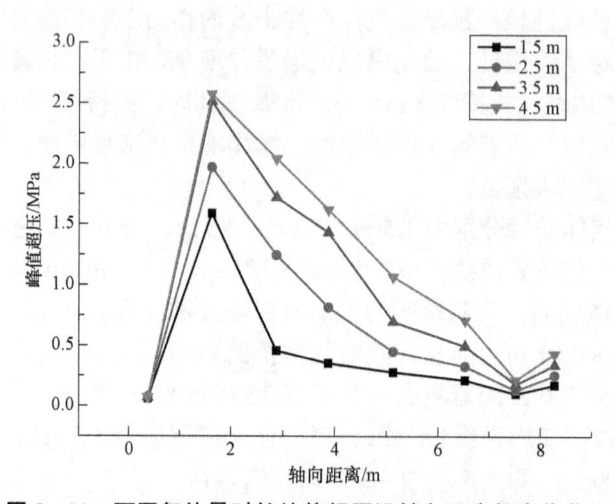

图 8-20　不同气体量时的峰值超压沿轴向距离的变化曲线

从整体上看，爆炸超压随轴向距离的分布均体现为先快速升高，然后缓慢衰减，最后在封闭端附近再上升的趋势。P_1处（0.375 m）位于点火源附近，反应刚开始，压力较低。管道内0.5～1.5 m之间存在长1 m的障碍物，该障碍物引起湍流，扩大了反应面，激发了强烈的化学反应，使火焰峰面加速，与冲击波速度很接近，所以P_1到P_2段（0.375～1.625 m）峰值超压迅速上升。离开障碍物区，火焰加速减弱，火焰速度开始减小，氢气爆炸峰值超压迅速衰减。由于1.5 m气体时气体量最少，气体很快消耗完，对冲击波的加速作用时间最短，所以峰值超压衰减最快；随着气体量的增加，气体反应时间增加，冲击波的加速作用时间增加，所以衰减速度随气体量的增加依次减慢；4.5 m 气体时气体量最大，峰值超压衰减最慢。冲击波到达管道封闭端时，发生反射，在管道封闭端附近，双向冲击波共同作用，引起P_8（8.275 m）处出现二次升压。

氢气爆炸实验发现，由于管道两端封闭，冲击波在管道内传播会出现反射，从而压力会发生震荡，出现二次超压。越靠近管道封闭末端，压力震荡现象越明显。图8-21所示为氢气气体长度为1.5 m时距火源不同轴向距离处的冲击波超压随时间的变化曲线。从图8-21中可以发现，超压曲线有明显震荡现象，在轴向距离6.525 m、7.525 m、8.275 m处出现明显的二次超压，越靠近管道封闭末端，压力震荡现象越明显。

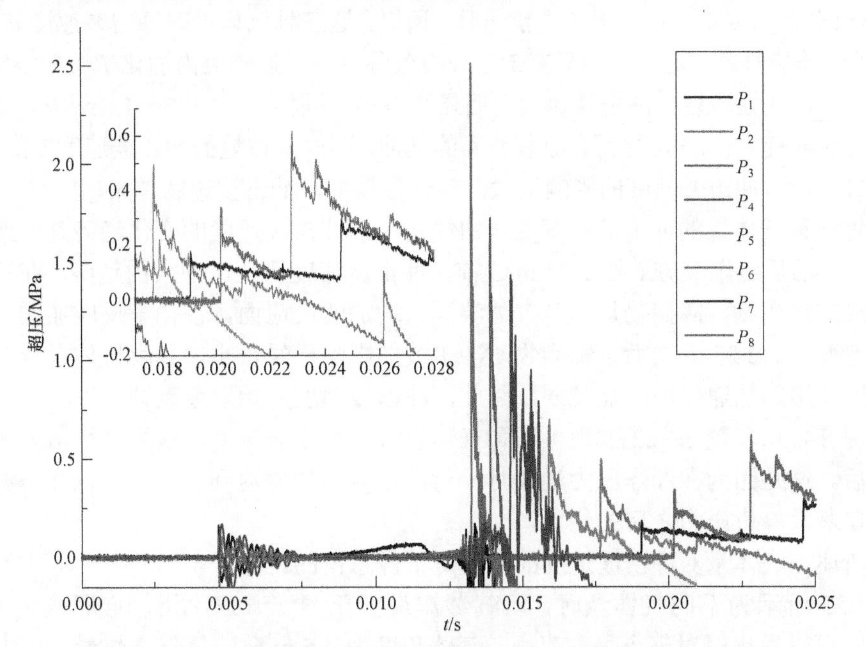

图8-21　气体量1.5 m时，氢气爆炸各轴向测点的压力时间曲线

图8-22为不同气体量时，氢气爆炸的冲击波速度沿轴向距离的变化曲线。图8-22中表示了8处位置的冲击波速度，分别是0.187 5 m、1 m、2.25 m、3.375 m、4.5 m、5.825 m、7.025 m、7.9 m。从总体上看，4.5 m长氢气爆炸的冲击波速度最大，随着气体量的减小，冲击波速度逐渐衰减。由于气体量的多少会影响化学反应的时间，气体量越多，化学反应持续时间越长，对冲击波的加速时间越长，冲击波速度就会越大。因此，气体量越多，冲击波速度越大。同时，在图中可以发现，0.187 5～1 m 段冲击波速度相差很小。在这一段内，由于初始气体量是一样的，在冲击波的作用下，这一段内气体量和浓度的变化不大，所以冲击波

速度相差很小。

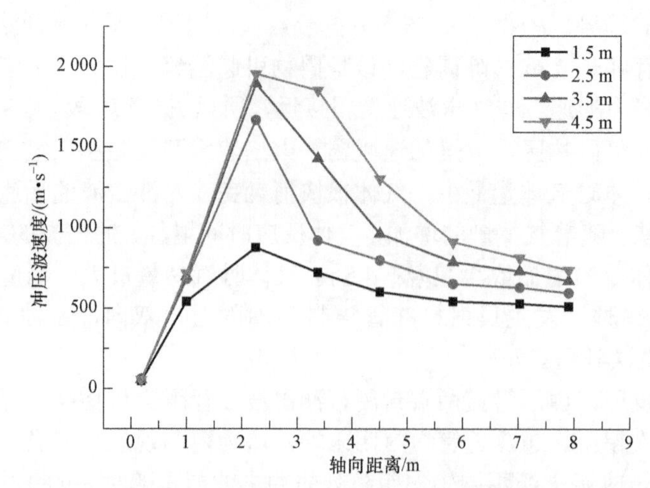

图 8-22　不同气体量时，冲击波速度沿轴向距离的变化曲线

从 1 m 位置后，不同气体量的冲击波速度开始出现明显不同。在 1～2.25 m 段，2.5 m、3.5 m、4.5 m 长气体量时，这一段内充满气体，所以，这三种气体量时冲击波速度差距仍不大，而 1.5 m 长气体量时，在这一段内只有部分段有气体，显然这一段内的化学反应很短暂，化学反应的加速作用明显减弱，冲击波速度会明显小得多。同样，在 2.25～4.5 m 段，不同气体量之间的差距明显变大；4.5 m 之后，随着距离的延伸，不同气体量的冲击波速度差距逐渐缩小。这说明，气体量对冲击波速度的影响很大，气体量越多，冲击波速度越大。

观察每一种气体量的冲击波速度变化曲线发现，冲击波速度的变化趋势是一致的，均为先迅速增大，然后逐渐衰减。在 2.25 m 之前，冲击波速度均呈现增大的趋势，在这一段管道内有长 1 m 的障碍物，障碍物加速了气体湍流，增加的反应面，使化学反应加剧，引起冲击波速度迅速变大。2.25 m 之后，障碍物对冲击波的影响已经很小，只有气体自身的爆燃对冲击波有加速作用，加速作用明显减弱，因此，冲击波速度开始逐渐衰减。

观察图 8-20 和图 8-22 发现，四种气体量时，冲击波速度的最大值均出现在最大爆炸峰值压力后。这是因为在爆炸压力最大时，对冲击波的加速达到最大，所以冲击波速度的最大值出现在最大峰值压力之后的位置。

综上所述，气体量对冲击波速度的影响是不容忽视的。

图 8-23 所示为不同气体量时，氢气爆炸最大压力上升速率沿轴向距离的变化趋势。从图 8-23 可以看出，对整个爆炸流场，气体长度为 4.5 m 时，氢气爆炸最大压力上升速率最大，随着气体量的减少，最大压力上升速率逐渐衰减。气体量多，化学反应持续时间长，反应更剧烈，最大压力上升速率大；气体量少，化学反应持续时间短，反应相对较平缓，最大压力上升速率小。

图 8-23 还显示，四种气体量时，最大压力上升速率沿轴向距离的变化趋势一致，均表现为先迅速增大，然后逐渐衰减。在障碍物的作用下，气体湍流加剧，化学反应更剧烈，使得在 1.625 m 处最大压力上升速率达到最大值。在障碍物区域外，没有了障碍物的加速作用，只有气体自身的爆燃引发的加速作用，最大压力上升速率开始减小。当冲击波传到管道封闭端时，在封闭端的作用下，冲击波发生反射，最大压力上升速率又有所升高。观察图 8-20

和图 8－23 发现，峰值超压和最大压力上升速率沿轴向距离的变化趋势一致。

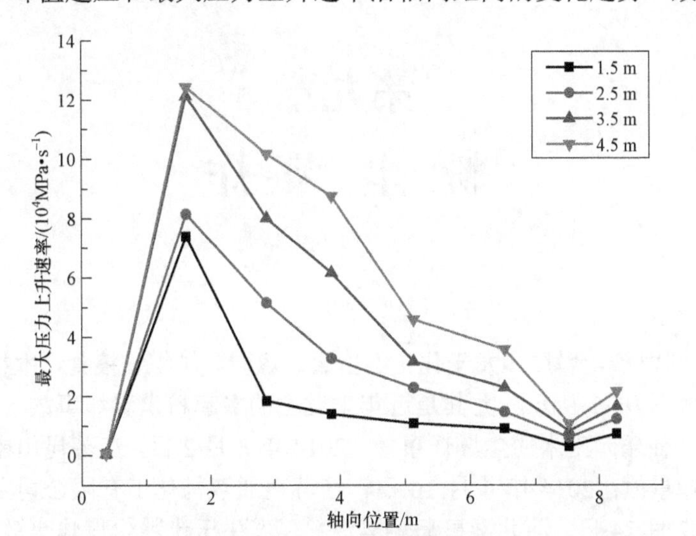

图 8－23　不同气体量时，最大压力上升速率沿轴向位置的变化曲线

参 考 文 献

［1］Starke R，Roth P. An experimental investigation of flame behavior during explosions in cylindrical enclosures with obstacles［J］. Combustion and Flame，1989，75：111－118.

［2］Fair－Weather M. Studies of premixed flame propagation in explosion tubes［J］. Combustion and Flame，1996，116：504－518.

［3］Fair－Weather M. Turbulent premixed flame propagation in a cylindrical vessel［C］. Twenty－sixth Symposium International on Combustion，Pittsburgh，The Combustion Institute，1996.

［4］庞磊.瓦斯爆炸冲击波与高速流动的非线性特征及规律［D］. 北京理工大学，2011.

［5］Dong Li，Qi Zhang，Qiuju Ma，Shilei Shen. Comparison of explosion characteristics between hydrogen/air and methane/air at the stoichiometric concentrations［J］. International Journal of Hydrogen Energy. 2015（40）：8761－8768.

思 考 题

1. 比较气体爆炸管道实验与罐体实验的目的和意义。
2. 分析气体爆炸在弯曲管道局部超压变化的物理机制。

第九章
粉 尘 爆 炸

近20年来，国内粉尘爆炸多发于化工、冶金、煤炭、纺织、粮食、木材等行业，粉尘爆炸事故行业分布如图9-1所示。尤其是近年来发生的多起粉尘爆炸事故（如：2015年6月27日，台湾新北八仙乐园玉米粉尘爆炸事故；2014年8月2日，江苏昆山中荣金属制品有限公司发生铝粉爆炸事故；2014年4月16日，江苏南通双马化工有限公司发生硬脂酸粉尘爆炸事故；2010年2月24日，河北秦皇岛骊骅淀粉厂发生玉米粉尘爆炸事故等），造成了重大人员伤亡和财产损失。

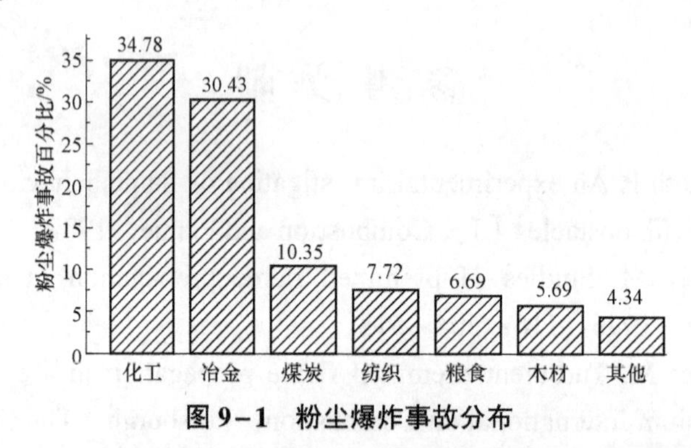

图9-1　粉尘爆炸事故分布

可燃粉尘的生产、加工、储存与处理，包括所有使用或产生可燃粉尘的工艺与作业，如制粉、打包、除尘、投料、机械输送、气力输送、制粉、破碎、粉碎、研磨、球磨、清选、筛分、风选、熔融雾化、喷雾造粒、混合、压片、流化床干燥、喷雾干燥、旋转干燥、气流干燥、铣屑、锯切、砂光、刷光、抛丸、喷砂、打磨、抛光、粉末喷涂、喷塑、喷漆。

粉尘爆炸参数的实验测定与所使用的仪器设备密切相关。国内外研究粉尘爆炸参数的设备大多采用1.2 L哈特曼（Hartmam）管、20 L球形爆炸罐及1 m^3球形爆炸罐。对于粉尘爆炸极限的测试装置，各个标准中规定的也并不完全相同：国标GB/T 16425—1996[1]中规定使用20 L球形爆炸罐；美国材料实验协会标准ASTM-E 2019中规定使用20 L球形爆炸罐，然后使用1 m^3球形爆炸罐对最后的爆炸下限进行验证；欧盟标准EN 13821—2002中规定使用1 m^3球形爆炸罐和20 L球形爆炸罐。

第一节　可 燃 粉 尘

可燃粉尘若悬浮到空气中被点燃，有可能发生粉尘爆炸，因此可燃粉尘曾经被称为爆炸性粉尘，但现在一般被称为可燃粉尘。

粉尘是否为可燃粉尘与粉尘本身的特性有关。粉尘本身的特性包括粉尘种类、粉尘粒度分布、粉尘含水量和惰性物质含量等。确定粉尘是否可爆，可进行实验室测试。

常见的可燃粉尘包括：

（1）粮食、农产品、食品与饲料、动物制品。例如：玉米淀粉、面粉、咖啡、蛋白粉、大米粉、茶叶、烟草、皮革、奶粉、麦乳精、明胶粉、麦芽、可可粉、黄豆粉、大米淀粉、小麦淀粉、糖粉、石松子、木薯粉、乳清粉、苜蓿粉、苹果粉、香蕉粉、甜菜根粉、胡萝卜粉、椰壳粉、棉籽、大蒜粉、面筋粉、青草粉尘、啤酒花、柠檬皮粉、柠檬浆粉、柠檬酸渣、沙棘粉、莲子粉、亚麻籽、槐树豆胶、橡子粉、橄榄核、洋葱粉、欧芹、桃、花生、土豆、丝兰花籽、玉米粉尘、谷尘、黑麦粉尘、小麦粉尘、黄豆粉尘、调味品粉、向日葵粉、西红柿粉、核桃粉、黄原胶、骨粉、血粉、玉米芯、豆粕、棕榈粕、混合饲料等。

（2）木材粉尘与造纸粉尘。例如：木粉、纸粉、木材加工产生的伴生粉尘、基于木材的造粒生物燃料的碎屑等。

（3）金属粉或金属粉尘。例如：铝（合金）粉、镁（合金）粉、锆粉、钴粉、钽粉、锌粉、镍粉、铁粉、钢粉、青铜粉、碱金属粉、钕铁硼粉、金属抛光产物粉尘等。

（4）非金属单质。例如：硫黄粉、白磷粉、红磷粉、硅粉、硼粉等。

（5）塑料、合成树脂与橡胶。例如：漆粉、墨粉、粉末喷涂材料、ABS、聚乙烯、聚丙烯、聚氯乙烯、酚醛树脂、环氧树脂、橡胶、墨粉、聚酰胺树脂、聚丙烯酰胺、聚丙烯腈、三聚氰胺树脂（密胺树脂）、聚丙烯酸甲酯、聚乙烯醇、聚乙烯醇缩丁醛等。

（6）煤炭与碳素类粉尘。例如：褐煤、烟煤、无烟煤、活性炭、炭黑、焦炭、石油焦、泥炭、油页岩等。

（7）化学粉尘。例如：制药行业粉尘、除草剂、杀虫剂、医药中间体、农药中间体、抗氧化剂、缓释剂、羧甲基纤维素、甲基纤维素、己二酸、蒽醌、抗坏血酸、乙酸钙、硬脂酸钙、硬脂酸钠、硬脂酸铅、多聚甲醛、抗坏血酸钠等。

（8）纺织纤维。例如：棉、剑麻、黄麻、亚麻、羊毛、羽绒、人造纤维（涤纶、氨纶、腈纶）等。

典型的不可燃粉尘包括：金属氧化物及其混合物（生石灰、氧化镁、氧化铝、氧化铁、高岭土、白刚玉、黄刚玉、钛白粉）、非金属氧化物（石英砂、二氧化硅）、金属氢氧化物（熟石灰、氢氧化镁、氢氧化铝）、硅酸盐（滑石粉、玻璃、石棉）、碳酸盐和碳酸氢盐（碳酸钙、碳酸钠、碳酸氢钠）、硫酸盐（硫酸钠、硫酸钙、硫酸钡）。

美国标准 NFPA 654 规定，粒径小于 420 μm 的粉尘应被视为可燃粉尘。欧盟标准 EN 1127－1 规定，对于粒径小于 1 000 μm 的粉尘，应考虑粉尘爆炸危险。按 ISO 和美国 ASTM 相关测试标准，用于爆炸性测试的粉尘是指粒径小于 75 μm 的固体悬浮物。

每种可燃粉尘存在一个临界粒径，当大于该粒径时，粉尘不再发生爆炸。对于大多数粉尘，500 μm 可以视为不发生粉尘爆炸的临界粒径。

粉尘的粒径可以通过筛分法、激光散射法和显微照相法测定，各种测试方法都有优缺点。目前常用激光粒度仪、扫描电镜等进行粒径分布观测。图 9－2 是用激光粒度仪观测得到的铝粉的粒度分布。图 9－3 是用扫描电镜（SEM）观测得到的片状铝粉和纳米铝粉的粒度特征[1]。

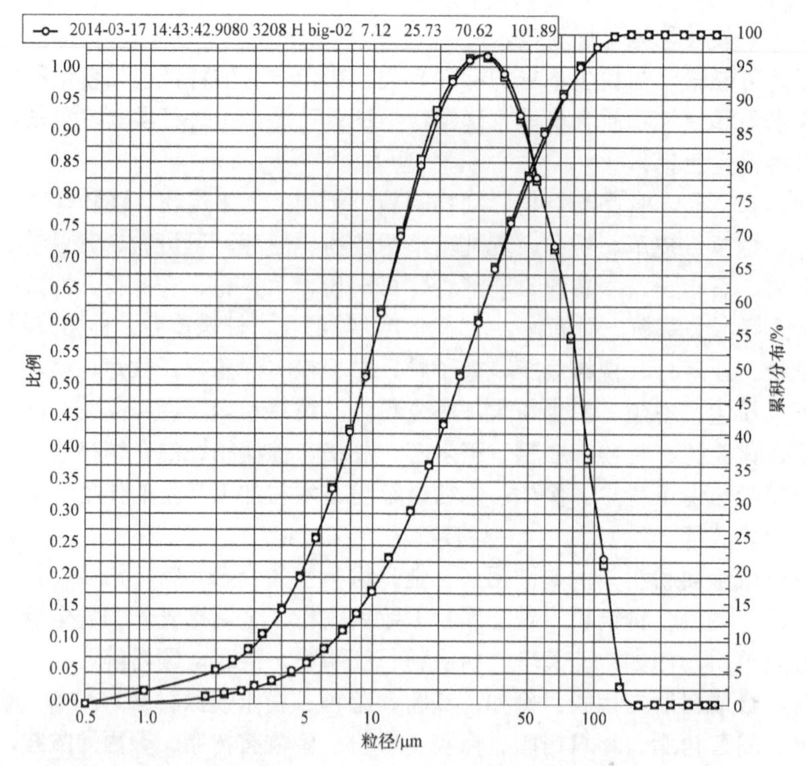

图 9-2 某铝粉的粒度分布

图 9-3 铝粉 SEM 下粒径特征

（a）片状微米铝粉；（b）纳米铝粉

第二节　粉尘爆炸危险参数

粉尘爆炸危险参数是描述粉尘点燃敏感特性和爆炸破坏力的参数，包括爆炸下限、粉尘层最低着火温度、粉尘云最低着火温度、粉尘云最小点燃能量、最大爆炸压力、爆炸指数和极限氧浓度等。

一、爆炸下限

粉尘浓度处于一定的范围以内时，粉尘云才可爆炸。当粉尘浓度太低时，粉尘燃烧放出的热量不足以维持火焰传播。可爆粉尘发生爆炸的最低浓度称为爆炸下限（LEL）。

粉尘云的爆炸下限是粉尘云在给定能量的点火源作用下，刚好发生可持续火焰传播的最低浓度。爆炸下限反映了粉尘爆炸的最低粉尘浓度，因此也称为最小可爆浓度（MEC）。

通过控制粉尘浓度在爆炸下限以下可以防止发生粉尘爆炸。

二、粉尘最低着火温度

粉尘最低着火温度（MIT）包括粉尘层最低着火温度（MITL）和粉尘云最低着火温度（MITC）。粉尘最低着火温度从温度的角度反映粉尘被点燃的敏感程度，一般适用于评价设备热表面点燃粉尘的危险性。粉尘最低着火温度是防爆电气设备选型的重要依据。

粉尘层最低着火温度是指粉尘层在热表面上受热时，使粉尘层的温度发生突变（即被点燃）的最低热表面温度。粉尘层着火温度反映了粉尘在堆积状态时对点燃的敏感程度。在进行粉尘层着火温度测定时，可以采用 5 mm 厚的粉尘层，测试结果记为 $MITL_{5\,mm}$，这是欧洲规定的方法；也可以采用 12.5 mm 厚的粉尘层，测试结果记为 $MITL_{12.5}$，这是美国规定的方法。

粉尘云最低着火温度是粉尘云（粉尘和空气的混合物）在受热时，能使粉尘云内发生火焰传播的最低热表面温度。粉尘云着火温度反映了粉尘在悬浮状态时对点燃的敏感程度。

三、粉尘云最小点燃能量

粉尘云最小点燃能量（MIE）是粉尘云中可燃粉尘处于最容易着火的浓度时，使粉尘云着火的点火源能量的最小值。粉尘云最小点燃能量也称为最小点火能或最小点火能量。

粉尘云最小点燃能量从能量的角度反映粉尘点燃的敏感程度，可用于评价机械火花、静电放电等非热表面点燃源的危险性。粉尘云最小点燃能量是选用防爆方法的依据。最小点燃能量分级见表 9－1。

表 9－1　最小点燃能量分级

MIE 范围/mJ	级别	防爆方法
MIE＞100	不易燃	金属部件接地
30≤MIE＜100	比较难燃	人体可不接地，不用考虑料堆放电
10≤MIE＜30	比较易燃	人体应接地（穿防静电服，通过防静电地板接地），应考虑料堆放电
3≤MIE＜10	易燃	很难通过防止点燃源的方法防爆，宜进行惰化，应采用防静电滤袋
MIE＜3	极易点燃	应考虑刷形放电，不应使用绝缘材料

四、最大爆炸压力及爆炸指数

最大爆炸压力 p_{max} 及爆炸指数 K_{st} 是反映爆炸猛烈程度的重要参数，用于爆炸泄压设计、爆炸抑制和爆炸封闭设计。

爆炸指数为爆炸压力上升速率乘以爆炸测试容器的立方根：

$$K_{st}=\left(\frac{dp}{dt}\right)_{max}\cdot V^{\frac{1}{3}}$$

式中，V 指爆炸容器容积，单位为 m^3。

爆炸指数反映了爆炸压力上升速率和粉尘云中的火焰传播速度，用于对爆炸猛烈程度进行分级：

St_1：$K_{st}<20$ MPa・m/s

St_2：20 MPa・m/s$\leqslant K_{st}\leqslant$30 MPa・m/s

St_3：$K_{st}>30$ MPa・m/s

五、极限氧浓度

当氧浓度降低到一定程度的时候，无论粉尘浓度怎样变化，粉尘云都不会发生爆炸。极限氧浓度 LOC 是能使粉尘云着火的气体混合物中氧气含量的最小体积分数。

极限氧浓度是进行气氛惰化的重要参数。在实际的惰化设计中，考虑安全裕量，空气中最大允许氧含量应低于极限氧浓度 2%～3%。

第三节　可燃粉尘危险场所区域划分

可燃粉尘危险场所区域可划分为以下区域之一：

① 20 区，空气中可燃性粉尘云长期连续出现或经常出现形成爆炸性环境的区域；

② 21 区，正常运行时，空气中可能偶尔出现可燃性粉尘云形成爆炸性粉尘环境的区域；

③ 22 区，正常运行时，空气中的可燃性粉尘云不可能出现，如果出现，仅是短时间存在形成爆炸性粉尘环境的区域。

如果设备和管道中有可燃粉尘，管道和设备密闭，车间没有粉尘泄漏，该区域应为非危险区。以下区域可划分为 20 区：粉尘容器内部场所，如贮料槽内部、筒仓内部、旋风集尘器内部、袋式除尘器室、粉尘输送系统内部、搅拌器内部、粉碎机内部、干燥机内部、混合机内部、装料设备内部等。以下区域可划分为 21 区：投料口或卸料口附近 1 m、打包机附近 1 m、粉尘容器敞开的入孔附近 1 m。以下区域可划分为 22 区：21 区以外的直至车间墙体边界、除尘器洁净室、除尘器后的管道及风机内。

第四节　粉尘云最大爆炸压力和最大压力上升速率测定方法

爆炸压力指在爆炸过程中达到的相对于着火时容器中压力的最大过压值。压力上升速率 $(dp/dt)_m$ 指在爆炸过程中测得的爆炸压力随时间变化曲线的最大斜率。爆炸指数 K_m 指由容器

的容积 V 和爆炸时压力上升速率（dp/dt）$_m$ 按下列公式所确定的常数：

$$K_m = (dp / dt)_m \times V^{1/3}$$

我国国家标准所述实验装置适用于测定粒度小于 75 μm、水分低于 10%的可燃粉尘的最大爆炸压力和最大压力上升速率。

实验装置主要由容积为 1 m^3 的圆筒形爆炸室构成，圆筒形爆炸室的长度和直径比为 1:1，装置结构如图 9－4 所示。

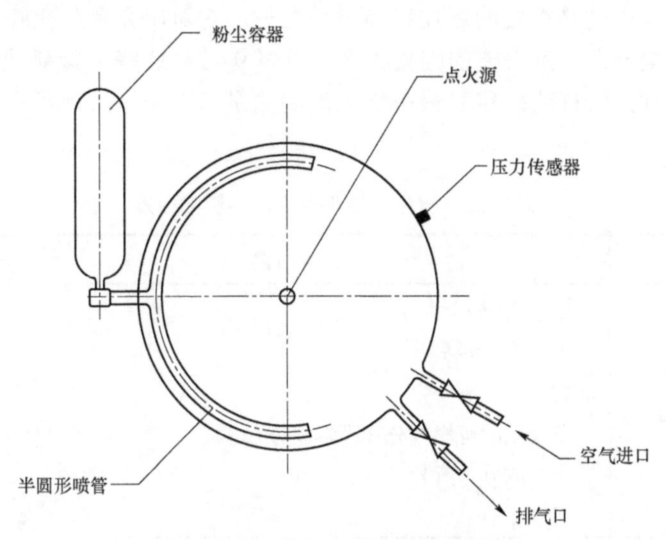

图 9－4 粉尘云爆炸参数装置

一容积为 5 L 的粉尘容器与爆炸室相连，注入该粉尘容器的喷尘气压可达 2.0 MPa。该粉尘容器装有 19 mm 快速开启阀，该阀门打开后，能使容器中的粉尘在 10 ms 内喷出。粉尘容器通过一根内径为 19 mm 的管子与爆炸室内安设的半圆喷管相连通。半圆形喷管内径为 19 mm，喷管上分布着孔径为 4～6 mm 的喷尘孔，喷尘孔的总断面积约为 300 mm。点火源是一总能量为 10 kJ 的烟火点火具，点火源在 0.6 s 的滞后时间点燃粉尘－空气混合物。点火剂的质量为 2.4 g，由 40%的铝粉、30%的硝酸钡和 30%的过氧化钡组成。点火源由电引火头点燃，点火源位于爆炸室的几何中心。爆炸室壁上安有压力传感器以测定爆炸压力，压力传感器与记录仪相连接。

测定步骤：把粉尘试样放入粉尘容器中，用压缩空气加压到 2.0 MPa。将爆炸室抽成一定真空状态，以确保爆炸室在点燃时处于大气压状态下。启动压力记录仪，打开粉尘容器的阀门，滞后点燃点火源，对爆炸压力进行记录测定。每次实验后，要用空气吹净爆炸室。采用不同的粉尘浓度重复实验，以得到爆炸压力和压力上升速率。随粉尘浓度变化的曲线，根据曲线可求得最大爆炸压力、最大爆炸指数 K_{max}。

采用替代实验装置和（或）测定步骤（如 20 L 爆炸实验装置及相应的测定步骤）直接或通过换算所得结果，与用 1 m^3 实验装置在以 K_{max} 划分的爆炸性范围内至少有 5 个粉尘试样的实验结果相当，则可以用该替代装置和测定步骤来测定可燃粉尘－空气混合物的最大爆炸压力和最大压力上升速率：

$$K_{max} < 20.0\ \mathrm{MPa \cdot m/s}$$
$$20.0 \leqslant K_{max} \leqslant 30.0\ \mathrm{MPa \cdot m/s}$$
$$K_{max} > 30.0\ \mathrm{MPa \cdot m/s}$$

第五节　粉尘云最小点火能测试方法

粉尘云的最小点火能是重要的爆炸特性参数之一，它对研究和防止粉尘的燃烧、爆炸有重要意义。影响粉尘云最小点火能的因素很多，见表 9－2。这些因素都是粉尘最小点火能的测试条件。测试条件的选择或确定对最小点火能的测量值影响极大，可引起几倍、几十倍甚至上百倍的差异。

表 9－2　粉尘云最小点火能的影响因素

<table>
<tr><th>按属性分类</th><th>影响因素</th><th>按影响特性分类</th></tr>
<tr><td>粉尘的性质和状态</td><td>粉尘颗粒形状
粉尘粒径或粒度 } 粉尘的比表面积
可燃挥发分
不挥发的可燃成分（固定碳等）
不燃成分（灰分）
水分</td><td>单调因素</td></tr>
<tr><td rowspan="2">粉尘云的性质和状态</td><td>粉尘浓度</td><td>极值因素</td></tr>
<tr><td>粉尘云的均匀程度
粉尘云的扰动程度</td><td rowspan="2">单调因素</td></tr>
<tr><td>气候环境条件</td><td>粉尘云的初始压力
粉尘云的初始温度
粉尘云的初始相对湿度</td></tr>
<tr><td rowspan="2">放电火花性质</td><td>电极粗细或端部曲率半径</td><td rowspan="2">极值因素</td></tr>
<tr><td>电极距离→火花能量的空间密度
放电火花时间→{储能电容、放电电阻、电路电感}→火花能量的时间密度</td></tr>
</table>

实验用粉尘应在常温、常压下，均匀地喷入悬浮于实验装置内，并用电容电火花点火。电火花能量用下式计算：

$$E = 0.5CU^2$$

式中，E 为电火花能量，J；C 为电容量，F；U 为充电电容器的电压，V。当火花能量大于 100 mJ 时，可采用下式计算：

$$E = \int I(t)U(t)\mathrm{d}t$$

式中，$I(t)$为放电时，实际测得的电火花电流，A；$U(t)$为放电时，实际测得的电火花电压，V。

电极材料：不锈钢、黄铜、紫铜或钨；电极直径和形状：（2.0±0.5）mm，电极尖端呈半球状，电极间距大于 6 mm；电极之间的绝缘阻值：应足够高，以防止漏电。

常用哈特曼管如图 9－5 所示。20 L 球形爆炸实验装置如图 9－6 所示。

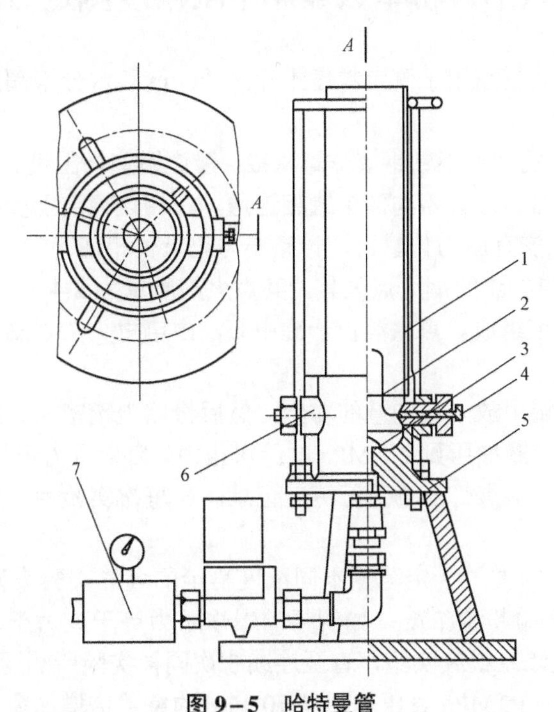

图 9－5　哈特曼管

1—石英玻璃管；2—点火电极；3—扩散器；4—铜套；5—底座；6—点火电极接头座；7—储气罐

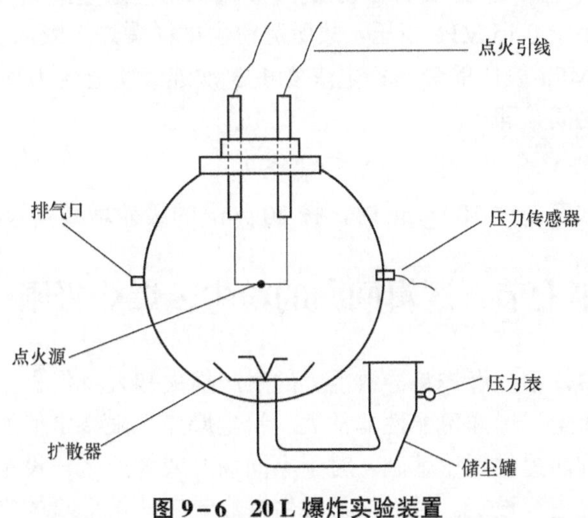

图 9－6　20 L 爆炸实验装置

首先在给定的粉尘浓度条件下，用一个能可靠粉尘云的电火花起爆，然后改变粉尘浓度、着火延迟时间和喷尘压力，并通过调节电容器电容和（或）电容器上充电电压，逐次减半降低火花能量值，直到连续 20 次实验均未出现着火为止。

粉尘云最小着火能量 E_{min} 介于 E_1（连续 20 次实验均未出现着火的最大能量值）和 E_2（连续 20 次实验均出现着火的最小能量值）之间，即

$$E_1 < E_{min} < E_2$$

第六节 粉尘云爆炸下限浓度测定方法

我国国家标准实验装置适用于测定粒度不超过 75 μm 和水分不超过 10%的可燃粉尘的爆炸下限浓度。

装置由容积为 20 L 的球形不锈钢爆炸罐构成。爆炸罐壁外围设有控温水套，爆炸罐下部安有粉尘扩散器，扩散器通过管路与储尘罐相连通，在相连通道上安有电磁阀。储尘罐的容积为 0.6 L。爆炸罐壁上安有压力传感器，传感器与记录仪相连。

点火源是总能量为 10 kJ 的烟火点火具，其点火剂质量为 2.4 g，由 40%的铝粉、30%的硝酸钡和 30%的过氧化钡组成。点火源位于罐中心，由电引火头点燃。点火源通过线路与喷尘点火时差控制器相连。

测定步骤：在储尘罐中放入已知量的粉尘，然后将储尘罐密闭。把爆炸罐抽真空到 0.04 MPa 的绝对压力，将储尘罐加压到 2.1 MPa 的绝对压力。启动压力记录仪，开启喷尘电磁阀，滞后 60 ms 引燃点火源，对爆炸压力进行测定记录。在每次实验后，要彻底清扫爆炸罐和储尘罐。

爆炸下限浓度 c_{min} 需通过一定范围不同浓度粉尘的爆炸实验来确定。初次实验时，按 10 g/m^3 的整数倍确定实验粉尘浓度，如测得的爆炸压力等于或大于 0.15 MPa 表压，则以 10 g/m^3 的级差减小粉尘浓度继续实验，直至连续 3 次同样实验所测压力值均小于 0.15 MPa。如测得的爆炸压力小于 0.15 MPa 表压，则以 10 g/m^3 的整数倍增加粉尘浓度实验，至压力值等于或大于 0.15 MPa 表压，然后以 10 g/m^3 的级差减小粉尘浓度继续实验，直至连续 3 次同样实验所测压力值均小于 0.15 MPa 表压。故所测粉尘试样爆炸下限浓度 c_{min}，介于 3 次连续实验压力均小于 0.15 MPa 表压的最高粉尘浓度和 3 次连续实验压力均等于或大于 0.15 MPa 表压的最低粉尘浓度之间，即

$$c_1 < c_{min} < c_2$$

当所实验的粉尘浓度超过 100 g/m^3 时，按 20 g/m^3 的级差增减实验浓度。

第七节 逻辑回归的粉尘云爆炸极限[2]

在工业生产过程中，粉尘爆炸将导致巨大的财产损失和人身伤亡。粮食在生产加工过程中，也会产生大量的粉尘，爆炸可能性非常大。粉尘爆炸下限特定值的设定是为了在不同场合设定粉尘云浓度标准而提供理论基础。对于不同场合或者厂区，设定的浓度值并不一定一样，而要根据实际情况进行设定。对于极易发生爆炸或者非常危险的空间，其标准设定得越严格越好，即浓度值设定得越低越好，而有一些场合，其标准就可以宽泛些。因此提出了新的分析方法，使粉尘云爆炸下限的逻辑回归量化。

粉尘爆炸实验的结果一般会受到实验罐体的体积、形状、喷粉情况、点火延迟时间等各

类因素的影响。从以往利用 20 L 球形爆炸罐做粉尘爆炸特性实验研究的总结观察来看：粉尘如何更均匀地分布在 20 L 球形爆炸罐中，并使其在爆炸瞬间保持最均匀是实验系统建立的重点。人为制造的粉尘云很难在固定密闭空间完全均匀地分布，只要粉尘云适当的分布均匀，能够满足实验要求即可。目前，国内外有不同的方式使粉尘云均匀分布在容器内，一种是将粉尘置于容器底部，利用高压气流通过特定装置使粉尘悬浮起来；另一种方法就是利用重力作用，使粉尘由容器顶部自由落下形成粉尘云。

20 L 球形爆炸罐测试装置结构如图 9－7 所示。图 9－7 中，1 为用于储存喷粉用高压气体的高压储气罐；2 为控制高压气体喷入实验装置中的电磁阀；3 为储粉室；4 为镶嵌在爆炸罐上的压电式传感器，用来获得罐内压力值；5 为放电电极，电极间隙为 4 mm，其材料为钨；6 为显示罐内真空度的真空表。

图 9－7　20 L 球形粉尘爆炸测试装置

为保证实验系统在测试粉尘云爆炸那一瞬间到达所要求的压力，就必须保证实验罐体的密封性及实验罐体真空度。在实验过程中，20 L 爆炸罐需要预抽一定的真空度，并且要承受较高的爆炸压力，因此实验系统需要有良好的气密性。本书的实验系统由于连接部分较多，并且还安装有压力传感器、观察窗等，这些都增加了系统漏气的可能性，使实验系统的气密性降低。因此，实验前要对系统的气密性进行检查，以防止漏气。在气密性检查中，首先用真空泵对 20 L 爆炸罐抽真空，使真空度达到－0.09 MPa，并检查漏气情况。整个实验系统能够维持该真空度水平 120 min 以上而没有出现明显降低，这表明本实验系统的气密性良好，能够满足实验要求。而对于真空度的要求，由汪建平等已经给出解答，即 20 L 爆炸罐内需预抽真空度为－0.09 MPa，喷粉压力为 0.8 MPa。

点火系统主要有两种：一种是高能电火花，另一种是化学点火头。如果点火源是化学点火头，在化学点火头起爆的时候，产生的冲击波会使点火头附近压力上升，从而改变了粉尘爆炸的初始条件，那么结果会产生偏差；并且化学点火具是管制品，不易获取；化学点火具价格较高，在制造使用过程中存在危险，使用后肯定会产生有害气体。静电点火能量集中在容器中心，化学点火能量在较大空间释放能量，静电点火时发生爆炸与否的判据更简单、更明显；可以连续地变化点火能量。

点火系统采用高能电火花点火系统。高能电火花点火系统由储能柜、控制箱、点火电极组成。储能柜由储能电容、三电极火花间隙开关、能量选择继电器组成。其中控制箱的作用是选择能量挡位、触发点火开关及进行充电电压的操作等；控制系统主要由总电源开关、调压旋钮、充电开关、点火开关、能量挡位选择开关组成；控制面板电压表可以随时查看充电电压情况。具体设置如图 9－8 和图 9－9 所示。

220 V 交流电源经升压变压器调压，二极管整流，向高压储能电容器组充电，充到所需电压之后，触发点火开关，电容两端高电压击穿电极，产生电火花，单次点火的电火花持续时间为 200～300 μs。在放电不成功的情况下，电容两端电压高达数千伏，增大充电电压使放电成功，或等待电容电压缓慢下降，当万用表显示电容电压低于 200 V 时，将能量挡位选择开关调至 0 挡，快速泄放电容储能。

图 9–8　高能电火花电源控制箱

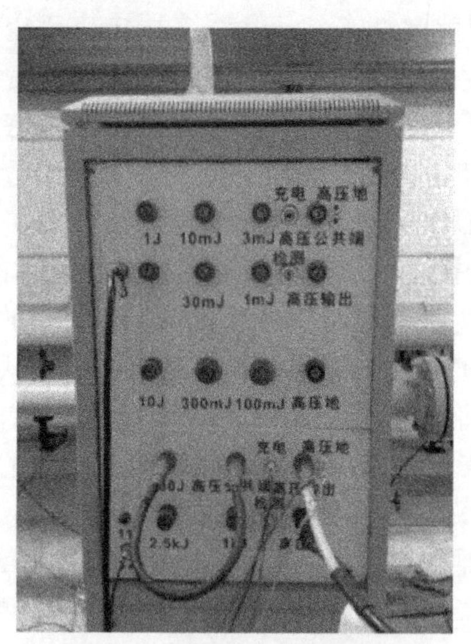

图 9–9　高能电火花储能柜

气室中的高压空气夹带粉尘喷射进入 20 L 爆炸罐时产生的湍流称为扬尘诱导湍流。具有适当强度的扬尘湍流是粉尘稳定悬浮必不可少的条件。但在实验过程中，悬浮粉尘云一旦形成后，则希望获得较低的湍流强度，以减少外部湍流环境对粉尘固有燃烧爆炸特性的影响。扬尘湍流强度随着时间而衰减，点火时刻罐内的扬尘湍流残存强度与点火延迟时间有关。点火延迟时间是指扬尘系统电磁阀开启时刻和点火时刻之间的延迟时间，常用来定性地表征点火时刻所对应的扬尘湍流残存强度。实验中通过控制点火延迟时间，即可实现对点火时刻扬尘湍流残余强度的控制。因此，点火延迟时间的选择是一个相当关键的因素。

点火延迟时间的设置取决于扬尘装置的设计、高压储气室的容积和初始压力、爆炸罐的容积和几何形状等因素，既不能过小，也不能过大，延迟时间过小，会由于较大的湍流强度而影响爆炸过程；延迟时间过大，会导致大颗粒粉尘由于重力作用而开始沉降，粉尘云均匀性将会受到影响。

回归分析是根据变量观测数据来分析变量间关系的统计分析方法，根据观测的自变量和因变量之间的关系建立数学关系式。Logistic 回归（逻辑回归）模型中的因变量是一个二元变量，这也是它与其他统计分析的主要不同之处，这个二元的因变量就是结果的发生与否。模型的参数估计就是通过最大似然法，在因变量观察次数概率极大化的基础上，得到自变量参数的最佳估计值，而自变量产生的样本最后呈现在因变量上的概率分布为 S 形分布。

Logistic 回归的主要功能：一是搜寻存在的危险隐患；二是预测，在 Logistic 回归模型的基础上，根据模型的要求，当自变量取不同的值时，预测事故发生的概率大小；三是判断，在预测的基础之上，分析 Logistic 模型的结果，判别人或事物属于某种类别的范围大小，即判断这种现象发生的可能性大小。这是 Logistic 回归最常用的 3 个用途。

Logistic 回归分析（逻辑回归分析），近年来逐渐开始应用于探索某种事件的危险因素，根据危险因素预测事件发生的概率等。例如，不同能量的点火概率曲线，因变量就是点火是否成功，即“是”或“否”，为两分类变量，自变量可以包括很多，但这里只需要点火能量的大小这一个自变量。自变量既可以是连续的，也可以是分类的。通过 Logistic 回归分析，得到不同点火能时发生点火的概率曲线。

Logistic 回归模型中因变量是最简单的二元分布，即 $Y=1$ 表示该事件结果发生，$Y=0$ 表示其不发生，记为

$$P\{Y=1\}=p \tag{9-1}$$

爆炸极限区间内的 p 是一个在 0～1 之间变化的值，统计学中为解决概率 p 不能简单地表示为自变量 x_1，x_2，…的线性函数这一问题，提出了对概率 p 作 Logit 变换，即

$$\text{Logit}(p)=\ln\left(\frac{p}{1-p}\right) \tag{9-2}$$

随着 p 在 0～1 之间变化，Logit(p)就在（$-\infty$，$+\infty$）中变化。利用式（9-4）就可以将属性变量取某个值的概率 p 表示为自变量的线性函数，即

$$\text{Logit}(p)=\beta_0+\beta_1x_1+\beta_2x_2+\cdots+\beta_mx_m \tag{9-3}$$

在 Logistic 回归模型中，将爆炸下限的概率 p 表示为不同浓度 c 的一次线性函数，即为

$$p(c)=\frac{1}{1+\exp(-\beta_0-\beta_1c)} \tag{9-4}$$

然后根据实验得到的数据，通过计算得到β_0、β_1，那么点火概率 $P(c)$一定时，其对应的粉尘浓度值 c 可由式（9-5）得到：

$$c=\left(\ln\frac{p(c)}{1-p(c)}-\beta_0\right)\Big/\beta_1 \tag{9-5}$$

但是当 $P(c)=1$ 时，就得不到 c 的数值，因此对一定概率下的浓度 c 存在置信上限（UCL）和置信下限（LCL）。

$$\text{UCL/LCL}=c\pm Z_{\alpha/2}\sqrt{(\sigma_{00}+2c\sigma_{01}+c^2\sigma_{11})/\beta_1^2} \tag{9-6}$$

$Z_{\alpha/2}$ 为标准正态分布曲线的上$\alpha/2$ 分位点，本书取置信度为 0.95，则$\alpha=1-0.95=0.05$，$\alpha/2=0.025$，再从标准正态分布表查出 $Z_{\alpha/2}=1.960$。式中，σ_{00}、σ_{11} 是β_0 和β_1 的方差，σ_{01} 是β_0 和β_1 的协方差，$\sigma_{01}=\rho(\sigma_{00}\times\sigma_{11})^{1/2}$，$\rho$是相关系数。由计算可以得出$\rho$、$\sigma_{00}$、$\sigma_{11}$、$\beta_0$、$\beta_1$。这样就能计算出不同浓度下的爆炸概率及其置信区间。

根据 logistic 逻辑回归研究方法，对 30 次实验进行铝粉粉尘云爆炸测试进行分析。实验喷粉持续时间 280 ms、点火延迟时间 340 ms、点火有效能量为 94 J 等初始实验条件不变。根据不同浓度下的点火情况，利用逻辑回归分析方法分析不同浓度下的点火概率分布，即铝粉粉尘云的爆炸极限概率分布。

根据实验数据，计算粉尘云爆炸下限的区间及在此区间的置信上下限，得到β_0、β_1、ρ及β_0、β_1 的标准差，计算出方差σ_{00}、σ_{11}。所得结果为：$\beta_0=-4.422$，$\beta_1=0.024$，$\rho=-0.98$，β_0 和β_1 的标准差分别为 2.124 和 0.011，然后根据下式得到：

$$\sigma_{01}=\rho\sqrt{\sigma_{00}\sigma_{11}}=-0.98\times\sqrt{2.124^2\times0.011^2}=-0.022\,9$$

即β_0、β_1 的协方差$\sigma_{01}=-0.022\,9$。然后将所得参数带入以下公式中：

$$P(c)=\frac{1}{1+e^{-\beta_0-\beta_1 c}}=\frac{1}{1+e^{4.422-0.024c}}$$

$$\begin{aligned}\text{UCL/LCL}&=c\pm z_{\alpha/2}\sqrt{(\sigma_{00}+2c\sigma_{01}+c^2\sigma_{11})/\beta_1^2}\\&=c\pm1.96\sqrt{[2.124^2+2c(-0.022\,9)+c^2 0.011^2]/0.024^2}\end{aligned}$$

根据此公式，就可以得到实验中在爆炸下限区间范围内不同浓度的铝粉粉尘云的爆炸的概率，以及其95%置信区间上下限（UCL和LCL），见表9－3。

表9－3　30次铝粉粉尘云爆炸实验结果

铝粉质量/g	铝粉浓度/(g·m^{-3})	点燃是/否（1/0）	P	UCL/（g·m^{-3}）	LCL/（g·m^{-3}）
0.8	40	0	0.030 413	178.423 8	0
1.395	69.75	0	0.060 2	182.482 5	0
1.4	70	0	0.060 54	182.518 6	0
1.502 2	75.11	0	0.067 903	183.267	0
3.013 7	150.685	1	0.308 837	199.509 5	101.860 5
3.402 5	170.125	0	0.416 052	208.577 4	131.672 6
3.454 5	172.725	0	0.431 288	210.191 8	135.258 2
3.501 2	175.06	1	0.445 082	211.745 9	138.374 1
3.562 7	178.135	0	0.463 376	213.954 4	142.315 6
3.577 7	178.885	1	0.467 854	214.522 4	143.247 6
3.595 4	179.77	0	0.473 146	215.207 8	144.332 2
3.602 2	180.11	1	0.475 18	215.475 6	144.744 4
3.631 2	181.56	0	0.483 866	216.645 9	146.474 1
3.647 8	182.39	1	0.488 842	217.336 6	147.443 4
3.707 1	185.355	1	0.506 63	219.931	150.779
3.756 4	187.82	0	0.521 407	222.242 2	153.397 8
3.825 6	191.28	1	0.542 08	225.726	156.834
3.914 7	195.735	1	0.568 477	230.621 9	160.848 1
3.954 4	197.72	0	0.580 123	232.948 3	162.491 7
4.023 1	201.155	0	0.600 061	237.175 5	165.134 5
4.300 7	215.035	1	0.676 742	256.502	173.568
4.304 7	215.235	0	0.677 791	256.802 6	173.667 4
4.711 9	235.595	1	0.774 217	289.595 8	181.594 2
4.920 7	246.035	1	0.815 001	307.556 2	184.513 8
5.000 2	250.01	1	0.828 955	314.522 7	185.497 3
5.007 8	250.39	0	0.830 244	315.191 7	185.588 3
5.053 6	252.68	1	0.837 85	319.234 1	186.125 9
5.803	290.15	1	0.927 007	387.094 1	193.205 9
6.002	300.1	1	0.941 607	405.448 6	194.751 4
6.598	329.9	1	0.970 562	460.843 8	198.956 2

根据上述得出的数据，利用 Origin 进行了制图，得到铝粉粉尘云爆炸下限的概率分布及其在这个区间内铝粉粉尘浓度爆炸概率的 95%置信区间的分布规律图，如图 9－10 所示。

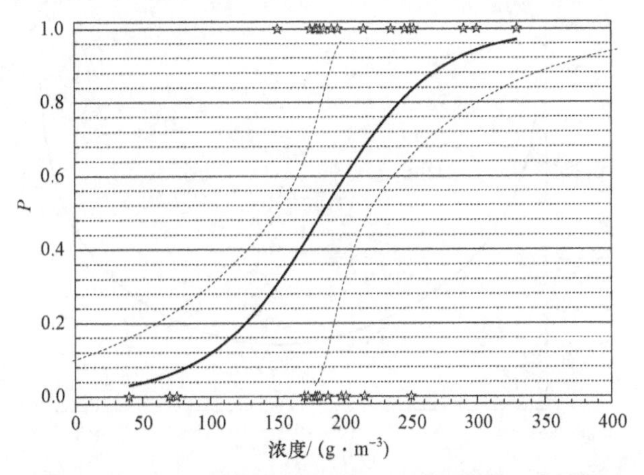

图 9－10　30 次铝粉粉尘云爆炸下限的概率分布规律

从图 9－10 得到，实线是爆炸下限点火概率 P 关于浓度 c 的关系曲线。随着浓度的增加，爆炸下限的点火概率从 0 逐渐增加到 1，即从一点也不爆炸到肯定爆炸。其图形为 S 形，也就是说，爆炸下限点火概率是先缓慢增加，到达一定浓度时，点火概率快速上升；当快要接近 1 时，增速又缓慢降下。图上的五角星表示实验点火成功与否，1 代表点火成功，0 代表点火不成功。实线左侧是铝粉粉尘浓度爆炸概率的 95%置信区间上限，实线右侧是铝粉粉尘浓度爆炸概率的 95%置信区间下限。由图还可以得到铝粉粉尘云爆炸下限中点火成功与不成功重叠区域的浓度范围为 150.685～250 g/m^3，并且从图中得到点火概率为 10%、20%、30%、40%、50%、60%、70%、80%、90%的铝粉粉尘云浓度，以及其爆炸概率的 95%置信区间，见表 9－4。

表 9－4　30 次实验铝粉粉尘云爆炸下限概率统计结果

P	铝粉浓度/（$g \cdot m^{-3}$）	UCL/（$g \cdot m^{-3}$）	LCL/（$g \cdot m^{-3}$）	置信区间范围/（$g \cdot m^{-3}$）
0.1	92.698 98	186.011 1	0	186.624 2
0.2	126.487 7	192.538 6	60.436 83	132.101 7
0.3	148.945 9	198.891 2	99.000 58	99.890 64
0.4	167.355 6	206.982 5	127.728 7	79.253 71
0.5	184.25	218.940 7	149.559 3	69.381 41
0.6	201.144 4	237.162 1	165.126 7	72.035 35
0.7	219.554 1	263.417 7	175.690 5	87.727 27
0.8	242.012 3	300.572 3	183.452 3	117.12
0.9	275.801	360.816 7	190.785 3	170.031 4

根据表 9－4 可以得到铝粉浓度、爆炸概率和置信区间之间的关系曲线，如图 9－11 所示。

根据上面的数据可以得到铝粉粉尘云浓度与置信区间范围之间的关系曲线图和点火成功概率与置信区间范围之间的关系曲线图，它们的趋势都是先下降后升高。在浓度为

189.256 g/m³时，置信区间范围最小，其95%的置信区间为68.861 g/m³，此时的点火成功概率 $P=0.5199$。

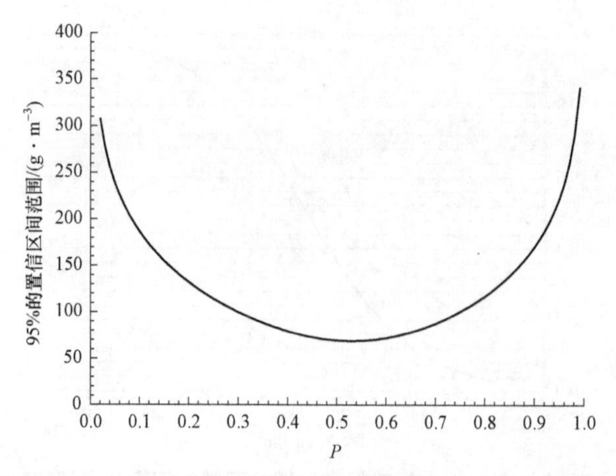

图9-11 30次点火实验成功概率与置信区间范围关系曲线

基于Logistic回归模型，利用统计回归分析方法处理从40 g/m³到329.9 g/m³这个区间的爆炸浓度，可以得到铝粉粉尘云爆炸下限概率分布图，以及其95%的置信区间，如图9-12所示。从实验结果中可以得到铝粉粉尘云爆炸成功与爆炸不成功的重叠浓度范围是150.685～250 g/m³，点火成功概率为0.31～0.83。

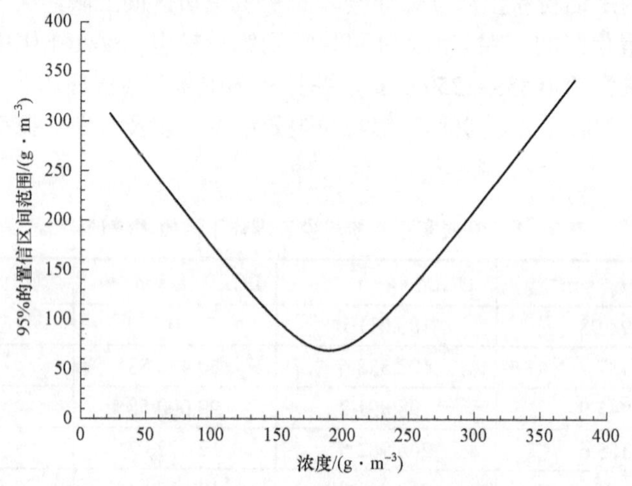

图9-12 铝粉粉尘云浓度与置信区间范围关系曲线

根据Logistic逻辑回归研究方法，本实验中用了40组铝粉粉尘云爆炸测试。其基础条件不变，即本次实验喷粉持续时间280 ms、点火延迟时间340 ms、点火有效能量为94 J等初始实验条件不变。根据不同浓度下的点火情况，利用逻辑回归分析方法分析不同浓度下的点火概率分布，即铝粉粉尘云的爆炸极限概率分布。为了计算粉尘云爆炸下限的区间以及在此区间的置信上下限，将这些数据拷入到SPSS软件中，利用该软件就能得到上式中β_0、β_1、ρ及β_0、β_1的标准差，然后计算出方差σ_{00}、σ_{11}。本实验所得结果为：$\beta_0=-5.132$、$\beta_1=0.028$、$\rho=-0.986$及β_0和β_1的标准差分别为2.315和0.012，然后根据下式得到：

$$\sigma_{01}=\rho\sqrt{\sigma_{00}\sigma_{11}}=-0.986\times\sqrt{2.315^2\times0.012^2}=-0.027\,39 \tag{9-7}$$

即β_0、β_1的协方差$\sigma_{01}=-0.027\,39$。然后将所得参数带入到以下公式中：

$$P(c)=\frac{1}{1+\mathrm{e}^{-\beta_0-\beta_1 c}}=\frac{1}{1+\mathrm{e}^{5.123-0.028c}} \tag{9-8}$$

$$\begin{aligned}\mathrm{UCL/LCL}&=c\pm z_{\alpha/2}\sqrt{(\sigma_{00}+2c\sigma_{01}+c^2\sigma_{11})/\beta_1^2}\\&=c\pm1.96\sqrt{[2.315^2+2c(-0.027\,39)+c^2 0.012^2]/0.028^2}\end{aligned} \tag{9-9}$$

然后根据此公式，就可以得到实验中在爆炸下限区间范围内不同浓度的铝粉粉尘云的爆炸概率，以及其95%置信区间上下限（UCL和LCL），见表9-5。

表9-5 40次铝粉粉尘云爆炸实验结果

铝粉质量/g	铝粉浓度/（$g\cdot m^{-3}$）	点燃是/否(1/0)	P	UCL/（$g\cdot m^{-3}$）	LCL/（$g\cdot m^{-3}$）
1.502 2	75.11	0	0.046 136	175.492 93	0
0.8	40	0	0.017 775	169.037 65	0
1.200 2	60.01	0	0.030 718	172.663 68	0
1.395	69.75	0	0.039 964	174.477 37	0
1.4	70	0	0.040 233	174.524 44	0
3.013 7	150.685	1	0.286 423	193.445 48	107.924 5
5	250	1	0.866 227	306.964 05	193.036
5.053 6	252.68	1	0.874 686	311.637 6	193.722 4
4.023 1	201.155	0	0.622 539	229.594 73	172.715 3
3.004 9	150.245	0	0.283 912	193.293 27	107.196 7
3.501 2	175.06	1	0.442 673	204.845 99	145.274
4.920 7	246.035	1	0.852 831	300.086 75	191.983 2
5.026 9	251.345	1	0.870 531	309.307 18	193.382 8
5.000 2	250.01	1	0.866 259	306.981 45	193.038 6
5.007 8	250.39	0	0.867 487	307.642 96	193.137
3.402 5	170.125	0	0.408 904	201.906 75	138.343 2
3.845 5	192.275	1	0.562 595	219.249 59	165.300 4
3.707 1	185.355	1	0.514 481	212.585 61	158.124 4
3.602 2	180.11	1	0.477 785	208.342	151.878
3.552 9	177.645	0	0.460 597	206.568 32	148.721 7
3.577 7	178.885	1	0.469 234	207.443 89	150.326 1
3.562 7	178.135	0	0.464 007	206.910 35	149.359 6
3.595 4	179.77	0	0.475 41	208.089 36	151.450 6
3.631 2	181.56	0	0.487 922	209.449 23	153.670 8
3.756 4	187.82	0	0.531 697	214.816 56	160.823 4
3.954 4	197.72	0	0.599 687	225.364 44	170.075 6
4.304 7	215.235	0	0.709 834	249.376 7	181.093 3

续表

铝粉质量/g	铝粉浓度/（g·m^{-3}）	点燃是/否（1/0）	P	UCL/（g·m^{-3}）	LCL/（g·m^{-3}）
4.300 7	215.035	1	0.708 68	249.073 63	180.996 4
4.711 9	235.595	1	0.812 244	282.247 08	188.942 9
3.825 6	191.28	1	0.555 728	218.214 44	164.345 6
3.914 7	195.735	1	0.586 273	223.048 57	168.421 4
3.454 5	172.725	0	0.426 609	203.401 7	142.048 3
3.625 7	181.285	0	0.485 999	209.235 48	153.334 5
3.676 3	183.815	1	0.503 705	211.270 19	156.359 8
3.951	197.55	1	0.598 543	225.162 31	169.937 7
3.647 8	182.39	1	0.493 73	210.105 21	154.674 8
5.803	290.15	1	0.952 221	378.289 37	202.010 6
6.002	300.1	1	0.963 413	396.231 89	203.968 1
6.204	310.2	1	0.972 175	414.503 5	205.896 5
6.598	329.9	1	0.983 781	450.266 65	209.533 4

根据上述得出的数据，得到铝粉粉尘云爆炸下限的概率分布及其在这个区间内铝粉粉尘浓度爆炸概率的95%置信区间的分布规律，如图 9－13 所示。

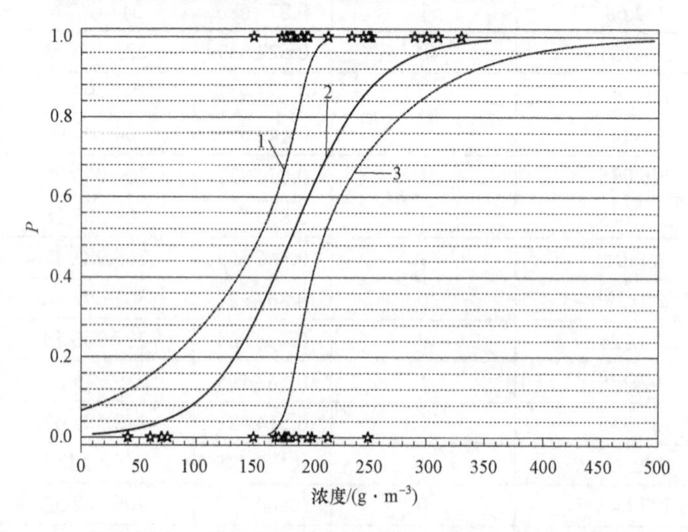

图 9－13　铝粉粉尘云爆炸下限的概率分布及其 95%置信区间的分布规律

从图 9－13 看到，实线是爆炸下限点火概率 P 关于浓度 c 的关系曲线。随着浓度的增加，爆炸下限的点火概率从 0 逐渐增加到 1，即从一点也不爆炸到肯定爆炸。其图形为 S 形，也就是说，爆炸下限点火概率是先缓慢增加，到达一定浓度时，点火概率快速上升，当快要接近 1 时，增速又缓慢降下。图上的五角星表示实验点火成功与否，1 代表点火成功，0 代表点火不成功。曲线 1 是铝粉粉尘浓度爆炸概率的 95%置信区间上限，曲线 2 是铝粉粉尘浓度爆炸概率的 95%置信区间下限。由图 9－13 还可以看到，铝粉粉尘云爆炸下限中，点火成功与不成功重叠区域的浓度范围为 150.685～250 g/m³，并且从图中得到点火概率为 10%、20%、30%、40%、50%、60%、70%、80%、90%的铝粉粉尘云浓度，以及其爆炸概率的 95%置信区间，见表 9－6。

表 9－6　铝粉粉尘云爆炸下限概率统计结果

P	铝粉浓度/（g・m⁻³）	UCL/（g・m⁻³）	LCL/（g・m⁻³）	置信区间范围/（g・m⁻³）
0.1	104.492	181.383 5	27.600 5	153.783
0.2	133.453 8	188.223 43	78.684 17	109.539 3
0.3	152.703 6	194.160 4	111.246 8	82.913 6
0.4	168.483 4	201.019 09	135.947 7	65.071 38
0.5	182.964 3	210.568 77	155.359 8	55.208 94
0.6	197.445 2	225.038 06	169.852 3	55.185 72
0.7	213.224 9	246.354 85	180.094 9	66.259 91
0.8	232.474 8	277.011 99	187.937 6	89.074 37
0.9	261.436 6	327.024 26	195.848 9	131.175 3

根据表 9－6 可以得到铝粉浓度、爆炸概率和置信区间之间的关系曲线，如图 9－14 所示。

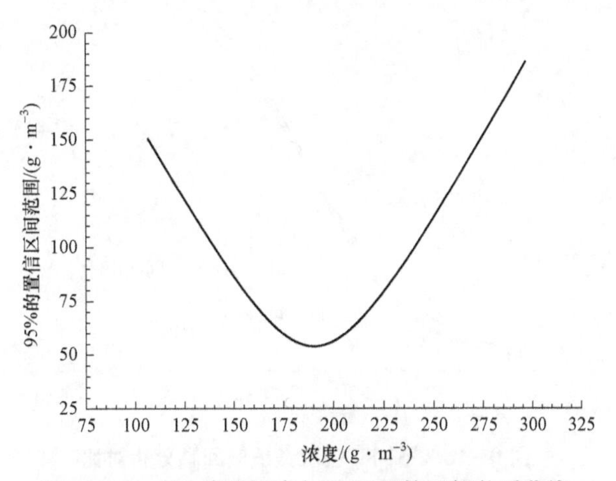

图 9－14　点火成功概率与 95%置信区间关系曲线

根据上面的数据可以得到铝粉粉尘云浓度与置信区间之间的关系曲线和点火成功概率与置信区间之间的关系曲线，它们的趋势都是先下降后升高，在浓度为 190.72 g/m³ 时置信区间范围最小，其 95%的置信区间范围值为 53.85 g/m³，此时的点火成功概率 P=0.552 8。

基于 Logistic 回归模型，利用统计回归分析方法处理 40～329.9 g/m³ 这个区间的爆炸浓度，可以得到铝粉粉尘云爆炸下限概率分布图，以及其 95%的置信区间，如图 9－15 所示。从实验结果中可以得到铝粉粉尘云爆炸成功与爆炸不成功的重叠浓度范围是 150.685～250 g/m³，点火成功概率为 0.3～0.85，如图 9－15 所示。

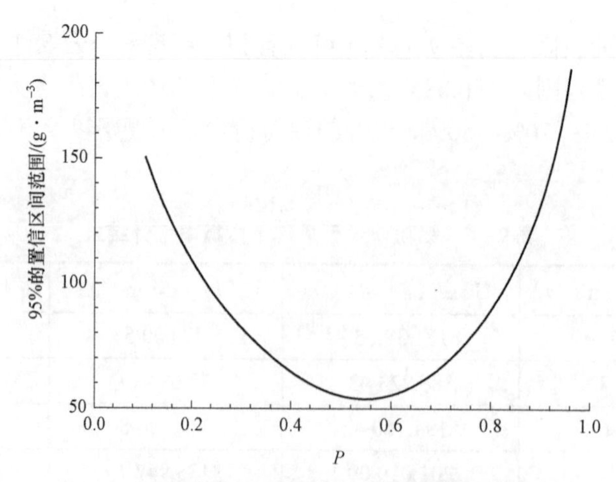

图 9-15　铝粉粉尘云浓度与置信区间关系曲线

Logistic 逻辑回归是一种统计学的研究方法，它的前提就是在一定的范围内统计一定数量的数据，不仅这个统计范围对结果有一定的影响，统计的数量也对结果的精确性有一定的影响。不同的实验次数必定对铝粉爆炸下限点火成功概率有一定的影响，从而影响爆炸下限概率分布图。因此，利用 SPSS 统计软件进行了 20、30、40 次实验下铝粉粉尘云爆炸下限的逻辑回归分析，并将所得到的爆炸极限概率分布规律进行了对比，如图 9-16 所示。

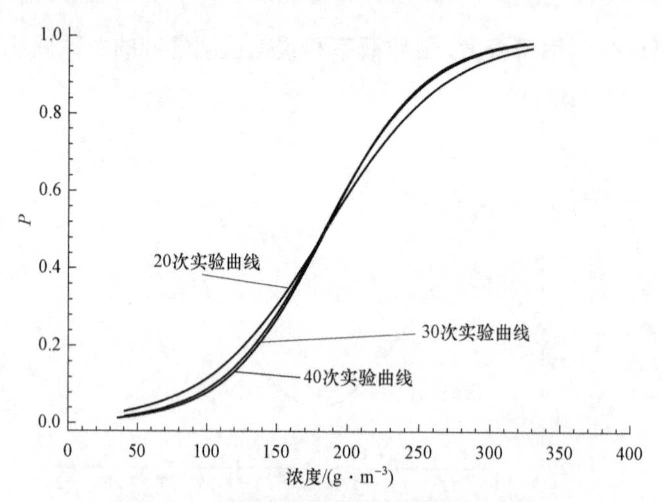

图 9-16　不同实验次数逻辑回顾分析对比

图 9-16 中横坐标为该次点火实验所用铝粉的浓度，纵坐标即为该浓度下的点火概率值。从图中可以看到每一个逻辑回归曲线都呈 S 形分布，其结构非常相似。其中 40 次实验获得的逻辑回归统计曲线最陡峭，30 次实验的逻辑回归曲线稍微平缓一些，而 20 次实验的逻辑回归曲线变化最缓慢。它们相互交叉，但是并不是交于一点，而是在 190 g/m^3 附近。可知实验次数越多，利用逻辑回归分析方法得到的点火概率的分布曲线越陡峭，即点火成功概率从 0 增加到 1 的浓度的范围越窄，此时对应的爆炸下限浓度范围越窄。若实验次数无限增大，则爆炸极限逼近某一区域，所以有限次实验下测得的爆炸下限应该在一定浓度范围内以概率的形式存在，而非某一定值。

从实验中还可以得到不同实验次数对应的铝粉粉尘浓度爆炸概率的 95% 置信区间最小值，以及其相对应的浓度值和爆炸成功概率。实验数据见表 9－7。

表 9－7　不同实验次数各项数据对比

实验数据	20 次	30 次	40 次
95%置信区间最小值/（$g \cdot m^{-3}$）	74.809	68.861	53.85
对应浓度/（$g \cdot m^{-3}$）	183.67	189.256	190.72
P	0.459 9	0.519 9	0.552 8

利用表中的数据可以得到 95%置信区间最小值及其对应的浓度与实验次数的关系曲线，如图 9－17 所示。

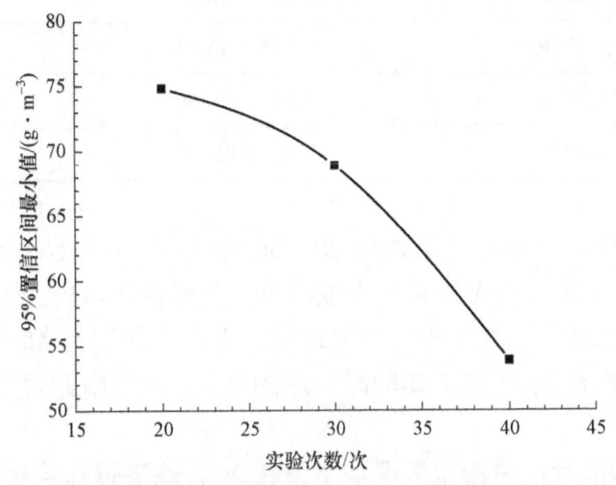

图 9－17　不同实验次数下对应的 95%置信区间最小值

图 9－18 中横坐标是实验次数。从图中可以很明显地得到，随着实验次数的增加，其对应的 95%置信区间最小值越来越小，并且变化趋势越来越大，也就是越来越陡峭。而相对应的浓度值越来越大，但其变化趋势越来越小，也就是越来越缓慢。

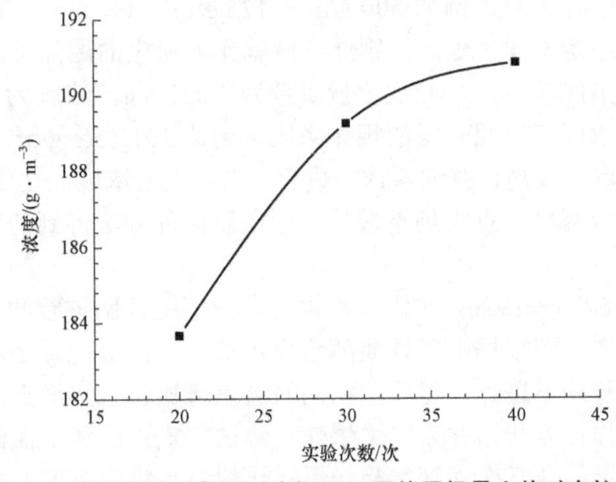

图 9－18　不同实验次数下对应的 95%置信区间最小值对应的浓度

表 9-8 是 20 次、30 次和 40 次实验下点火概率分别为 10%、20%、30%、40%、50%、60%、70%、80%、90%时对应的粉尘云浓度及其 95%置信区间。

表 9-8　不同点火概率时对应的粉尘浓度及其 95%置信区间

P	20 次对应浓度/（g·m^{-3}）	30 次对应浓度/（g·m^{-3}）	40 次对应浓度/（g·m^{-3}）
0.1	113.44±85.86	92.7±93.31	104.49±76.89
0.2	141.4±60.1	126.49±66.05	133.45±54.77
0.3	159.99±46.09	148.95±49.95	152.7±41.46
0.4	175.22±38.82	167.36±39.63	168.48±32.54
0.5	189.21±37.67	184.25±34.69	182.96±27.6
0.6	203.194 2.28	201.14±36.02	197.4±27.9
0.7	218.42±52.06	219.55±43.86	213.22±33.13
0.8	237.01±67.6	242.01±58.56	232.47±44.54
0.9	264.97±94.29	275.8±85.02	261.44±65.59

由表 9-8 可以看出，不论点火次数是 20、30 还是 40，点火概率 $P=0.5$ 时，其对应的 95%置信区间都最窄，且随着点火概率增大或减小，其对应的 95%置信区间均逐渐增大，即当点火概率 $P=0.5$ 时，对应的浓度值可靠性最高。当点火次数为 40 时，点火概率对应的浓度值置信区间均小于 30 和 20 次点火实验时对应的置信区间，由此可见，点火实验次数越多，置信区间越窄。

根据不同的现有标准对铝粉粉尘云爆炸下限在 20 L 球形爆炸罐中进行了测试。同样利用高能电火花设备作为点火源，点火电压为 8 kV、喷粉持续时间为 280 ms、点火延迟时间为 340 ms 等初始实验条件不变。其实验方法如下：

参照 ASTM-E2019（美国材料实验协会标准）或者 EN13821—2002（欧盟标准）等，进行铝粉粉尘云爆炸下限的测试。首先选中某一个偏大的浓度，而这个浓度能发生爆炸，然后将浓度依次减半进行实验，例如 500 g/m^3—125 g/m^3—60 g/m^3—30 g/m^3，直到不发生爆炸，重复实验，若还是未发生爆炸，则此浓度就作为粉尘的爆炸下限。首先称量的铝粉质量要足够大，使粉尘能够爆炸，此次称量质量为 5.053 6 g，浓度为 272.680 g/m^3，点火成功。然后将粉尘云浓度值按照一定的规律降低，到达 201.155 g/m^3，点火不成功，重复此浓度的点火情况，点火成功，继续降低。最后，当粉尘云浓度到达 190.72 g/m^3 时，点火又不成功，重复该实验两次，点火仍不成功，则参照这种方法得到的铝粉粉尘云爆炸下限浓度为 190.72 g/m^3。

参照国标 GB/T 16425—1996，对铝粉粉尘云爆炸下限范围进行测试。初次实验时选定一个浓度，如发生爆炸，则根据不同性质的粉尘，按一定的级差减小粉尘浓度继续实验，直至连续三次同样实验均不爆炸，然后按相同的级差增加粉尘浓度继续实验，直至连续三次同样实验均发生爆炸；若开始并未发生爆炸，测试方式正好和上面的相反。所测粉尘爆炸下限浓度 c_{min} 则介于 c_1（三次连续实验均不爆炸的最高粉尘浓度）和 c_2（三次连续实验均爆炸的最低粉尘浓度）之间，即 $c_1 < c_{min} < c_2$。本书实验中铝粉粉尘云浓度从 252.680 g/m³ 开始，测得 c_2 为 190.72 g/m³。然后选择 60.01 g/m³ 开始向上探测爆炸下限，当达到 150.685 g/m³ 时，粉尘开始发生爆炸；当达到 170.125 g/m³ 时，粉尘连续三次发生爆炸。因此，本实验参照此方法所测铝粉粉尘云爆炸下限浓度 c_{min} 介于 170.125 g/m³（连续三次同样浓度实验点火成功）和 190.72 g/m³（连续三次同样浓度实验点火成功）之间，即 170.125 g/m³ $< c_{min} <$ 190.72 g/m³。

根据以上三种不同的方法得到的铝粉粉尘云爆炸下限的结果见表 9－9。

表 9－9　不同方法铝粉粉尘云爆炸下限浓度对比情况

爆炸极限测试方法	爆炸下限浓度/（g·m^{-3}）	备注
欧盟标准 EN13821—2002 等	190.72	定值
国标 GB/T 16425—1996	170.125～190.72	范围
Logistic 回归模型	150.685～250	点火概率 0.3～0.85

通过三种方法得到的爆炸下限的表达形式不同，分别为浓度范围、定值、概率分布。用一个浓度范围来描述爆炸下限时，只是在这个范围内定性地描述了爆炸下限，而在这个范围内的点火情况，即爆炸下限并没有做定量描述；当用一个定值来描述爆炸下限时，也不够准确，因为爆炸下限并不是以一个定值的方式存在的，而是存在一定的随机性，即当浓度高于爆炸下限时，有可能点火不成功，当浓度低于爆炸下限时，有可能点火成功。综上，在一定浓度范围内用概率分布的形式描述爆炸下限最为准确。基于逻辑回归方法得到的结果，不是那种单一地给出定值或者一定的范围，而是定量地给出了爆炸极限浓度的概率分布规律，且还给出了在一定点火概率下，置信区间为95%的浓度范围。可见该方法较前两种方法更灵活，更接近真实情况。由表 9－9 可以得到三种方法给出的爆炸下限浓度中，所得结果的量级和规律是完全一致的，其中使用 Logistic 回归模型得到不同点火概率下的浓度范围完全包括了其他两种方法得到的爆炸下限，且可以将这几种结果按不同的点火成功概率对应起来。运用 Logistic 回归模型得到的爆炸下限浓度值为 150.685～250 g/m³，使用国标 GB/T 16425—1996 方法给出的浓度范围要高于由欧盟标准 EN13821：2002、美国材料实验协会标准 ASTM－E2019 得到的浓度值。本实验 Logistic 回归模型中并未选择特定的点火概率下的浓度值，因为在将国标 GB/T 16425—1996 方法中的爆炸下限量化后，可以根据不同场所的危险程度的分级，选择适宜的浓度值。

参 考 文 献

［1］Xueling Liu，Qi Zhang. Influence of turbulent flow on the explosion parameters of micro－andnano－aluminum powder–air mixtures［J］. Journal of Hazardous Materials，2015（299）：603－617.

［2］刘庆明，邵惠阁，刘丽彬，张云明.铝粉爆炸下限的 Logistic 统计分析［J］. 第七届全国强动载效应及防护学术会议论文集，2015：332－340.

思 考 题

1. 分析粉尘爆炸实验中吹粉系统及参数影响实验结果的物理机制。
2. 分析粉尘爆炸下限的主要影响因素。

第十章 多相爆炸实验

现代工业爆炸事故中，有相当一部分是由气－液两相、气－固－液三相悬浮混合物在弱点火条件下意外燃烧引起的。随着现代工业的发展，处理、运输和储存可燃液体的量与日俱增，由此伴生的几乎无可避免的意外泄漏所导致的爆炸事故也日趋频繁。1974 年，英国 Flixbroug 发生的由环己烷泄漏引起的爆炸致使数十人丧生。对工业部门而言，为了抑制在生产过程中由弱点火引起的悬浮混合物燃烧转爆炸事故，或是在悬浮混合物发生燃爆事故后能迅速采取有效措施使事故损失为最小，必须从机理上认识可燃悬浮混合物在点火、燃烧与爆炸方面的基本规律，从而为石油化工等易于形成可燃悬浮云雾行业的安全生产提供科学依据；同时，随着 FAE 武器的成功使用及迅速发展，反 FAE 武器的战斗部也随即出现，在这种情况下，为了进一步提高 FAE 武器的战场生存能力和作战效能，就需要从机理上了解由 FAE 燃料组成的气－固－液三相悬浮混合物燃烧转爆轰的过程，了解燃料组分配比、浓度配比对 FAE 武器效能的影响规律，从而为 FAE 武器的进一步发展提供理论依据。

液体燃料在压力作用下形成液滴，随后液滴表面蒸发产生蒸气，蒸气向四周扩散，和周围的空气混合，进一步被加热着火燃烧。因为燃烧速度快，蒸发速度慢，液体燃料的燃烧快慢取决于其蒸发速度。为了提高燃烧效率，减少燃烧产物中污染物的生成，必须增加燃料的表面积，以增加其蒸发速度。工业上常常采用雾化技术，将燃油雾化成很细小的液滴。油滴越小，蒸发越快，燃烧所需要的时间就越短，不完全燃烧损失就越小。

研究火焰在三相云雾中的传播以及复杂的爆轰现象，前提条件是必须在爆炸容器中产生均匀悬浮且能维持一定悬浮时间的混合云雾。

第一节 水平管道爆炸实验

实验系统包括水平爆炸管、泄爆罐、喷粉扬尘系统、点火系统、测试系统、控制系统。水平多相燃烧爆炸管内径为 0.2 m，总长 28 m，中间用法兰盘连接。在管道两侧以 0.7 m 的间距均匀装有 40 套喷粉/喷雾扬尘系统（图 10－1）。在管道上方均匀布置有测试孔，间距为 0.7 m。整条实验管道的一端由法兰盘密封，另一端与体积为 13 m^3 的泄爆罐相连，全部管道安放在组合支架上。喷粉扬尘系统能够确保在水平燃烧爆炸管内形成均匀弥散、悬浮时间达到秒级的粉尘云。点火系统采用 DX 高能点火系统，发火电压约 2 kV，单次储能 40 J。测试系统由 Kistler 压电式传感器、适配器、数据采系统组成，用于测试爆炸压力随时间的变化规律。控制系统用于控制喷粉扬尘系统的开启、点火及触发测试系统开始记录。

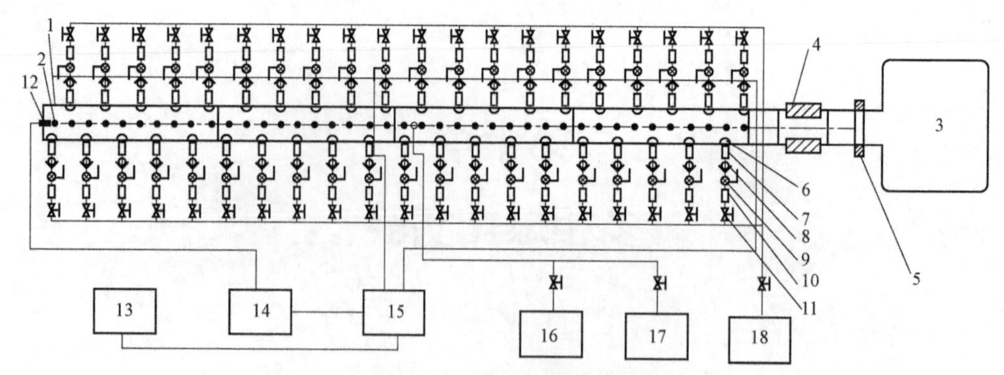

图 10－1　水平管道实验系统

1—燃烧管；2—测试孔；3—泄爆罐；4—光测窗口；5—泄爆膜；6—半球形喷头；7—粉室；8—单向阀；9—电磁阀；10—高压气室；11—手动阀门；12—点火棒；13—测试系统；14—高能点火器；15—控制系统；16—除尘系统；17—真空泵；18—空气压缩机

一、硝基甲烷－铝粉－空气

在硝基甲烷浓度为 458 g/m^3、铝粉浓度为 473 g/m^3、混合物浓度为 931 g/m^3 的条件下进行燃爆实验。实验过程中，爆炸管运行段为 28 m，喷雾、喷粉压力均为 0.8 MPa，点火延迟为 380 ms，预抽真空度为 0，点火条件为电火花引燃管道左端 2.1 m 范围内的浓度为 391 g/m^3 的环氧丙烷－空气两相混合云雾。

用环氧丙烷－空气两相混合云雾燃烧产生的平面波引燃硝基甲烷－铝粉－空气三相悬浮混合物。布置在水平燃烧爆炸管内壁面不同点处的压力传感器共 15 个，距管道左端分别为 2.45 m、3.85 m、5.25 m、6.65 m、8.05 m、9.45 m、10.85 m、12.25 m、13.65 m、17.15 m、19.25 m、21.35 m、23.45 m、25.55 m 和 27.65 m，用来测试三相混合物燃爆过程中的瞬态压力。

硝基甲烷－铝粉－空气三相混合云雾（混合物浓度 931 g/m^3）燃爆参数见表 10－1。硝基甲烷－铝粉－空气三相混合云雾（混合物浓度 931 g/m^3）爆炸超压－距离曲线如图 10－2 所示，硝基甲烷－铝粉－空气三相混合云雾（混合物浓度 931 g/m^3）爆炸速度－距离曲线如图 10－3 所示。

表 10－1　硝基甲烷－铝粉－空气（混合物浓度 931 g/m^3）燃爆参数

序号	距离/m	峰值超压/MPa	引导冲击波到达时间/ms	爆速/（km・s^{-1}）
1	2.45	0.09	74.11	0.14
2	3.85	0.17	84.32	0.46
3	5.25	0.35	87.36	0.99
4	6.65	0.85	88.77	1.08
5	8.05	1.32	90.07	1.35
6	9.45	1.65	91.10	2.13
7	10.85	1.12	91.76	1.77

续表

序号	距离/m	峰值超压/MPa	引导冲击波到达时间/ms	爆速/（km・s⁻¹）
8	12.25	1.76	92.55	1.62
9	13.65	2.93	93.42	1.67
10	17.15	3.02	95.51	1.34
11	19.25	3.43	97.08	1.94
12	21.35	3.85	98.16	1.59
13	23.45	3.14	99.48	1.65
14	25.55	2.98	100.75	1.80
15	27.65	2.83	101.92	

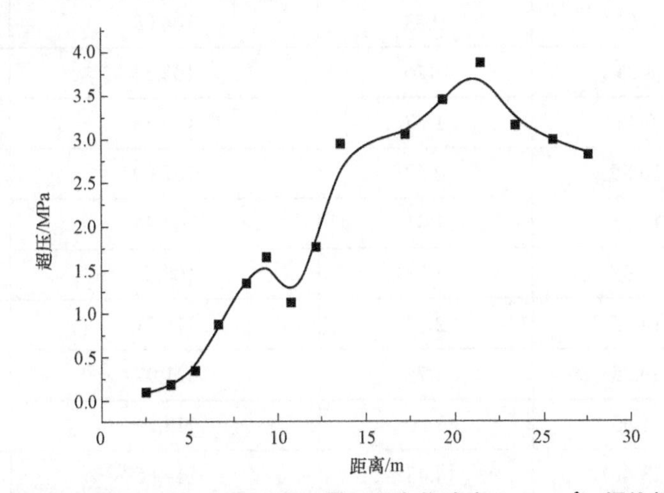

图 10－2　硝基甲烷－铝粉－空气三相混合云雾（混合物浓度 931 g/m³）爆炸超压－距离曲线

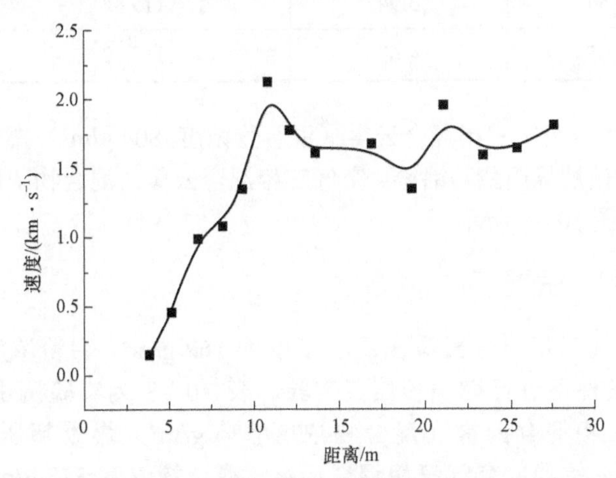

图 10－3　硝基甲烷－铝粉－空气三相混合云雾（混合物浓度 931 g/m³）爆炸速度－距离曲线

二、硝酸异丙酯－铝粉－空气

硝酸异丙酯－铝粉－空气三相混合云雾在硝酸异丙酯浓度为 331 g/m³、铝粉浓度为 473 g/m³、混合物浓度 804 g/m³ 条件下进行燃爆实验。40 J 电火花直接引燃硝酸异丙酯－铝粉－空气三相混合云雾。表 10－2 给出了硝酸异丙酯－铝粉－空气三相混合云雾（混合物浓度 804 g/m³）爆炸参数。

表 10－2　硝酸异丙酯－铝粉－空气三相混合云雾（混合物浓度 804 g/m³）爆炸参数

序号	距离/m	峰值超压/MPa	引导冲击波到达时间/ms	爆速/（km·s⁻¹）
1	2.45	0.09	94.14	0.26
2	3.85	0.13	99.63	0.51
3	5.25	0.28	102.38	0.82
4	6.65	0.63	104.08	0.97
5	8.05	1.26	105.52	1.70
6	9.45	1.37	106.35	2.16
7	10.85	0.67	107.00	1.48
8	12.25	1.41	107.94	1.95
9	13.65	3.53	108.66	1.71
10	17.15	2.83	110.71	1.66
11	19.25	4.75	111.97	1.64
12	21.35	3.00	113.26	1.62
13	23.45	4.43	114.55	1.66
14	25.55	3.94	115.82	1.61
15	27.65	4.63	117.12	

硝酸异丙酯－铝粉－空气三相混合云雾（混合物浓度 804 g/m³）燃爆超压峰值沿管长分布如图 10－4 所示，硝酸异丙酯－铝粉－空气三相混合云雾（混合物浓度 804 g/m³）爆炸传播速度沿管长分布如图 10－5 所示。

三、乙醚－铝粉－空气

乙醚－铝粉－空气三相混合云雾在乙醚浓度为 162 g/m³、铝粉浓度为 473 g/m³、混合物浓度为 535 g/m³ 条件下进行燃烧转爆轰实验。表 10－3 为实验测试所得的爆炸参数。乙醚－铝粉－空气三相混合云雾（混合物浓度 535 g/m³）燃爆超压峰值沿管长分布如图 10－6 所示，乙醚－铝粉－空气三相混合云雾（混合物浓度 535 g/m³）爆炸传播速度沿管长分布如图 10－7 所示。

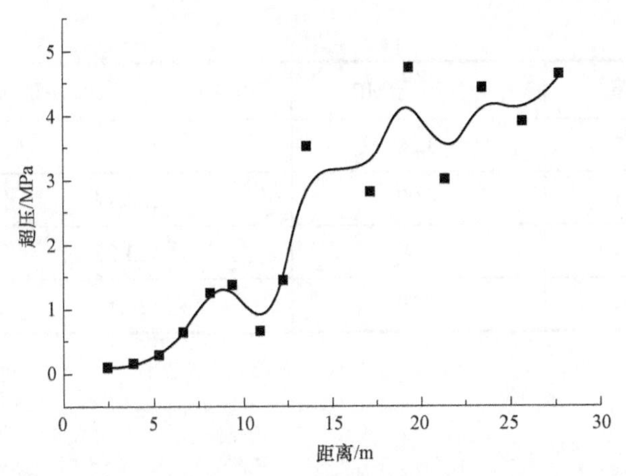

图 10－4　硝酸异丙酯－铝粉－空气三相混合云雾（混合物浓度 804 g/m³）燃爆超压－距离曲线

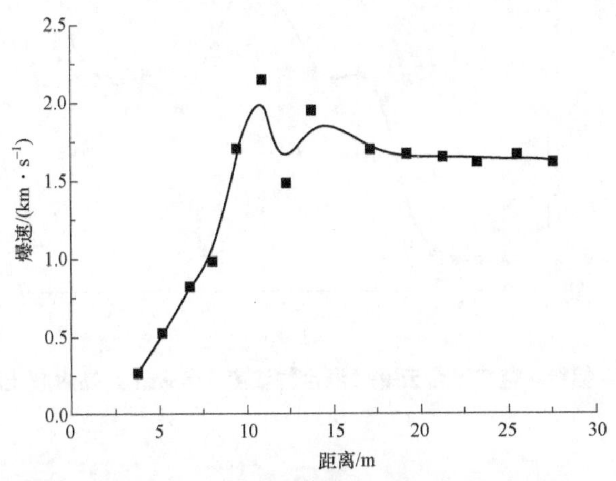

图 10－5　硝酸异丙酯－铝粉－空气三相混合云雾（混合物浓度 804 g/m³）爆速－距离曲线

表 10－3　乙醚－铝粉－空气三相混合云雾（混合物浓度 535 g/m³）燃爆参数

序号	距离/m	峰值超压/MPa	引导冲击波到达时间/ms	爆速/（km·s⁻¹）
1	2.45	0.08	98.09	0.19
2	3.85	0.12	105.60	0.33
3	5.25	0.14	109.86	0.53
4	6.65	0.33	112.52	0.83
5	8.05	0.99	114.22	1.24
6	9.45	3.55	115.35	2.32
7	10.85	4.08	115.95	2.07
8	12.25	3.80	116.63	2.07
9	13.65	4.09	117.31	1.86
10	17.15	6.74	119.19	1.80
11	19.25	4.59	120.35	1.76

续表

序号	距离/m	峰值超压/MPa	引导冲击波到达时间/ms	爆速/（km・s^{-1}）
12	21.35	3.28	121.54	1.76
13	23.45	4.07	122.74	1.68
14	25.55	3.60	123.98	1.76
15	27.65	4.79	125.18	

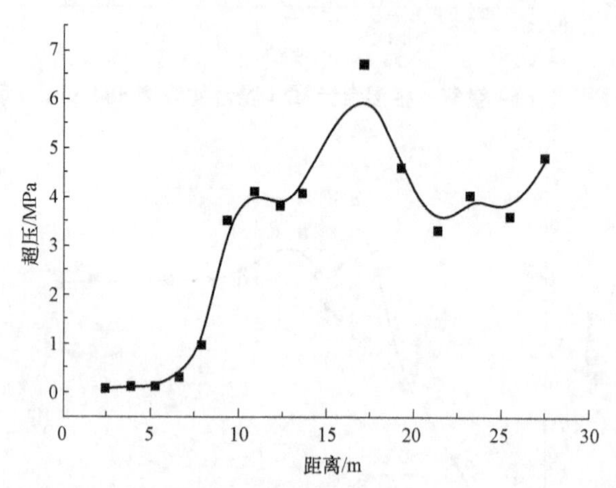

图 10－6　乙醚－铝粉－空气混合云雾（混合物浓度 535 g/m^3）燃爆超压峰值沿管长分布

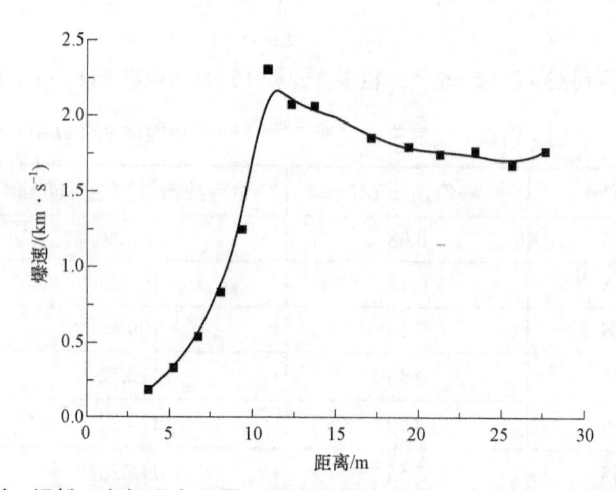

图 10－7　乙醚－铝粉－空气混合云雾（混合物浓度 535 g/m^3）爆炸传播速度沿管长分布

四、三种云雾爆炸参数比较

硝基甲烷－铝粉－空气、硝酸异丙酯－铝粉－空气、乙醚－铝粉－空气三种云雾的燃爆参数比较如图 10－8 所示。

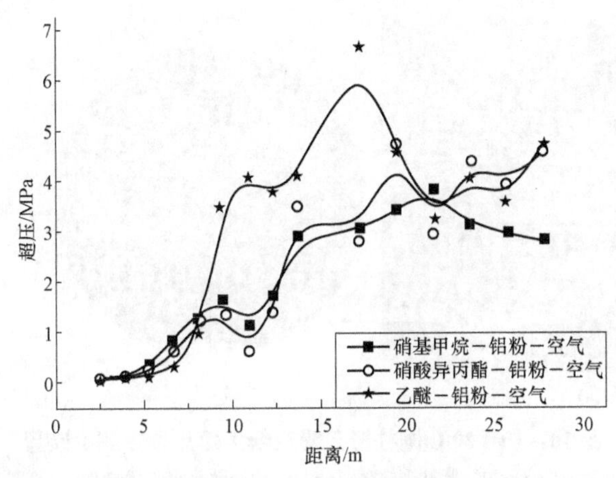

图 10－8　硝基甲烷－铝粉－空气（931 g/m³）、硝酸异丙酯－铝粉－空气（804 g/m³）、乙醚－铝粉－空气（535 g/m³）

第二节　罐体内多相爆炸实验

本节介绍 20 L 圆柱形云雾爆炸参数测试实验，介绍一定粒度和湍流条件下浓度对云雾爆炸的影响规律。实验采用 20 L 圆柱形云雾爆炸参数测试系统，喷雾时长 50 ms，云雾点火延时为 80 ms。

云雾爆炸参数测试系统包括：20 L 圆柱形长径比 1:1 爆炸罐，对称安装的两套气动分散装置系统、连续可调火花放电点火系统，高速压力、温度数据采集处理储存系统，触发控制系统。实验系统组成如图 10－9 和图 10－10 所示。

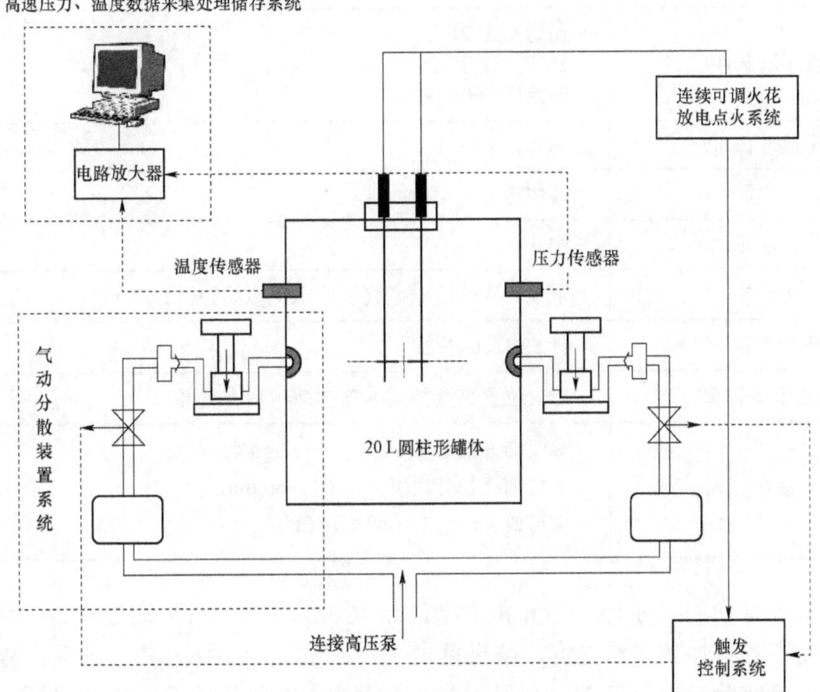

图 10－9　云雾爆炸参数测试系统

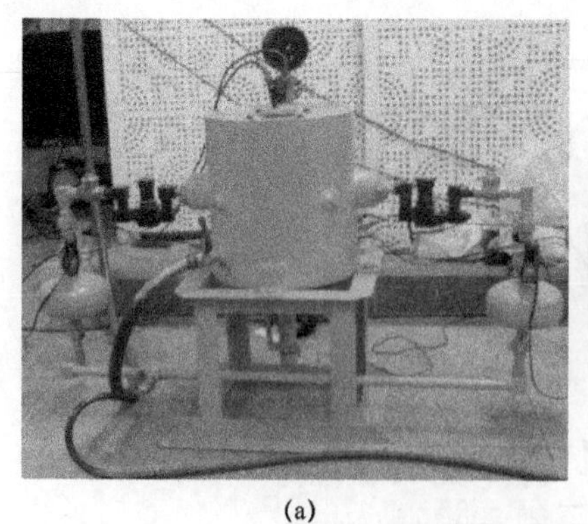

(a)

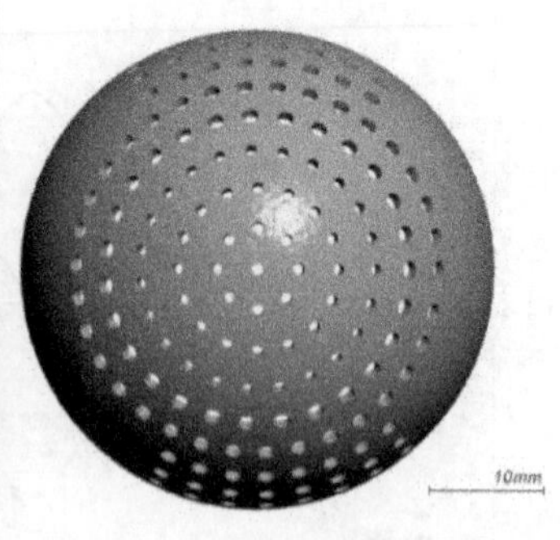

(b)

图 10-10　20 L 圆柱形云雾及粉尘爆炸参数测试装置

（a）20 L 圆柱形罐体；（b）气动分散喷雾装置喷头

半球形喷头在径向 90° 弧区间等分 9 份，等分夹角β= 10°；开孔位置如图 10-10（b）所示。得半径至圆心的 1～9 层，各层依次按周向角度α = 0°、90°、45°、22.5°、15.6°、13.3°、10.5°、9.4°、9.4° 等分进行开孔。为减小径向气动湍流强度，$\beta \geqslant 60°$ 的孔径以 1 mm 开孔，其余周向$\beta < 60°$ 的孔径以 1.5 mm 开孔。为减少喷雾过程中易导致圆柱形壁面的损耗，径向 30° 范围内两侧不设开孔。喷头内腔直径为 40 mm，如图 10-10（b）所示。气液两相瞬态云雾爆炸力学特征实验条件见表 10-4。

表 10-4　气液两相瞬态云雾爆炸力学特征实验条件

实验条件	内容及参数
实验装置	20 L 圆柱形云雾及粉尘爆炸参数测试系统
实验环境条件	初始温度 21 ℃ 初始湿度 25% 初始压力 0.1 MPa
喷雾时长	50 ms
点火位置	爆炸罐体几何中心处
点火时间	80 ms
点火方式	电极一次性放电点火，放电电极间距：1.5 mm
点火能量	41.52 J（$CU^2/2$）
传感器安装位置	与火位置高度相同的罐体前、后方壁面
湍流场标定（80 ms）	湍流均方根速度 U_{rms}：4～6.3 m/s 平均湍流积分尺度 ℓ_0：42～60 mm 雷诺数 Re_{ℓ_0}：15 000～16 300

在平均特征直径 D_{32} 为 10.63 μm 和 18.51 μm 两种云雾条件下，通过实验，得到正己烷云雾在不同浓度下的爆炸超压和温度，结果见表 10-5 和表 10-6。其中每组云雾浓度数据在相同条件下重复实验三次。表 10-5 和表 10-6 中超压峰值和温度峰值是重复三次实验结果

中的最大值。

为便于不同浓度下爆炸参数的对比，10.63 μm 和 18.51 μm 两种粒径条件下云雾爆炸波形如图 10－11 和图 10－12 所示。

表 10－5　正己烷云雾浓度（D_{32}≈10.63 μm）爆炸实验结果

云雾总浓度/（g·m⁻³）	液相质量浓度/（g·m⁻³）	气相质量浓度/（g·m⁻³）	气相体积分数/%	实验次数（F/S）	超压峰值/MPa	温度峰值/℃
330.00	198.66	131.34	3.41	3（S）	1.04	663
277.20	183.61	93.59	2.43	3（S）	1.24	751
238.00	168.56	69.44	1.81	3（S）	1.21	788
178.00	118.54	59.46	1.55	3（S）	1.00	816
125.40	78.01	47.39	1.23	3（S）	0.60	643
92.40	48.00	44.40	1.15	1（S）2（F）	0.51	544
59.40	36.30	23.10	0.60	3（F）	—	—
注：S：成功；F：失败。						

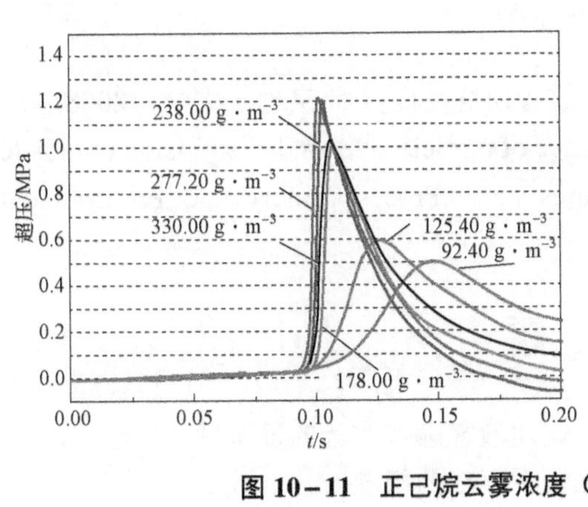

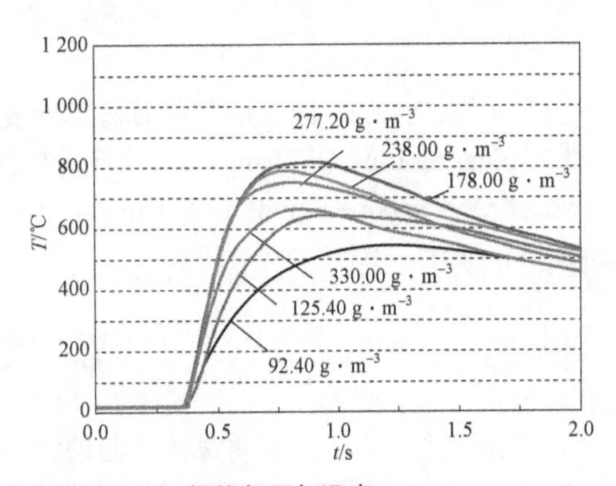

图 10－11　正己烷云雾浓度（D_{32}≈10.63 μm）爆炸超压与温度

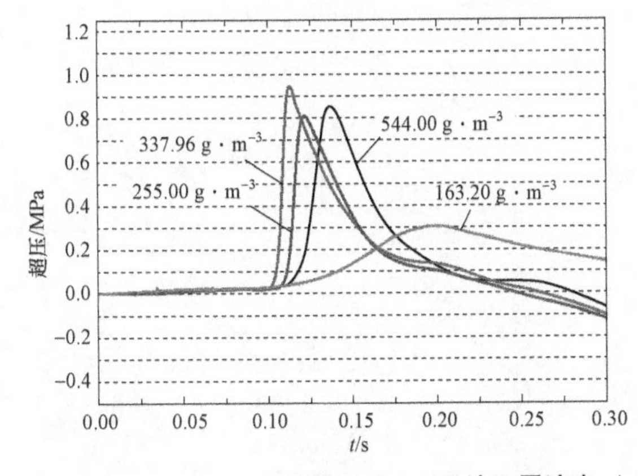

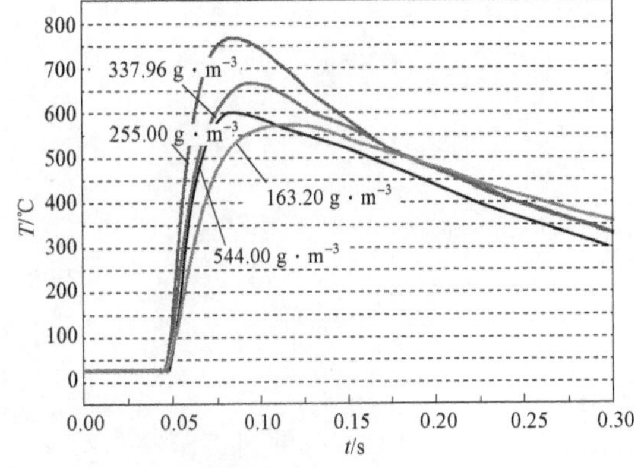

图 10－12　正己烷云雾浓度（D_{32}≈18.51 μm）爆炸超压与温度

表 10-6 正己烷云雾浓度（D_{32}≈18.51 μm）爆炸实验结果

云雾总浓度/（g·m⁻³）	液相质量浓度/（g·m⁻³）	气相质量浓度/（g·m⁻³）	气相体积分数/%	实验次数（F/S）	超压峰值/MPa	温度峰值/℃
544.00	394.68	149.32	3.88	3（S）	0.86	604
489.60	375.51	114.09	2.97	3（S）	0.87	608
408.00	310.68	97.32	2.53	3（S）	0.92	618
337.96	242.65	95.31	2.48	3（S）	0.94	678
285.60	198.36	87.24	2.27	3（S）	0.88	730
255.00	175.40	79.60	2.07	3（S）	0.80	763
217.60	158.79	58.81	1.53	3（S）	0.58	721
163.20	114.61	48.59	1.26	1（S）2（F）	0.30	567
108.80	70.948	37.85	0.98	3（F）	—	—

注：S：成功；F：失败。

参考文献

［1］蒋丽.气-固-液三相混合物燃烧转爆轰过程研究［D］. 北京理工大学，2008.

［2］Xueling Liu，Qi Zhang，Yue Wang. Influence of particle size on the explosion parameters in two-phase vapor-liquid n-hexane/air mixtures［J］. Process Safety and Environmental Protection，2015（95）：184-194.

思考题

1. 比较气体、粉尘、液雾爆炸实验的特点，论述液雾爆炸实验的复杂性。
2. 分析本章三组气固液管道爆炸实验结果比较中存在的问题。